本书系国家社会科学基金项目（批准号：16BJL072）最终成果

Green Yangtze River Economic Belt

coordinated, co-construction and sharing of river basins

绿色长江经济带

流域协调与共建共享

李志萌 等◎著

社会科学文献出版社
SOCIAL SCIENCES ACADEMIC PRESS (CHINA)

序　言

一

长江是中华民族繁衍生息的母亲河，是中华文明的发祥地之一。长江拥有庞大的河湖水系、独特完整的自然生态系统，维护了我国重要的生物基因宝库和生态安全。长江经济带覆盖沿江十一个省市，横跨我国东中西三大板块，地理环境复杂，生态区位极其关键。尤其是长江上游有众多的国家级生态环境敏感区，是我国重要的生态安全屏障区。

习近平总书记强调，“保护好长江流域生态环境，是推动长江经济带高质量发展的前提，也是守护好中华文明摇篮的必然要求。”国家“十四五”规划纲要提出，“全面推动长江经济带发展，协同推动生态环境保护和经济发展。”必须切实把保护和修复长江生态环境摆在压倒性位置，以协同治理为抓手全力推进长江经济带生态环境保护，共抓大保护，不搞大开发，坚定不移推动长江经济带生态优先、绿色低碳、高质量发展。

长江经济带是我国生态退化严重区域。为了尽快扭转生态退化的局面，必须把保护修复长江生态环境摆在压倒性位置，强化国土空间管控，严守生态红线，运用科技领域的新方法、新成果和新工具等，发挥技术创新在生态文明建设中的支撑作用，全域开展森林、湿地、农田的保育和矿山的治理，统筹推进山水林田湖草沙综合治理，提升生态系统的多样性、稳定性、持续性，提高生态环境的质量。

长江经济带是我国推进生态环境保护一体化的先行区。改革开放以来，长江经济带的生态保护和经济发展经历了“开发为主——生态优先——高质量发展”的演进历程，有条件也有责任成为生态环境保护一体化的先行区。立足流域协调和共建共享，构建生态环境一体化与政策协调机制，实施流域协调发展战略，推进人与自然和谐共生的现代化建设。将长江经济带的生态环境保护由过去的各省市的局部问题提升为流域共同体的全局问题，促进全流域各省市从“谋一域”到“谋全局”，从“被动地”到“主动地”转化，增强生态保护治理项目特别是政策机制的协同性，凝聚“共抓大保护”的协同力量。不断提高长江经济带生态环境保护治理一体化水平，永葆长江生机活力。

长江经济带是我国生态优先、绿色发展主战场。改革开放以来，长江经济带的各省市利用区域间资源禀赋差异开展了卓有成效的区域合作，形成了技术比较优势明显、资源利用效率高和互补性强的产业链。有条件和有能力推进生态产业化与产业生态化，推进各类资源节约集约利用，加快构建废弃物循环利用体系。推进循环经济理念的实践运用，协同工业高质量发展、绿色城镇化、乡村振兴等工作布局，推进产业绿色转型及数字经济、智慧经济等新型产业融合发展。

长江经济带是我国生态产品价值实现机制试点区。先行先试既是一个机会，更是一种责任。长江经济带要肩负起为其他流域和地区提供生态产品价值实现的方法、策略和经验的责任。打通“绿水青山”和“金山银山”双向转化的现实路径，“让保护修复生态环境获得合理回报”。完善排污权、排碳权、水权、林权等生态权益的市场交易模式和政策体系，建立健全生态效益和经济效益相互包容的协调制度，创新发展绿色金融，为长江经济带生态环境保护一体化提供强有力、可持续的动力支撑。

二

《绿色长江经济带：流域协调与共建共享》是李志萌研究员和她的研究团队共同完成的一部新作，是其承担的国家社会科学基金项目“绿色长江经济带生态环保一体化与政策机制研究”（批准号：16BJL072）的最终成果。该成果在国家社会科学基金办公室组织的匿名评审中获得了“优秀”等级。

该书以新发展理念为指导，以长江经济带生态环境保护一体化和高质量发展为主线，研究长江经济带跨区域和跨部门生态环境保护的合作基础、合作方式和合作的协调机制，基于生态文明协同治理理论、公共管理、生态治理、系统论、博弈论等理论，分析了长江经济带区域资源禀赋、功能定位的差异性、发展的不平衡性等特征及一体化发展的政策需求，探索构建了生态环保一体化政策机制的框架体系，提出流域生态环境保护需树立共同体理念，将长江“生态共同体”放在“利益共同体”建设的根基之上，以实现共同富裕的目标，实现可持续的一体化等，得出的研究结论、学术观点具有很好的创新性价值，丰富了流域生态环保与区域合作理论。

该书从长江经济带全域出发，研究生态环境保护上中下游协同联动的实现路径。强调长江经济带生态保护具有跨行政区域性；生态保护政策制定要凸显主体的多元性和公平性，生态保护执行主体、实施方式的多样性等特点。生态共建共享、生态产品价值实现、生态脱贫与乡村振兴有效衔接，需要打破行省市行政区划界线，解决不平衡不充分发展的难题，实现流域协同发展、共同富裕。这些基于全局视野的研究结论具有重要的现实意义。

该书以长江经济带国家生态文明试验区、国家长江经济带绿色发展示范区、国家绿色金融改革创新试验区、全国生态产品价值实现试点，以及沿江重点设区市及所辖县（区）为研究样本，总结这些地区独具特色的区域创新实践。从生态红线管控、生态保护修复、绿色城镇化与产业协调发展、绿色金融支持、生态产品价值实现、生态扶贫与共建共享等方面，为长江经济带生态环境保护一体化提出立体化、系统化且针对性强的政策建议。这些从实践中凝练出来的政策建议具有很强的可操作性，以及政策的放大作用。

三

我和作者都在社会科学院系统工作，研究领域非常接近，是相识多年且有合作研究和学术交流的朋友。在该书出版之际，我很高兴应邀为此写序。

我的印象中，李志萌是一个非常勤奋、非常认真的研究人员，发表的论文专著和提交的咨询报告都非常丰硕，在研究工作中追求精益求精，发表的论著都达到了很高的质量。她是一个非常善于合作、组织协调力很强的研究人员，会主动为合作者提供各种便利条件。基于作者为我提供先睹为快的机会，我在该书出版前写下一些阅读后的感想，是为序。

李周

中国生态经济学会理事长

2022年12月31日

目 录

政策机制创新篇

典型案例篇

引　言

长江是中华文明的发祥地，是中华民族生息繁衍的母亲河，保护长江事关中华民族伟大复兴和永续发展，建设绿色长江经济带是我国推进绿色协调发展的重要抓手和战略平台。自20世纪80年代长江“T”字形战略提出与探索，长江一体化逐步形成并上升为国家发展战略，特别是2016年1月以来，习近平总书记前后三次召开推动长江经济带发展专题座谈会，明确提出要“共抓大保护”、强化长江“生态优先、绿色发展”导向，推动长江经济带高质量发展。长江经济带已成为我国生态优先绿色发展主战场、引领经济高质量发展主力军，立足流域协调与共建共享，研究探索绿色长江经济带建设中的生态环保一体化与政策协调机制，是长江经济带生态文明的重大课题，对永葆长江生机活力和经济社会绿色协调发展具有重大意义。

一　研究背景和目的

长江经济带覆盖东中西三大区域、11个省市，流经众多国家重要生态功能区，其生态安全关系全局，充足的生态环境容量是长江经济带高质量发展的载体和基础。2016年习近平总书记在重庆召开的推动长江经济带发展座谈会上明确指出：“当前和今后相当长一个时期，要把修复长江生态环境摆在压倒性位置，共抓大保护，不搞大开发。”长江经济带建设进入一个绿色协调发展的新阶段。

长江全流域生态系统的整体性、流动性内在要求协同共治、构建协同联动的工作机制；流域内资源禀赋的差异性和发展的不平衡性客观上要求兼顾多元主体利益诉求、健全公平的利益分配协调机制；流域综合治理复杂性、艰巨性迫切需要构建长效机制，构建绿色发展、流域综合管理、多元主体参与的政策机制，构建以安全、公平、可持续发展为取向，协调全域上中下游、左右岸、干支流、江河湖库关系的立体化多元化制度体系。通过理论和实践创新，基于生态系统整体性、制度系统科学性，全面推动建立健全长江经济带建设的生态保护一体化与政策协调机制，实现集成高效和协同增效，提升共抓“长江大保护”治理能力现代化水平，增强高质量发展的持续动力和保障。

本研究根据长江流域上中下游资源禀赋和发展的特点，厘清长江经济带生态环保建设的优势、劣势、重大机遇和面临的挑战，掌握长江经济带生态环保一体化各方需求特征及需求耦合（博弈），以系统思维，从生态系统整体性、制度系统整体性出发，探索构建制度链、产业链、创新链、资金链、保障链深度融合的保护治理生态链，推动形成集成高效和协同增效的共抓“大保护”政策机制；提出促进长江经济带生态环保一体化模式和实现路径，设计长江经济带生态环保一体化的政策体系和实施方案，推动长江“生态共同体”与“利益共同体”建设相融互促，实现流域协调与共建共享，永葆长江生机活力和经济社会绿色协调发展。

二　研究成果的主要内容

本研究遵循“问题导向—理论指引—典型分析—实证检验—路径完善—政策优化”的研究线路。深入长江经济带 11 个省市，重点以长江经济带国家生态文明先行示范区、国家绿色发展示范区、国家绿色金融改革创新试验区、全国生态产品价值实现机制试点城市等创新试点示范省市县（区）为研究样本，获取第一手数据，掌握典型案例，研究制定长江经济带生态环境保护整体性、区域性体制机制和政策。分理论综合篇、政策机制创新篇、典型案例篇，由三大板块、十二章、四个案例构成。

理论综合篇：基于生态文明协同治理理论、公共管理、生态治理、系统论、博弈论等理论论述，分析长江经济带生态环保一体化基础理论。对长江经济带生态环境质量与绿色发展水平进行了客观的评估，从国家、沿江省市层面及省际合作等视角梳理了长江经济带国家战略、生态环境保护政策制度演变，以及流域上中下游生态环保一体化实践探索。分析了长江经济带区域资源禀赋、功能定位的差异性、发展的不平衡性等一体化发展的政策需求，探索构建了生态环保一体化政策机制的框架体系，丰富流域生态环保与区域合作理论。政策机制创新篇：围绕生态环保一体化政策机制体系，系统分析了长江经济带生态保护红线管控、生态修复、生物多样性保护，生态环境治理科技创新，绿色城镇化与产业集聚相协调，绿色金融政策创新，生态产品价值实现及共建共享等政策机制实践创新、问题和进一步完善的建议，旨在实现大美长江人与自然和谐共生现代化、实现长江经济带绿色高质量发展。典型案例篇：从长江经济带上中下游省市生态环保创新做法及江湖联动角度选取案例，具有典型性和针对性。

（一）理论综合篇

1. 长江经济带生态环保一体化基础理论与实践探索分析

该章从生态文明协同治理理论、外部性理论、利益相关者理论、博弈论等方面阐述了生态环境保护一体化的理论基础，从流域生态环境保护一体化的演进历程、国内外流域生态环境保护一体化的实践探索梳理了流域生态环境保护一体化的相关研究，继而从体制机制、生态补偿、法治建设、实证研究等方面总结了当前长江经济带生态环境保护的已有研究，提出新时代推动长江经济带生态环境一体化治理，需重点从长江经济带生态环保共治共建共享的政策协调机制建构、统筹、评价以及长江经济带人与自然和谐共生的生态文化等方面深入拓展研究。

2. 长江经济带生态环境保护与绿色发展水平评价

该章回顾了长江经济带生态环境保护的主要历程，特别是对 2016 年以来“共抓大保护、不搞大开发”后长江经济带生态环境的基本现状做了分析，为客观评估长江经济带 11 个省市绿色发展水平，构建了涵盖经济增长、绿色发展、资源承载、环境保护、政策支持等多个维度共 44 项指标的评价体系，运用 SPSS 20.0 分析工具，采用主成分分析法进行了实证分析，得出长江经济带 11 个省市的绿色发展水平排名以及发展中存在的不足，并据此提出促进长江经济带绿色发展的主要路径。

3. 长江经济带生态环保一体化政策机制探索

该章从制度设计、体制机制创新、法治体系构建等方面梳理了国家层面推进长江经济带生态环境保护一体化的系列政策，从区域联防联控、跨省横向生态补偿、产业链跨区域分工合作等方面梳理了省际层面推进长江经济带生态环境保护一体化的积极探索，从生态环境保护、生态环境修复、生态环境治理等方面梳理了省域层面推进长江经济带生态环境保护的具体举措，有助于了解长江经济带生态环境保护一体化的立体化政策机制现状、存在的短板弱项和未来提升的方向。

4. 长江经济带生态环保一体化政策机制的理论体系

该章从理论上探讨了政策机制对促进流域生态环境保护一体化的作用机理，剖析了长江经济带生态环境保护现有政策体系的适宜性，以及长江经济带生态环境保护一体化的发展趋向和对政策机制的主要诉求，从导向作用的政策机制、激励作用的政策机制、约束作用的政策机制、规制作用的政策机制构建了促进长江经济带生态环境保护一体化的政策机制理论框架体系，为后续政策机制创新提供了理论借鉴。

（二）政策机制创新篇

1. 长江经济带生态保护红线管控机制

该章阐述了生态红线管控对流域一体化生态环境保护的重要意义，梳理了长江经济带 11 个省市生态红线划定和生态空间管控的基本情况，结合各地发展实际指出长江经济带生态空间布局和生态保护红线管控中存在的主要困难与问题，并据此提出优化生态保护红线管控体系的思考建议，继而助推长江经济带生态环境保护一体化。

2. 建立健全长江经济带生态修复机制

该章阐述了生态修复的基本内涵与基本理论、主要模式与主要技术，总结了长江经济带生态修复的主要进展与积极成效，以及长江经济带生态修复中存在的系列瓶颈问题，并据此提出构建长江经济带生态修复机制的对策建议，以便助推长江经济带生态环境保护。

3. 长江经济带生态环境治理科技创新与政策机制

该章从科技创新的视角重点阐述了科技创新在水生态环境保护、修复与治理中的重要作用，梳理了已有关于长江经济带水生态环境治理中科技创新方面的研究成果，总结了科技创新在长江经济带水资源、水环境保护治理一体化中的运用，结合现实基础和未来趋势，提出强化科技创新在长江经济带水资源、水环境保护治理一体化中的作用的建议。

4. 长江经济带城镇化与产业集聚协调机制

该章从理论上阐述了城镇发展与产业发展在长江经济带生态环境保护中的重要性，从长江经济带全域视野指出上中下游城镇与产业发展中呈现的鲜明特点以及存在的突出问题，并据此提出优化长江经济带绿色城镇化与产业集聚发展的相关机制，以通过绿色城镇化和产业集聚发展来增强长江经济带“生态优先、绿色发展”的支撑。

5. 长江经济带创新绿色金融政策机制

该章梳理了绿色金融的已有研究，分析总结了长江经济带绿色金融政策的基本现状，特别是长江经济带 11 个省市国家绿色金融改革创新试验区的做法与成效、短板与不足，并从理论上构建了长江经济带绿色金融政策系统的机制架构，提出了相应的政策建议。

6. 生物多样性与长江渔业资源保护的长效机制

该章分析了生物多样性特别是渔业资源保护的重要性，从全球视角分析了生物多样性保护特别是天然渔业资源保护是人类面临的世界性难题，回顾了我国休禁渔政策的演进历程和主要特征，提出长江开展“十年禁渔”的必要性和紧迫性，探讨了长江“十年禁渔”与长效机制之间的内在机理，并据此提出构建长江“十年禁渔”的长效机制理论模型，由此给出构建长江渔业资源保护长效机制的建议。

7. 建立长江经济带生态产品价值实现机制

该章从理论视角分析了生态产品价值市场化实现对促进生态环境保护的

重要意义，梳理长江经济带 11 个省市生态产品价值实现的积极探索及模式，以及探索过程中存在的困难与问题，结合生态产品价值实现制度安排，构建了价值实现制度框架体系，提出推动长江经济带生态产品价值核算体系、市场化实现的相关机制，打造长江经济带生态利益和经济利益的共同体，为长江经济带生态环境保护一体化提供强有力的动力支撑。

8. 绿色长江经济带生态脱贫与共建共享机制

该章从理论上阐述了资源环境与反贫困的关系、“共建共享”理论与“两山”双向转化的机理，总结了长江经济带 8 个国家集中连片脱贫地区生态脱贫实践与成效，以及生态脱贫与乡村振兴相衔接存在的短板，据此提出巩固拓展生态脱贫成果、大力推进纵横向生态补偿、变生态优势为乡村经济振兴等对策建议，以在推动长江经济带高质量发展的同时提升各省市的发展协调度和居民的获得感，真正谱写长江经济带生态优先、绿色发展新篇章和区域协调发展新样板。

（三）典型案例篇

1. 生态脱贫与推进生态产品价值实现的启示——以贵州省为例

该案例以处于长江经济带上游的国家生态文明试验区贵州省为例，归纳总结了贵州省全面打赢脱贫攻坚战中生态脱贫的主要做法和成效，特别是探索生态产品价值实现的有益做法，并提炼出对长江经济带其他省市推进生态环境保护与发展相协调的启示建议。

2. “山水林田湖草”保护修复的先行探索与建议——以江西赣州生态保护修复试点为例

该案例从系统论的角度总结了处于长江经济带中游的国家生态文明试验区江西省赣州市推进“山水林田湖草”系统治理的主要探索实践、取得成效，并围绕存在的不足之处有针对性地提出对策建议，为长江经济带全流域推进“山水林田湖草”系统治理与修复提供借鉴。

3. 以河长制护航长江“一江清水”的实践与启示——以浙江湖州市为例

该案例以处于长江经济带下游的浙江省湖州市为例，归纳总结了其创新河长制体制机制的主要做法及取得的成效，并提炼出对长江经济带省市具有借鉴意义的启示。

4. 打造长江经济带“江湖联动”保护治理生态链——以鄱阳湖流域为例

该案例以全国最大的淡水湖、长江流域最大的通江湖泊长江“双肾”之一鄱阳湖为例，提出开展鄱阳湖全流域系统保护治理，高质量建设国家长江经济带绿色发展示范区，“江湖”联动协同是关键。提出打造制度链、产业链、创新链、资金链、保障链深度融合的保护治理生态链，形成集成高效和协同增效，提升共抓“大保护”能力现代化水平。

三 研究成果的主要观点

（一）流域生态环境保护需树立共同体理念

人类的文明起源于江河流域，人类社会的发展也是围绕流域而展开的。流域经济是以河流为纽带的整体性系统，具有较复杂的网络层次，极易形成从上游到下游较大的纵向差距的经济带。流域发展往往跨越行政区划经济，较易受到行政权力的刚性约束和要素自由流动的限制；一个行政区内可能包含多个流域经济区，二者一个作为自然经济区，一个作为人的经济区，它们的边界往往不重合。在发展过程中，流域的生态性和社会性很难完全契合，流域上下游地区的经济差异性及行政区划的割裂性不利于流域生态环境一体化保护。流域生态环境保护一体化，前提是在统一规划流域发展的基础上，沿线区域之间有效协作、合作共赢，构建生态、经济和社会共同体，如此才能共同实现流域生态绿色发展之路。

（二）长江经济带生态环境保护与发展阶段紧密相关

长江经济带是中国经济地理的核心地带，改革开放以来更是成为中国经济版图的主轴。随着国内外经济社会和生态环境不断发展变化，长江经济带生态环境保护的发展也经历了“开发为主—综合利用—生态优先—高质量发展”的演进历程，回顾这个演进历程，长江经济带生态环境保护与不同发展阶段的目标、重点、路径紧密相关。长江作为我国生态宝库、经济发展的主动脉，步入高质量发展的新阶段，长江经济带生态环境保护关乎我国高质量发展的成色，需要通过贯彻新发展理念将长江经济带打造成为我国生态优先绿色发展主战场、畅通国内国际双循环主动脉、引领经济高质量发展主力军。

（三）长江经济带生态环境保护需要系统的政策干预

良好生态环境是最普惠的民生福祉，具有典型的正外部性，而在缺乏政府调控的情况下往往容易造成市场失灵，也即在非排他性、非竞争性的环境中市场主体为追求利润最大化，往往会将生产成本外部化、转移至社会大众承担。长江作为一个充满生命力和活力的流域，为地区经济社会发展提供了重要的运力支撑、资源支撑和生态支撑，具有显著的正外部性，然而其生态环境因开发有余、保护不足而陷入“公地悲剧”的境地。促进长江经济带生态环境保护，需要提供导向、激励、约束和规制作用的系列综合政策制度，将区域经济社会发展、生态环境保护从过去的局部问题提升为流域共同体的全局问题，促进全流域各省市从“谋一域”到“谋全局”，从“被动地”到“主动地”转化，增强政策机制的适宜性，确保长江经济带生态环保协同保护治理一体化的目标实现和制度保障。

（四）长江经济带需加大生态修复和生物多样性保护力度

生物多样性保护是长江经济带生态环境保护的重要内容，也是反映生态环境保护成效的重要指标。长江经济带是我国生态功能退化严重的区域之一，亟须将保护修复长江生态环境摆在压倒性位置，强化国土空间管控，严守生态红线，通过对森林、湿地、农田、矿山、生物多样性等的恢复、修复，提升生态系统的稳定性。长江是我国重要的生物基因库和珍稀水生生物的天然宝库，天然渔业资源发展情况会直观反映长江生物多样性状况。为从根本上扭转长江生物完整性指数到了最差“无鱼”等级的现状，应着力构建“稳得住、禁到位、能致富、可持续”的长效机制，提升长江“十年禁渔”治理体系和治理能力现代化水平，助力打造长江流域人与自然和谐共生现代化示范区。

（五）长江经济带生态环保需要科技助力

长江经济带生态环境保护是系统工程，科技创新与科技成果运用是重要内容，无论是生态环境保护、生态修复还是环境治理等，亟须运用科技领域的最新方法、成果和工具等。长江三江源是中华水塔，长江是南水北调工程全国水网的战略中枢，维护长江健康水资源、水环境、水生态，需要切实发挥科技创新在打好污染防治攻坚战和生态文明建设中的支撑与引领作用。伴随长江经济带生态环境保护领域治理体系和治理能力现代化水平的不断提升，科技创新的作用将愈发凸显。

（六）长江经济带生态环保需推进绿色城镇化与产业绿色化

长江经济带生态环境问题在水里、根子在岸上，并且根子的主体在城镇与产业。长江经济带沿线布局有长三角、长江中游、成渝地区双城经济圈等重要城市群，推动长江经济带“生态优先、绿色发展”，需要走新型绿色城镇化之路。长江经济带之所以能够成为全国最具活力的流域，关键是产业聚集水平较高和产业发展的综合竞争力较强。推动产业绿色发展是长江经济带“生态优先、绿色发展”的核心关键。

（七）长江经济带生态环保需创新发展绿色金融

绿色金融作为绿色经济发展的核心，是推动长江经济带绿色化转型和增长的重要支撑力量，特别是要重点发挥好长江经济带国家绿色金融改革创新试验区的先试先行作用，以探索可复制、可推广的经验，进而为长江经济带生态环境保护提供资金支撑。新发展阶段应以绿色金融改革创新发展来推动供需两端结构性改革，探索出一条具有长江经济带特色的绿色金融改革创新道路。

（八）长江经济带需建立多元化市场化的生态产品价值实现机制

建立多元化市场化生态产品价值实现机制，是打通“绿水青山”向“金山银山”双向转化的现实路径，有利于长江经济带将生态优势转化为经济优势，实现生态脱贫与实施乡村振兴有效衔接，实现百姓富、生态美的有机统一。需要进一步完善生态产品价值实现的制度体系、核算体系、政府考核评估机制。完善基于生态价值的排污权、碳排放、水权、林权等生态权益的市场化实践和政策支持，打造长江经济带生态利益和经济利益的共同体，为长江经济带生态环境保护一体化提供强有力、可持续的动力支撑。

（九）长江经济带需要建立共建共享的“利益共同体”

长江经济带全流域发展不平衡不充分是制约长江经济带绿色协调发展的瓶颈，需要根据长江区域资源禀赋、生态功能定位，打破行政分割、公权力博弈制约，充分发挥法律法规硬约束和生态补偿机制、共建共享机制的作用，解决流域上中下游及区域之间生态环境保护和经济发展权利失衡问题，更加注重提升基本公共服务能力和生态环境保护双重目标的协调，凝聚“共抓大保护”的协同作战合力。建立健全公平的利益分配协调机制，实现长江经济带上中下游局部利益与流域整体利益的一致，将长江“生态共同体”放在“利益共同体”建设的基础之上，以实现共同富裕的目标，实现可持续的一体化。

四　成果的学术价值和应用价值

（一）学术价值

本研究涉及生态学、环境科学、区域经济学、公共管理学、系统科学等多个学科理论和方法的运用与集成，就跨区域（流域）生态合作基础、合作主体、合作方式和生态环保协调机制开展研究。研究长江经济带生态环保建设的优势、劣势、重大机遇和面临的挑战，分析长江经济带生态环保一体化需求特征及需求耦合，分析绿色长江经济带建设中的生态环保一体化理论、生态合作主体利益关系、生态环保区域协调关系，厘清长江流域上中下游各省市协同合作的基础及与合作目标趋势，指出现有体制下一体化困境及关键影响因素，构建比较系统的生态环保一体化政策机制体系，统筹流域上中下游、区域城乡协同保护治理和均衡发展，实现社会公平正义。与本书相关的多篇学术论文在CSSCI及“三报一刊”权威报刊发表并被转载，力争为现代生态经济和区域经济学理论创新和发展做补充和贡献。

（二）应用价值

本研究在理论与实证分析的基础上，设计长江经济带生态环保一体化的政策协调机制和实施方案，对现有体制机制和政策措施绩效进行分析，分解长江经济带生态环保一体化建设面临的体制机制困境，提出破解制约的制度创新重点和难点，在生态保护红线管控、生态修复、环境治理科技创新、产业集聚协调、绿色金融、生物多样性保护、生态产品价值实现机制、生态脱贫与共建共享等方面，提出协同共建长江经济带生态环保一体化政策机制及其实现路径，本课题多项研究成果获得中央办公厅专报单篇采用、省主要领导批示和长江水利委员会的采纳推广，对推进“十四五”乃至更长时间内绿色长江经济带建设具有重要的实践指导价值和决策参考作用。

五 创新程度和特色

理念创新。本课题以新发展理念为指导，以“共抓大保护”“长江经济带高质量发展”为主线。长江经济带生态环保，通过创新合作模式、区域协同，生态绿色资源保护，创新绿色金融、生态产品价值实现、共建共享的生态环保一体化体制机制，具有动态的前瞻性、系统性。

全局视野。从长江经济带全域出发，实现生态环境保护上中下游协同联动。本研究认为长江经济带生态保护具有跨行政区域性，生态保护政策制定凸显了主体的多元性和公平性，生态保护执行主体、实施方式多样性等特点。生态共建共享，突出生态产品价值实现、生态脱贫与乡村振兴有效衔接，需要打破各省市行政区划界线，解决不平衡不充分发展的难题，实现流域协同发展、共同富裕。

实践性。突出经验与样本的政策放大作用。以长江经济带国家生态文明试验区、国家长江经济带绿色发展示范区、国家绿色金融改革创新试验区、全国生态产品价值实现试点，以及沿江重点设区市及所辖县（区）为研究样本，总结这些地区独具特色的区域创新实践。

方法创新。本研究遵循“问题导向—理论指引—典型分析—实证检验—路径完善—政策优化”的研究线路，利用不同层次的数据（宏观数据和微观数据），应用现代经济学的实证分析方法和计量模型分析长江经济带生态环境保护问题，研究提出长江经济带生态环境保护整体性和区域性体制机制和政策组合。

六　研究不足与改进方向

需要进一步深化理论研究。强化一体化理论分析，结合协同理论、产业集聚理论、新经济地理学理论、博弈理论等深化理论分析，进一步推进理论发展。

需要进一步聚焦关键性的政策和机制研究。突出一体化、协调性，对促进绿色长江经济带一体化的主体、内容、方法等进一步研究分析。如对生态产品价值实现机制、生物多样性保护、科技创新机制等的研究，对政策机制促进长江经济带绿色协调发展的绩效进行深入的定量研究，以揭示影响机制、传导路径，化解长江经济带跨区域政策的内部异质性，促进流域协调与共建共享，以提升政策建议的针对性和可操作性。

需要进一步提炼协调共建典型案例。促进典型案例与政策机制形成良好的对应关系，增加跨区域体现协调性和共建共享的案例，如跨区域生态补偿、合作共建“创新飞地”、对口援助脱贫攻坚、水污染跨区域联合共治、绿色金融等。

理论综合篇

第一章
长江经济带生态环保一体化基础理论与实践探索

无论从流域生态系统的完整性、经济社会发展的联动性，还是从历史发展的文化认同性来看，长江经济带都是生态共同体。推进绿色长江经济带生态环境一体化保护，需要协调全流域各个地区以形成最大合力。围绕长江经济带全流域生态环保协调合作议题，本章对已有研究进行梳理，以廓清该领域研究的理论基础和研究前沿，为长江经济带生态环境共建共治共享提供理论支撑。

第一节　生态环保一体化基础理论

协同治理理论是自然科学中的协同论和社会科学中的治理理论综合而成的理论，协同治理理论为实现环境问题的整体性解决和环境保护的一体化推进，提供了理论指导。

一　生态文明协同治理理论

协同一词来源于希腊语“synerge”，是从系统的角度将构成系统的各个要素有机联系起来，以朝着既定的目标共同作用的过程。最早利用系统思维来研究各个构成要素之间相互关系的学者是赫尔曼·哈肯，他认为通过协调系统中各个子系统之间的相互关系，可以起到“1+1>2”的效果，[①]正如霍夫和斯卡奈尔德研究指出，将各个独立板块通过有机形式协同起来之后，会产生“共同效应”，[②]这个总体效应会大于各个组成部分产生的效应之和。[③] 20世纪80年代末90年代初，欧美等西方社会为寻求破解复杂发展难题的治理之策，在实践探索中创新性地将自然科学中的协同学理论与社会科学中的治理理论进行交叉融合，创造了一种新的治理理论，即协同治理理论。协同治理理论为从系统论出发破解纷繁复杂的生态环境问题提供了新的思路和方法。协同治理是一个具有公共性、互动性、多元性等显著特征的动态过程。国内学者关于协同与协同治理等进行了不少探索性的研究，有的学者从协同的内涵与外延来阐述协同的基本要义、主要特征、主要功能等[④⑤⑥]。并且，国内学者还从不同角度研究了跨区域协同优化问题，如谷书堂等[⑦]、何喜军等[⑧]、毛汉英[⑨]、曾坤生[⑩]从协同优化路径的角度，探讨了发达地区与欠发达地区、公平与效率、区域间协同发展等问题；张幼文等[⑪]、义旭东[⑫]、聂辉华等[⑬]、邵宜航等[⑭]、孙元元等[⑮]、郭

---

① Haken H., Synergetics [J]. *Physics Bulletin*, 1977, 28 (9): 412.

② Hofer, Schendel. *Corporation Strategy* [M], Prentice Press, 1987.

③ Ansoff H. I., The Emerging Paradigm of Strategic Behavior [J]. *Strategic Management Journal*, 1987, 8 (6): 501-515.

④ 彭纪生：《中国技术协同创新论》，中国经济出版社，2000。

⑤ 陈劲：《协同创新与国家科研能力建设》，《科学学研究》2011年第12期。

⑥ 汪良兵、洪进等：《中国技术转移体系的演化状态及协同机制研究》，《科研管理》2014年第5期。

⑦ 谷书堂、唐杰：《我国的区域经济差异和区域政策选择》，《南开经济研究》1994年第2期。

⑧ 何喜军、魏国丹等：《区域要素禀赋与制造业协同发展度评价与实证研究》，《中国软科学》2016年第12期。

⑨ 毛汉英：《京津冀协同发展的机制创新与区域政策研究》，《地理科学进展》2017年第1期。

⑩ 曾坤生：《论区域经济动态协调发展》，《中国软科学》2000年第4期。

⑪ 张幼文、薛安伟：《要素流动对世界经济增长的影响机理》，《世界经济研究》2013年第2期。

⑫ 义旭东：《要素流动与区域非均衡发展》，《河北大学学报》（哲学社会科学版）2004年第5期。

⑬ 聂辉华、贾瑞雪：《中国制造业企业生产率与资源误置》，《世界经济》2011年第7期。

⑭ 邵宜航、步晓宁、张天华：《资源配置扭曲与中国工业全要素生产率——基于工业企业数据库再测算》，《中国工业经济》2013年第12期。

⑮ 孙元元、张建清：《中国制造业省际间资源配置效率演化：二元边际的视角》，《经济研究》2015年第10期。

金龙等[①]、严成樑等[②]、刘贯春等[③]等从要素在区域间流动配置的角度，探讨了通过要素的导向性有序流动提升整体效能的可能性与可行性。

二　生态公共产品的外部性理论

良好生态环境是具有正外部性的产品，也是在缺乏有效制度约束的情况下容易陷入“公地悲剧”的领域。作为善治理论的重要创新理论[④]，协同治理理论被引入生态环境治理领域之后为生态环境问题的整体性解决提供了新的理论指导[⑤]。关于生态文明建设的协同治理研究，学者们做了积极探索。不少学者从内在特征视角对生态文明建设中的协同治理进行研究。公共性、系统性、关联性、动态性等是生态环境的典型特征，我国的重点环境问题主要表现为大气污染、水环境污染、土壤污染及生态破坏等，这就使得局部性的生态环境问题因水流、气流等的跨行政区域传输而成为全域性问题[⑥]。生态文明视野下的生态环境治理，是一项系统性的社会化工程[⑦]，我国的生态环境问题具有鲜明的系统性[⑧]，特别是流域、区域内的环境问题往往具有整体性，生态环境的外部性、空间外延性让生态环境问题往往超越了局部领域的治理能力[⑨]，生态环境的公共性、整体性决定了必须采取跨区域的生态协同治理方式来应对问题。

---

① 郭金龙、王宏伟：《中国区域间资本流动与区域经济差距研究》，《管理世界》2003 年第 7 期。

② 严成樑、崔小勇：《资本投入、经济增长与地区差距》，《经济科学》2012 年第 2 期。

③ 刘贯春、张晓云等：《要素重置、经济增长与区域非平衡发展》，《数量经济技术经济研究》2017 年第 7 期。

④ 燕继荣：《协同治理：公共事务治理的新趋向》，《人民论坛 · 学术前沿》2012 年第 7 期。

⑤ 赵树迪、周显信：《区域环境协同治理中的府际竞合机制研究》，《江苏社会科学》2017 年第 6 期。

⑥ 易志斌：《中国区域环境保护合作问题研究——基于主体、领域和机制的分析》，《理论学刊》2013 年第 2 期。

⑦ 郝慧：《生态文明视野下多元协同治理的法律思考——以福建省为例》，《黑龙江生态工程职业学院学报》2018 年第 5 期。

⑧ 方世南：《区域生态合作治理是生态文明建设的重要途径》，《学习论坛》2009 年第 4 期。

⑨ 司林波等：《跨域生态环境协同治理困境成因及路径选择》，《生态经济》2018 年第 1 期。

三 利益主体多元的利益相关者理论

生态环境治理涉及政府、企业、社会等多元利益主体，有的是正相关、有的是负相关，有的是直接相关、有的是间接相关，统筹协调好多元利益主体之间的关系，是生态环境治理的关键。因此，有学者从参与主体视角对生态文明建设中的协同治理进行研究。生态问题不是一朝一夕产生的，而是长期积累的结果，并且不同主体带来的生态环境问题之间因流动性和融合性而呈现复杂性、系统性和嵌套性，生态环境问题使得单一主体难以独自承担治理责任[①]，于是有学者从多元主体视角探讨构建多元协同治污的治理体系。因此，要有效治理生态环境，就需要从利益协调的视角探索多元主体利益共同体的构建机制，以逐步达成生态效益、社会效益与经济效益的协同[②]，并且，从现实的情况来看，这一思路具有现实可行性和必要性[③]。

四 相互竞合的博弈论理论

生态环境具有流动性和融合性，缺乏明晰的边界和产权归属，也缺乏准确核算需要承担多大社会责任和社会成本的标准体系，以致在现实中，对于是否参与生态环境治理，以及参与的程度如何，各参与主体会从自身利益出发，不同程度地存在相互博弈的过程，这就需要从博弈论的视角予以解释。因此，有学者从利益博弈视角对生态文明建设中的协同治理进行研究。区域生态环境协同治理实质上是利益关系的重新调整[④]，现有利益格局的形成是各个利益主体的理性行为的结果[⑤]。良好生态环境具有正外部性，在缺乏外

① 朱喜群：《生态治理的多元协同：太湖流域个案》，《改革》2017 年第 2 期。

② 余敏江：《区域生态环境协同治理要有新视野》，《中国环境报》2014 年 1 月 23 日。

③ 张振波：《多元协同：区域生态文明建设的路径选择》，《山东行政学院学报》2013 年第 5 期。

④ 余敏江：《论区域生态环境协同治理的制度基础——基于社会学制度主义的分析视角》，《理论探讨》2013 年第 2 期。

⑤ 张永秀：《跨域环境治理中地方政府协同研究——基于协同学的视角》，山东大学硕士学位论文，2019。

力干预的情况下，存在个体理性下的集体非理性情况，这也就是博弈论中“囚徒困境”的非最优解，需要设置重复博弈的强烈外部信息，让相互博弈朝着良性的方向发展。

第二节　流域生态环保一体化研究

人类的文明起源于江河流域，人类社会的发展也是围绕流域而展开的。全球流域开发史源远流长，关于流域生态环境保护的研究较为丰富，实践中已形成不少典型经验。

一　流域生态环保一体化的内涵及其演进方向

流域是地面水和地下水天然汇集的区域，是与水相关的资源和功能的重要载体。农业文明发展时期，人们利用流域主要是为了满足农业社会的生产需求，在此阶段对水资源的需求远远小于供给；工业文明发展阶段，为满足工业发展及快速扩张城市的需求，人类过度使用或不合理开发流域资源，一系列流域生态环境问题相继显现，人类发展与流域保护之间的矛盾凸显；进入 20 世纪中后期，人类开始逐步关注流域的整体平衡与协调发展，流域治理迈入绿色生态文明发展阶段。

流域的生态环境保护与流域经济发展息息相关、相辅相成，流域经济作为一种特殊类型的区域经济，既有区域经济如客观性、地域性、综合性等的特征，又有水资源经济的专属属性。流域经济是以河流为纽带的整体性系统，具有较复杂的网络层次，极易形成从上游到下游有较大纵向差距的经济带。流域发展往往跨越行政区划经济，较易受到行政权力的刚性约束和对要素自由流动的限制；一个行政区内又可能包含多个流域经济区，二者一个作为自然经济区，一个作为人为经济区，它们的边界往往不重合。在发展过程中，流域的生态性和社会性很难完全契合，消除流域上下游地区的经济差异性及行政区划的割裂性都迫切要求，在统一规划流域发展的基础上，沿线区域之间必须有效协作、合作共赢，共同实现流域生态绿色发展之路。

流域生态环境保护的一体化要求以流域作为基本单元，在流域生态系统承载能力的约束下，综合实施流域的污染防治、生态保护和开发利用，促进流域融合自然、经济、社会、生态等要素，实现流域生态的可持续发展。

二　国外流域生态环保一体化的典型做法

由于各国在政治制度、经济水平、文化传统等方面存在差异，国外流域生态环境保护模式也不尽相同、各具特点。梳理、归纳、对比国外流域生态环境保护一体化的经验做法，有助于为长江经济带流域生态环境保护的一体化提供借鉴。

一是国外流域管理机构和职责。良好的流域管理体制首先需要有明确的管理和组织机构。目前，世界范围内有大大小小几百个流域管理组织，主要是流域管理委员会和流域管理局的组织形式，如以澳大利亚墨累-达令河流域为代表的流域管理委员会形式，以美国田纳西河流域管理局为代表的流域管理局形式。流域管理委员会主要是以协调各层级组织为主的协会模式，注重联合协议、共同商讨；流域管理局主要是在统一管理的基础上，统筹协调各方利益关系，其权力范围相较于管理委员会更大。

二是国外流域生态环境保护的法律法规。国外在流域开发与管理过程中几乎都是立法先行，这些法规覆盖了流域开发管理、水土保持、工农业发展布局、环境保护、区域协调等各方面。成功的流域管理经验表明，完善的法律法规是基础和根基。国外流域管理的法律法规主要包括综合性流域法规和专门的流域立法，如法国现行的水资源管理的主要法律是《水法》，主要包括水的所有制、水资源的管理和保护、保护区和保护地的立法、政府对水务的管理和制度、水资源财政和经济方面的立法等内容。《水法》对全法国各对象所从事的水资源规划、开发利用和保护等一切水方面活动都有详尽的法律条文。美国的《田纳西流域开发法》和《特拉华河综合规划》就是典型的流域专项立法，专项的流域立法明确了管理机构的法律地位、职权划分和其他流域管理机构的配合协调机制，凡是涉及流域开发和管理的举措都能得到相应的法律说明。除了专门的流域法规外，还有系列相关的法律法规，例如水权制度、排污许可证制度和协议水资源管理制度等。

三是流域经济区的产业化发展。国外流域经济发展的产业化模式主要有三方面的特点。其一是点线面开发，城市发展与流域经济相互促进。以沿线城市为经济增长点，连接周边城市与内陆地区，打通运输线，形成沿线密集产业带，经济发展辐射至内陆，比如典型的密西西比河和莱茵河流域开发模式。其二是科技创新与城市化带动流域经济发展。基于沿线各城市资源禀赋和主导特色，新建沿河产业带，并以科技创新作为产业升级、转移和结构调整的动力。各城市之间合作共赢，形成经济空间的网络结构。比如田纳西河流域的开发模式。其三是政府主导，吸纳民间资本发展产业。由政府主导，引入民间资本，大力修建流域基础设施，在流域内修路架桥，开发水电，完善河道内交通网络。同时设立经济特区，优化投资环境，吸引外商参与本地区投资建设。

四是国外流域生态补偿机制。综观国外在生态流域补偿上的实践，主要有以下几种补偿方式。一是跨国境流域的补偿。该补偿机制主要是流经国政府采用公共转移支付的手段对流域保护方和流域上中游地区直接进行补偿。二是采用直接支付和间接支付相结合的流域补偿方式。流域管理机构利用产业化运营的盈利、生态融资以及吸收的社会资金和外国资金进行直接生态补偿；另外通过鼓励绿色生产、给予消费以奖励性补贴和资助进行补偿。三是实行市场化的生态补偿。在确保水资源生态安全的前提下，以政府为主体，引入社会化水资源交易组织针对不同的对象、不同的水资源用途制定详尽的水资源交易程序和规则。当然，这些方式并不是全部，还有如水资源信贷交易、水资源上市公司、自然遗产信贷基金、公众参与保护等方式。为更好地实施补偿政策，许多国家采用的是综合性的流域生态补偿方式。

五是流域生态环境的多主体协同治理。国外在流域水资源多主体参与方面走在前列，基本能够建立符合流域特性和政治体制的多主体协同机制。其主要思想是以维护流域整体生态利益为共同目标，多元化主体参与，建立有序、高效、公平的协同机制。环境保护与经济发展并不矛盾，对企业而言，节能减排既有利于社会可持续发展，同时也为企业节约成本。以企业为主体，联合第三方专业机构开展专业监测，使企业由主动变被动；成立流域股份公司，鼓励社会团体和公众通过多种途径参与流域生态环境治理，多方合力共同治理流域生态。比较典型的是欧洲莱茵河的多主体治理。建立约束与激励并行的管理机制，企业由被动接受环境监管转化为主动参与环境保护。

三　国内流域生态环保一体化的主要探索

一是国内流域管理机构和职责。国内的流域管理机构主要是由黄河水利委员会、长江水利委员会、珠江水利委员会、太湖流域管理局、淮河水利委员会、海河水利委员会和松辽水利委员会组成的七大主要河流的流域管理组织。这七大主要流域管理机构主要负责协调流域内各省份政府间的环境标准的制定，监督流域水环境、实施流域生态环境综合执法活动等法律规定的职责。为推进长江经济带、黄河流域生态环境保护，中共中央成立以党中央、国务院领导同志担任组长、副组长的推动长江经济带发展领导小组（以下简称“领导小组”），水利部成立了以党组领导和黄河水利委员会负责人为成员的推进黄河流域生态保护和高质量发展工作小组。不断强化、明确的机构设置和规划管理合一的职能设置有助于推动流域生态环境发展管理有序、权责清晰、高效协同。

二是国内流域生态环境保护的法律法规。国家层面基本形成了《水法》《防洪法》《水污染防治法》《水土保持法》等涉水法律和行政法规，以及《淮河流域水污染防治暂行条例》《长江河道采砂管理条例》《水利工程建设项目招标投标管理规定》等地方性法规。我国还在建立健全流域跨地区的政法协同工作机制，营造良好生态法治环境。根据《关于长江经济带检察机关办理长江流域生态环境资源案件加强协作配合的意见》要求，最高人民检察院建立跨省案件办理的司法协作机制、生态环境修复跨省协同工作机制。目前，重庆、四川、贵州、云南都已建立流域司法协作机制，此外，长江上中下游省市检察院之间也都成立了相应的协作机制。

三是国内流域生态环境保护的产业发展。我国流域众多，但主要河流发源地的生态环境比较脆弱，在流域经济发展过程中要以绿色发展为首要条件，综合考虑流域自然和社会条件，挖掘流域自身的资源优势，开发河流的运输、供水、供电、灌溉、旅游等多种功能，以河流开发带动流域产业发展，如京津冀、长三角、珠三角、粤港澳大湾区等，各城市群优势互补，优化产业链的结构和布局，注重流域经济发展与生态环境保护的协调。

四是国内流域生态补偿机制。在保护流域水资源生态环境的紧迫性与必要性面前，政府部门和专家学者开始重视流域生态补偿机制的探索和实践。生态补偿机制在我国已提出十多年时间，相关理论和实践也在不断丰富、完善。从“十一五”规划到党的十八届三中全会，按照谁受益、谁补偿原则建立健全生态补偿机制的政策思路正从理念变为现实，特别是新《环境保护法》确定“国家建立、健全生态保护补偿制度”，2011 年起，由财政部和原环保部牵头组织、每年安排补偿资金 5 亿元的全国首个跨省流域生态补偿机制试点，在新安江启动实施。近年来，越来越多的政策法规在建立、健全生态补偿机制方面持续“前进”。

五是流域生态环境的多主体协同治理。近年来，随着环境保护意识的提升以及公众参与环保的意愿更加强烈，我国在多主体治理方面有长足进步。许多非营利性民间环保组织以多种形式参与环境保护和可持续发展项目，如“河流守望者”“保护母亲河行动组织”“自然之友”等。从 2011 年到 2014 年再到 2018 年，“河流守望者”组织从起初的“湘江守望者”到目前在全国 33 个省 249 个市开展工作，与 244 个组织建立了伙伴关系，守望着 584 条河流，再到 2018 年全国推广“巡河宝” App，加强“公众化”和“互联网化”的战略转型。《环境影响评价法》等相关法律法规从制度方面对公众参与进行了规定，河长制的建立进一步拓宽了公众的参与渠道。

四　跨域生态环境治理面临的主要困境

跨区域、跨流域的生态环境治理往往面临较大难题，也是生态环境治理中的难点，已有研究从以下几个方面梳理总结出跨域生态环境治理存在的主要困境。

一是主体地位不平等，环境保护内聚力不足。不同主体之间开展合作的首要前提就是地位平等，处于不平等地位的合作难以持续和持久[①]。对跨域的生态环境治理而言，处于不同区域的政府主体之间、企业之间等往往因综合实力、影响力等存在差异，以致利益诉求存在差异，这就使得在缺乏很好协同作用的情况下，难以形成环境保护的最大合力[②]。

二是多头管理，加剧责任分担矛盾。跨域生态环境的整体性、流动性、复杂性和融合性，需要明确的责任界定和监管机制，而现实中众多的管理机构之间往往难以形成大家认同的标准、行动等，并且在缺乏硬约束机制的作用下，难以切实起到有效的保护与治理协调作用，在“搭便车”思维的作用下，反而可能助长“公地悲剧”事件的发生。

三是环境治理信息共享机制欠缺，形成“信息孤岛”。区域分割的管理体制下，难以形成协同高效的信息共享机制，而信息共享是治理跨区域跨流域生态环境问题的基础支撑。而从现实情况来看，区域内部的信息都难以实现协同共享，跨区域的信息共享更是难上加难[③]。

四是目标存在差异，合作共识难以达成。朝着共同的目标一致行动，是跨区域生态环境治理的重要路径，而协调一致行动的关键是要协调好不同利益主体之间的利益，现实的情况是生态资源富集地区往往是经济欠发达地区，生存权、发展权与生态保护之间的利益协调存在短板，导致区域部门间整体行动上的不协调，合作意愿低[④]。

第三节　长江经济带生态环境保护研究

长期以来，学术界对长江流域及经济带生态环保及一体化问题进行了不

① 杨立华、刘宏福：《绿色治理：建设美丽中国的必由之路》，《中国行政管理》2014年第11期。

② 杨溪等：《我国西部生态环境治理主体的相关问题分析》，《理论导刊》2006年第5期。

③ 张江海：《整体性治理理论视域下海洋生态环境治理体制优化研究》，《中共福建省委党校学报》2016年第2期。

④ 金太军、唐玉青：《区域生态府际合作治理困境及其消解》，《南京师大学报》（社会科学版）2011年第5期。

同角度的研究与探索。特别是2016年以来，“共抓大保护、不搞大开发”成为长江经济带的主基调，全流域生态环境协同保护成为沿江11个省市的共识，也成为学术界研究的重点所在，已有研究主要围绕长江经济带生态环境协同保护的体制机制、生态补偿、法律法规、国外借鉴等维度展开；有的基于定性研究阐释，有的探索实证分析研究；有的从区域视角出发，有的则从国外流域生态治理的经验做法中探究启示借鉴。

一　长江经济带生态环保一体化体制机制研究

1. 长江经济带生态环保协同治理关键在构建“共抓”机制

“经济带”这一新概念是对先前“城市群”“区域板块”发展战略由点到面、由静而动升级跃进式的扬弃，“经济带”推进的重点、难点在于区域协调机制与一体化；区域协调机制与一体化问题，是所有经济带构建中的共同难题，也是最难克服的问题。[①] 流域是国家治理的重要场域，流域水安全是国家生态安全的重要基础，解决长江经济带生态环境“欠账”，关键在于治水。[②] 长江经济带作为典型的流域经济形态，是我国生态环境相对脆弱、环境风险相对较高、突发环境事件较多、生态环境问题关注度高、影响程度大的地区。推动长江经济带全流域协调发展，应重点处理好长江全流域经济与生态、干流与支流以及上中下游之间的协调发展。[③] 长江生态环境落实“大保护”的要求，核心路径是建立沿江省市“共抓”机制，在“共”字上做足文章。[④]

2. 长江经济带生态环保协同治理的体制机制障碍

吕志奎认为保障流域水安全、保护流域水生态，实现从“没人管”到“有人管”，从“管不住”到“管得好”的重大转变，是国家治理现代化的

① 黄志钢：《构建“经济带”：区域经济协调发展的新格局》，《江西社会科学》2016年第4期。

② 吕志奎：《加快建立协同推进全流域大治理的长效机制》，《国家治理》2019年第40期。

③ 秦尊文：《推动长江经济带全流域协调发展》，《长江流域资源与环境》2016年第3期。

④ 王利伟、孙长学、安淑新：《长江经济带省际协调合作机制研究》，《宏观经济管理》2017年第7期。

重大课题。目前我国实行流域管理与行政区域管理相结合的流域管理体制，在实践中产生了冲突。[①] 王磊、段学军、杨清可[②]研究指出，长江经济带在长江防洪、大通关和检疫等方面的合作发展迅速，而在水资源环境、港口岸线、基础设施和生态补偿等方面的信息共享和合作平台建设上仍发展缓慢。省际协议属于一种松散型契约，缺乏执行力和约束力。[③] 徐红[④]研究认为，长江经济带统分结合、整体联动的生态环境协同保护工作机制尚不成熟，协同治理较弱、区域合作虚多实少，这些问题不同程度地导致规划难以有效落实。

3. 长江经济带生态环保协同治理的机制障碍原因

路洪卫指出，全流域生态系统的整体性与跨界性，决定了全流域治理需要多元利益主体的参与，其中最本质最难解决的问题是利益协调。[⑤] 研究者认为，长期以来，我国各行政区划禁锢、行政体制分割，各自为政，行业垄断、地方保护以及行政区划关系始终高于市场区际关系，过分注重地方行政主体利益的现状相当严重，导致各区域资源难以优化配置、协调发展，而长江经济带涉及的横向行政区划更多，且发展差距更大，区域协调难度更大。除行政管理体制外，现行的地方官员晋升机制也是一个重要原因，在对上负责制的治理结构中，相对经济绩效是地方官员晋升的关键，在晋升博弈中，地方官员会尽量内化自己正的外部效应，而放任负的外部效应，“损人利己”的行为激励较强。正是由于不完全合作博弈在省域内、分段区域内和沿江大区域三个维度具有更复杂的表现形式，从中短期来看，由地方政府代表参与的长江经济带区域合作陷入了不完全合作博弈的“囚徒困境”。

4. 推进长江经济带生态环保一体化的对策建议

王利伟、孙长学、安淑新指出长江经济带是我国三大区域战略之一，保

---

① 吕志奎：《全流域治理中政府纠纷管理的制度设计》，《中国国情国力》2017 年第 3 期。

② 王磊、段学军、杨清可：《长江经济带区域合作的格局与演变》，《地理科学》2017 年第 12 期。

③ 吕志奎：《区域治理中政府间协作的法律制度：美国州际协议研究》，中国社会科学出版社，2015。

④ 徐红：《长江经济带生态环境修复的瓶颈制约与治理对策》，《学习月刊》2019 年第 5 期。

⑤ 路洪卫：《完善长江经济带健康发展的区域协调体制机制》，《决策与信息》2016 年第 3 期。

持其持续健康发展面临上下游、左右岸、干支流、江湖库之间的协调难题。[①] 有学者以现有的长江流域管理机构本身为研究切入点，孙博文和李雪松等指出，现行的长江经济带流域管理机构存在法律地位不明确、职能交叉分割以及缺乏自主管理权等问题；[②] 并且，已有的水利部长江水利委员会以及交通运输部长江航道局均是仅负责某一领域的管理，权力非常有限，无法对长江经济带全流域进行综合的协调与管理，致使难以调解省际合作矛盾，沿江各省市形成“各扫门前雪”、以邻为壑的经济发展思路。黄贤金[③]对未来长江经济大战略空间格局构建进行了探索，认为应以资源环境承载力评价及预警机制倒逼长江经济带生态大保护格局的形成，以生态大保护格局引导长江经济带绿色化发展，以空间绿色化促进形成长江经济带人与自然协调、东中西部空间协调的战略格局。

二　长江经济带生态环保一体化生态补偿研究

1. 全流域生态补偿的重要性

健全的利益分配协调机制是有效解决流域生态保护问题、协调多方利益的一个重要举措。区域一体化的挑战根源在于一体化内部各地区的利益冲突，因此，最深层的是利益协调机制。创新生态补偿机制，是有效平衡生态保护义务与受益权不对称的重要手段。[④] 肖金成、刘通[⑤]指出生态环境保护具有外部性，生态保护补偿机制是重要的激励机制，是促进长江经济带共同发展、共担成本的制度设计。

2. 长江全流域生态补偿的关键点

肖庆文[⑥]认为建立健全长江经济带生态补偿机制的关键是要明确补

---

① 王利伟 、孙长学、安淑新：《长江经济带省际协调合作机制研究》，《宏观经济管理》2017 年第 7 期。

② 孙博文、李雪松等：《长江经济带市场一体化与经济增长互动研究》，《预测》2016 年第 1 期。

③ 黄贤金：《基于资源环境承载力的长江经济带战略空间构建》，《环境保护》2017 年第 15 期。

④ 李志萌：《创新长江经济带生态补偿机制》，《中国社会科学报》2019 年 2 月 27 日。

⑤ 肖金成、刘通：《长江经济带：实现生态优先绿色发展的战略对策》，《西部论坛》2017 年第 1 期。

⑥ 肖庆文：《长江经济带生态补偿机制深化研究》，《科学发展》2019 年第 5 期。

偿什么、补偿多少、怎么补偿。从现实的情况来看，往往存在补偿方式单一、补偿标准偏低等问题，这些问题的存在难以调动保护地的积极性。因此，从长远计，需要在补偿制度设计上更好地协调相关利益方的利益。

3. 设立全流域生态补偿的思考建议

应从完善生态补偿法律制度、设立长江流域生态补偿基金、落实生态环境责任协议制度等方面加快建立长江经济带生态补偿机制。[①] 应搭建实时信息共享技术平台，以核定生态补偿资金提供依据。[②] 应通过国家协调，构建有利于上中下游各行政单元之间及各行政单元内部互惠多赢的体制机制。李志萌[③]认为，长江经济带生态补偿的落实，关键是要完善长江流域保护和治理多元化投入机制，健全上下联动协同治理的工作格局，提升中央对地方、流域上下游间的生态补偿效益。

三 长江经济带生态环保一体化法治建设研究

1. 流域水资源是法律制度中最复杂的领域

水资源是法律上权利最密集且最容易产生权利冲突的领域，[④] 长江流域水资源具有双重属性，既是一种环境资源又是一种经济资源。[⑤] 我国现有的水资源立法不直接以长江流域水资源管理与保护为内容，无法适应现实需要，出台的《长江保护法》有助于从全流域的角度保护长江水资源。[⑥] 协同推进全流域大治理，需要建立跨区域水事纠纷矛盾司法化解决机制。徐本鑫、陈沁瑶认为生态司法协作是应对生态司法实践难题的客观要求，是共建

① 盛方富、李志萌：《创新一体化协调机制与长江经济带沿江地区绿色发展》，《鄱阳湖学刊》2017年第6期。

② 李志萌、盛方富等：《长江经济带一体化保护与治理的政策机制研究》，《生态经济》2017年第11期。

③ 李志萌：《共建长江流域“生态共同体”》，《中国经济导报》2016年6月19日。

④ 崔建远：《水权与民法理论及物权法典的制定》，《法学研究》2002年第3期。

⑤ 吕忠梅等：《长江流域水资源保护立法研究》，武汉大学出版社，2006。

⑥ 周珂、史一舒：《论〈长江法〉立法的必要性、可行性及基本原则》，《中国环境监察》2016年第6期。

绿色长江经济带的重要抓手。①

2. 长江生态环保立法面临的困境

有学者认为，跨行政区流域水环境资源纠纷具有公益性、外部性等特点，当前存在流域下游利害关系人起诉不能、适格主体怠于起诉的情况。从历史维度和现实考量出发，长江立法面临经济发展与生态环境保护、流域管理与区域管理等诸多利益冲突。② 吕忠梅③研究指出，与水资源利用有关的权利冲突呈现明显的流域特性，目前已有关于长江经济带的众多立法，涉及多层级、多机关、多法律关系，导致实践层面的诸多法律冲突。跨行政区域政府间司法调节制度缺位是我国地方政府间关系协调的短板，有必要诉诸司法程序化解辖区间利益纠纷④。江必新⑤认为长江流域司法保护工作面临多部门、多主体管辖和地方保护主义的困境，并且，长江经济带生态司法协作在贯彻“共抓大保护”建设理念的同时，还存在协作缺乏社会性权利主体参与、协作主体间权责关系和协作程序不明确、协作运行保障不到位、相关协作机制落实效果差等问题。

3. 长江大保护立法的思考建议

长江的自然流域统一性决定了需要一部综合管理的流域型法律。⑥ 周珂、史一舒指出，长江经济带生态环保的相关法律应以绿色发展原则、流域综合管理原则、流域水资源保护与流域水资源管理相结合原则、公众参与原则四大基本原则为主线。⑦ 安全、公平、可持续发展应成为长江

---

① 徐本鑫、陈沁瑶：《长江经济带生态司法协作机制研究》，《重庆理工大学学报》（社会科学）2019 年第 7 期。

② 魏圣香、王慧：《长江保护立法中的利益冲突及其协调》，《南京工业大学学报》（社会科学版）2019 年第 6 期。

③ 吕忠梅：《建立“绿色发展”的法律机制：长江大保护的“中医”方案》，《中国人口·资源与环境》2019 年第 10 期。

④ 吕志奎：《全流域治理中政府纠纷管理的制度设计》，《中国国情国力》2017 年第 3 期。

⑤ 江必新：《关于制定长江保护法的几点思考——以司法审判及法律责任为视角》，《中国人大》2019 年第 20 期。

⑥ 余富基、刘振胜、萧木华：《〈长江法〉立法问题的提出及立法思考》，《人民长江》2005 年第 8 期。

⑦ 周珂、史一舒：《论〈长江法〉立法的必要性、可行性及基本原则》，《中国环境监察》2016 年第 6 期。

保护立法的基本取向，并且在长江保护立法中，安全是基础价值，公平是基本价值，可持续发展是根本价值[①]。秦尊文[②]提出应以法治手段推进长江水污染防治，长江流域各省市人民政府要尽快核定并公布地下水禁采和限采范围，加快建立水资源水环境承载能力监测预警机制。

四　长江经济带生态环保一体化数理实证研究

1. 绿色发展指数视角

关于长江经济带绿色发展指数研究，目前主要有湖南省社会科学院发布的长江经济带绿色发展指数、上海社会科学院长三角与长江经济带研究中心发布的长江经济带城市绿色发展指数、上海市社会科学院发布的长江经济带生态共同体生命力指数、长江经济带（复旦大学）发展研究院发布的长江经济带一体化指数等。为科学测度长江经济带各省市长江大保护行动绩效，准确评价长江大保护效果，叶云、郑军[③]从协同发展、生态保护、绿色发展、公众保护四个方面构建了长江大保护指数，提出通过二次加权评价法可以动态评价长江大保护指数。

2. 生态效率视角

汪克亮、孟祥瑞、程云鹤[④]将经济生产过程中的自然资源消耗与环境污染排放视为“环境压力”，结合 DEA 理论与视窗分析法，实证测算 2004~2012 年长江经济带 11 个省市 5 类生态效率指标值，结果表明：样本期内长江经济带的生态效率整体水平依然偏低，且出现下降态势；内部省市生态效率之间的差距有进一步扩大的趋势。赵鑫、胡映雪、孙欣[⑤]采用三阶段超效

---

① 吕忠梅：《建立“绿色发展”的法律机制：长江大保护的“中医”方案》，《中国人口·资源与环境》2019 年第 10 期。

② 秦尊文：《长江怎么“大保护”》，《决策与信息》2016 年第 3 期。

③ 叶云、郑军：《长江经济带长江大保护指数研究：指标体系与评价方法》，《财政监督》2019 年第 11 期。

④ 汪克亮、孟祥瑞、程云鹤：《环境压力视角下区域生态效率测度及收敛性——以长江经济带为例》，《系统工程》2016 年第 4 期。

⑤ 赵鑫、胡映雪、孙欣：《长江经济带生态效率及收敛性分析》，《产业经济评论》2017 年第 6 期。

率DEA模型的Malmquist-Luenberger指数法，对长江经济带生态效率进行测算，结果表明：整体及上、中游生态效率增长率降低，下游几乎没有变化，说明上、中游处于较好的外界环境状态。吴传清、黄磊①基于长江经济带中上游地区8省市、83个城市2004~2014年面板数据，采用DEA模型测度长江经济带中上游地区生态效率，采用Tobit模型探究产业转移对长江经济带中上游地区生态效率的影响，研究表明：承接产业转移并未损害长江经济带中上游地区整体生态效率，但对中游地区生态效率负向作用显著；国际产业转移对长江经济带中上游地区生态效率提升具有不利影响，"污染天堂"假说得到证实。

3. 协调发展视角

邹辉、段学军②通过经济与环境系统的协调发展度评估表明，长江经济带协调发展度空间差异显著，东部地区明显大于中西部地区，沿江地区大于非沿江地区。杜宾、郑光辉、刘玉凤③通过构建长江经济带经济子系统和环境子系统的指标体系及协调度发展模型，对2004~2013年协调发展度进行计算及时空演变分析，研究指出：在时间上，长江经济带经济与环境综合协调发展度呈"U"形特征；在空间上，综合协调发展水平呈现由东向西递减的趋势。温彦平、李纪鹏④对2006~2015年长江经济带内各省市城镇化与生态环境承载力协调关系进行研究，通过构建合理的指标体系并计算综合得分指数，评价长江经济带内各省级行政单位的城镇化状态以及生态环境承载力状况。张雅杰、刘辉智⑤以长江经济带9省2市为研究区域，建立长江经济

① 吴传清、黄磊：《承接产业转移对长江经济带中上游地区生态效率的影响研究》，《武汉大学学报》（哲学社会科学版）2017年第5期。

② 邹辉、段学军：《长江经济带经济——环境协调发展格局及演变》，《地理科学》2016年第9期。

③ 杜宾、郑光辉、刘玉凤：《长江经济带经济与环境的协调发展研究》，《华东经济管理》2016年第6期。

④ 温彦平、李纪鹏：《长江经济带城镇化与生态环境承载力协调关系研究》，《国土资源科技管理》2017年第6期。

⑤ 张雅杰、刘辉智：《长江经济带城镇化与生态环境耦合协调关系的时空分析》，《水土保持通报》2017年第6期。

带城镇化与生态环境协调发展评价体系，采用变异系数法和耦合测度模型，从时间、空间两个维度分析 2005~2014 年长江经济带城镇化与生态环境耦合协调关系，研究表明：长江经济带城镇化与生态环境耦合协调度呈持续上升趋势，但城镇化指数增长速度快于生态环境指数；长江经济带城镇化与生态环境协调发展水平呈上游地区<中游地区<下游地区的地势阶梯特征。周正柱、王俊龙[①]基于压力—状态—响应模型框架，构建生态环境综合评价指标体系，采用耦合协调度模型，对 2010~2016 年长江经济带各省市生态环境压力、状态和响应子系统耦合协调性进行探讨，研究表明协调发展总体上呈现中部区域大于东部区域大于西部区域的空间特征。

4. 其他实证研究视角

马骏、李亚芳[②]运用环境库兹涅茨曲线模型对长江经济带 9 省 2 市 2003~2014 年的污染物综合水平和人均 GDP 进行实证分析，结果表明：长江经济带整体经济增长与环境质量之间呈倒 U 形关系，但安徽、四川、贵州、江西、湖南经济增长与环境质量之间不存在环境库兹涅茨曲线关系，而呈正 U 形曲线，并指出未来长江经济带环境质量的改善应重点选择贵州、湖南、四川省环境保护途径。郭庆宾、刘琪、张冰倩[③]基于 2003~2014 年长江经济带的省际面板数据探讨了不同类型的环境规制对国际 R&D 溢出效应的影响，通过熵值法客观赋权构建命令控制型、市场激励型、自愿参与型 3 种环境规制指数，研究发现：当前在长江经济带发挥作用的主要是命令控制型和市场激励型环境规制，自愿参与型环境规制对创新的激励作用尚未显现。李立辉等[④]通过对 2006~2016 年长江经济带 11 个省份的区域环境保护

① 周正柱、王俊龙：《长江经济带生态环境压力、状态及响应耦合协调发展研究》，《科技管理研究》2019 年第 17 期。

② 马骏、李亚芳：《长江经济带环境库兹涅茨曲线的实证研究》，《南京工业大学学报》（社会科学版）2017 年第 1 期。

③ 郭庆宾、刘琪、张冰倩：《不同类型环境规制对国际 R&D 溢出效应的影响比较研究——以长江经济带为例》，《长江流域资源与环境》2017 年第 11 期。

④ 李立辉、万露、付冰婵：《长江经济带环境保护投资现状分析》，《区域金融研究》2017 年第 7 期。

投资总额、环境保护投资总额与 GDP 之比、环境保护投资结构等内容进行梳理，发现长江经济带大部分区域过于注重城镇环境基础设施的投资，并且对工业污染治理投资的力度最小，对于“三同时”的投资，东部地区要优于西部地区。王维等[①]以长江经济带 130 个地市为例，利用熵值法对评价指标进行赋权，对长江经济带城市生态支撑力、生态压力和生态承载力状况进行评价，结果表明：2003~2013 年长江经济带生态支撑力逐渐上升；生态压力持续增大，空间格局为下、中、上游梯度递减；生态承载力先下降后上升，空间格局由上、中、下游梯度递减向中、上、下游梯度递减转变。黄寰等[②]通过构建综合环境治理绩效评价指标体系，运用熵权 TOPSIS 方法测算了 2015~2017 年长江经济带 11 个省市综合环境治理绩效，研究发现地区差异明显，长江上游表现较差，需加强工业治理；长江中下游地区表现相对较好，但需加大生态环境治理力度。

第四节 长江经济带生态环境保护研究述评

综上可知，自习近平总书记提出“共抓大保护、不搞大开发”以来，长江经济带绿色发展被提到前所未有的高度，学术界关于这方面的研究成果也日益丰富，对促进长江经济带大保护发挥了积极作用，同时仍需要在现有基础上结合最新发展形势，作进一步的拓展和深入。

一 现有研究的主要特点

一是 2016 年以来，关于长江经济带生态环保的研究日益丰富，研究的聚焦点主要是长期以来制约生态环保一体化的体制机制弊端、法律的错位缺位、生态补偿制度的缺失等，这些真实存在的瓶颈问题，既有历史原因也有制度原因，都不利于长江经济带大保护最大公约数的形成，已有研究文献为

① 王维、张涛等：《长江经济带城市生态承载力时空格局研究》，《长江流域资源与环境》2017 年第 12 期。

② 黄寰等：《长江经济带综合环境治理绩效测度研究》，《会计之友》2019 年第 21 期。

这些问题的解决提供了有益借鉴。上述问题的存在不是单一的、割裂的，而是相互紧密关联的，然而当前对长江经济带生态环保协同的整体观、系统观方面的研究相对不足。

二是已有的实证研究较多偏重于生态效率、经济与生态协调度、城镇与生态协调度、长江经济带绿色发展指数等方面，这些实证研究为分析长江经济带生态环境保护问题提供了有力支撑，但梳理后不难发现，这类分析中以省域或城市为单元的偏多，这与当前行政区域管理的现状密切相关，同时在计量分析中多以公开大数据为实证分析基础，而从全流域视角研究长江经济带 11 省市针对长江大保护的政策协调度的不足。

三是利益诉求差异是省际区域合作关注的焦点所在，特别是横跨东中西 11 个省市的长江经济带，梯度发展差异极大，由于长期以来缺乏有效的法律法规硬约束和长江全流域生态补偿机制，行政分割下的区域 GDP 导向的政绩竞争，使公权力博弈制约全流域生态优先、绿色发展的成色和效果，已有文献在这方面也做了大量研究探索，主要分散在流域生态补偿、产业梯度转移协作、区域对口帮扶等方面，然而，长江经济带整体利益观视角下的研究较少，着眼于长江经济带高质量发展的帕累托改进的研究有待深化和拓展。

二　今后研究重点领域探讨

根据文献梳理可知，新时代推动长江经济带生态环境一体化治理，需重点突出以下几个方面。

一是长江经济带生态环保共治共建共享的政策协调机制建构研究。党的十九届四中全会专题研究国家治理体系和治理能力现代化，这为生态文明领域的制度建构提供了根本遵循。对长江经济带而言，如何构建起法治化的立体制度体系，关乎长江经济带生态环境保护的成效和长远，在这方面已有学者做了积极研究探索，但在结合党的十九届四中全会精神赋予长江经济带生态环境保护制度建设新的时代内涵上，需要进一步突破。

二是长江经济带生态环保共治共建共享的政策协调机制统筹研究。当前关于长江经济带生态环境保护方面的制度研究丰富多样，如何综合使用各类制度成果并产生最大的制度效能显得尤为迫切和重要，譬如，如何将河长制、湖长制、林长制等制度成果同长江经济带大保护统筹起来，如何将长江全流域生态补偿制度同上中下游不同区域的局部生态补偿制度统筹起来，如何将鄱阳湖、太湖等大湖流域的山水林田湖草制度建设同长江全流域的山水林田湖草制度建设统筹起来，如何将最新技术成果的使用同制度建设衔接起来（如5G技术如何同长江生态环境保护制度衔接统筹），等等。

三是长江经济带生态环保共治共建共享的政策协调机制评价研究。当前学术界已就长江经济带生态环境大保护、共促高质量发展方面的评价评估做了积极探索，但客观评价长江经济带已有环境保护政策的适宜性，并结合最新时代发展要求，考虑上中游不同地区的不同利益主体诉求，从整体利益观视角提出切实管用的动态调整型制度评价指标体系，显得尤为迫切，特别是评价指标体系的构建要突出共建共治共享的核心要义，这方面的研究还需进一步强化和突破。

四是长江经济带生态环保共治共建共享的生态文化研究。生态文化是新时代生态文明建设更基本、更深沉、更持久的力量，推进长江经济带生态环保协同治理，需要深入挖掘长江流域数千年来孕育的各类文化，如长江上游的宝墩文化、长江中游的石家河文化、长江下游的良渚文化等，这些文化伴随长江流域的发展变迁，在相互碰撞、交互融合中形成“和而不同”的多元一体文化格局，生态文化共同体研究将为生态共同体建设提供基础而长远的内力支撑，而目前关于长江经济带大保护的生态文化共同体方面的研究比较欠缺，需要在后续关于长江大保护的长效可持续研究中得到足够重视并被提到更加重要的位置，以形成长江大保护的最大公约数。

第二章
长江经济带生态环境保护与绿色发展水平评价

共抓长江“大保护”，需首先对长江经济带生态环境保护的基本现状进行评估分析，剖析一体化推进长江经济带生态环境保护存在的瓶颈症结，并在此基础上提出有针对性的对策建议。本章在梳理绿色长江经济带一体化历程、现状的基础上，结合中共中央办公厅、国务院办公厅印发的《绿色发展指标体系》，借鉴已有研究成果，构建长江经济带绿色发展水平评价指标体系，根据评估结果分析存在的不足与难点，进而提出相关对策建议，以推动长江经济带生态环境保护一体化发展。

第一节　长江经济带绿色发展历程

长江，是中华民族生息繁衍的母亲河。长江经济带作为中国经济地理的核心地带，自改革开放以来就是中国经济版图的主轴，更是党和国家布局大国重器的首选地。随着国内国际经济社会和生态环境不断发展变化，长江经济带绿色发展也经历了“开发为主—综合利用—生态优先—高质量发展”的演进。

一　“T”字形战略提出与探索阶段

早在20世纪80年代初，国务院发展研究中心原主任马洪就提出了国家

"一线一轴"战略构想[①]。此后不久，1984 年，中国生产力经济学研究会提出了"长江产业密集带"发展思路，其核心在于以长江流域发达城市辐射范围为大圈、周边城市和农村为小圈，"大圈套小圈"形成产业集群。同年 12 月，中国科学院院士陆大道以"点—轴"理论为基础，创造性地提出了"T"字形国土空间和经济发展布局[②]，主张以长江沿岸和沿海地带两条轴线为未来发展重点。这一主张随后在国内受到了各方的高度重视，并被纳入 1987 年的全国国土总体规划纲要等重要文件中[③]。在"T"字形战略的影响下，长江沿岸轴作为国家发展主干的地位开始凸显。1990 年，国务院批复《长江流域综合利用规划简要报告》，同意对长江流域的江河治理、水资源综合利用和水土资源保护提出全面综合安排，并用以指导全流域的治理开发。1992 年，国家提出"长江三角洲及长江沿江地区经济带"的发展构想，并确定"以上海浦东为龙头，进一步开放沿江城市"[④]，这一重要举措，标志着长江经济带的发展在当时已经上升到国家发展战略的高度，长江经济带一体化发展理念初步形成。

这一时期国家对长江流域生态环保的重视程度不断提高，开展了长江流域生态环境建设与经济可持续发展研究[⑤]。但囿于经济快速发展的需要和生态环保治理相关技术及资金的缺乏，只能以开发利用沿江生态资源为主，被动选择"先污染，后治理"的发展模式。尽管到 20 世纪 90 年代中期，"可持续发展战略"成为我国基本国策，环境与经济的协调发展理念在沿江地区经济社会发展中开始兴起，然而由于当时正处在改革开放的历史浪潮中，全国上下各个地区都在激烈竞争、谋求快速发展，因此在这一时期长江经济带生态环保还未能实现一体化，主要以区域分治的形式"单打独斗"。

---

① "一线一轴"："一线"指沿海一线；"一轴"指长江。

② 陆大道：《区域发展及其空间结构》，科学出版社，1995。

③ 吴传清、黄磊：《长江经济带绿色发展的难点与推进路径研究》，《南开学报》（社会科学版）2017 年第 3 期。

④ 武菲、张昕川：《长江经济带发展战略定位的历史演进及思考》，《人民长江》2019 年 6 月 28 日。

⑤ 虞孝感主编《长江流域可持续发展研究》，科学出版社，2003。

二　联动开发、综合利用阶段

进入21世纪，我国经济实现巨大飞跃，连续多年保持8%以上的年均增长率，截至2001年末我国经济总量已跃居世界第6位，吸引外资额居世界第一位。但是，东西部之间的区域发展差距也在逐步扩大，为应对这一状况，长江经济带在2002年后一方面进一步加大开发力度，另一方面生态环保意识也在大幅增强，相关制度建设步伐不断加快。

构建多元共治体系。20世纪90年代末，长江流域水旱灾害频发，特别是1998年长江中下游特大洪灾之后，人们逐渐认识到，长期以来人们对长江自然资源的不当开发致使长江流域生态环境急剧恶化，使得沿江地区乃至全国人民生活和经济发展受到严重威胁。为适应长江流域生态环保方面出现的新形势、推动可持续发展，国家以水生态保护为抓手，注重流域整体性水环境的改善。在水污染治理方面，出台《江苏省太湖水污染防治条例》（2008年6月）；在饮用水源地保护方面，出台我国第一部《全国城市饮用水水源地环境保护规划（2008~2020年）》（2010年6月）和《中华人民共和国水土保持法》（2010年12月）。这一系列举措，从全方位、多角度入手，逐步推动长江经济带多元共治生态环保治理体系的形成。

促进经济协调发展。一方面，调整经济发展方式。2008年11月，国家施行4万亿元经济刺激计划，对长江经济带沿线大量投资，有效改善民生、基建。2009年，国家进一步调整产业结构，在长江经济带各类产业中积极推动改造升级，既包括传统产业如纺织、汽车、钢铁等，也包括新兴产业如电子信息、高端装备制造等。另一方面，促进区域协调发展。2009年10月，《关于应对国际金融危机保持西部地区经济平稳较快发展的意见》出台，高度肯定“扩大内需”在西部地区的良好势头和发展潜力，同时，继续加大对长江上游地区的政策支持和生态保护力度。2010年，《关于加快培育和发展战略性新兴产业的决定》出台，国家层面大力鼓励战略性新兴产业发展，长江经济带沿线省市纷纷响应，结合自身区域经济发展特点，积极出台相应支持政策，为新能源、节能环保等战略性新兴产业发展助力。

统筹区域发展规划。自2001年中国加入WTO以后，全方位开放格局基本形成，长江经济带各省市开始越发重视辖区内沿江区域的规划和开发。2010年后，长江流域内国家级相关规划陆续出台，包括鄱阳湖生态经济区规划、皖江城市带承接产业转移示范区规划、长江三角洲区域规划、重庆"两江新区"规划等①。同时，国家还大力推动试验区建设，如成渝统筹城乡综合配套改革试验区、武汉城市圈和长株潭城市圈两型社会建设综合配套改革试验区等。这一系列规划实施和试验区建设，形成了长江上中下游整体联动开发新格局。

总的来看，这一时期随着长江经济带经济社会快速发展，长江流域生态环境恶化情况也在不断加重，甚至出现了严重的自然灾害从而影响了长江经济带的可持续发展。虽然国家积极应对，采取了多项措施如设立专门机构、严格执法监督、调整产业结构等，可以说从多维度、全方位加强长江经济带生态环保建设，但传统发展模式并未得到根本转变，边开发边治理的综合利用模式无法有效改变经济发展与生态环境不协调的关系。彻底转变发展观念，已成当务之急。

三　生态优先、绿色发展阶段

党的十八大以来，以习近平同志为核心的党中央科学谋划中国经济新棋局②，把生态环境保护摆上优先地位，依托长江黄金水道，大力推进长江经济带建设这一重大国家战略，使长江经济带绿色发展步入新的阶段。

长江经济带发展上升为国家发展战略。早在2005年，长江沿线上海、江苏、安徽、江西、湖北、湖南、重庆、四川、云南七省二市就签订了《长江经济带合作协议》。在此协议的推动下，长江沿线七省二市的合作交

① 杨晶晶：《长江经济带经济与生态关系演变的历史分析（1979~2015年）——以水环境为中心》，中南财经政法大学博士学位论文，2018。

② 《治国理政新实践：古老母亲河谱写新篇章》，人民网（理论版）。

流不断加深，并共同发出倡议，希望能“上升为国家战略”[①]。2010年《全国主体功能区规划》正式颁布，强调了长江经济带在推动国家均衡发展中的重要地位[②]，这一规划为日后将长江经济带发展上升为国家战略提供了契机。2013年7月，习近平总书记在湖北武汉调研时指出，“要大力发展现代物流业，长江流域要加强合作，充分发挥内河航运作用，发展江海联运，把全流域打造成黄金水道”。这是习近平总书记在党的十八大以后首次公开强调长江流域的发展问题，也是长江经济带发展战略的重要发源。2014年9月12日，国务院印发《关于依托黄金水道推动长江经济带发展的指导意见》，标志着长江经济带发展正式上升为国家战略[③]。

坚持生态优先、绿色发展。2016年1月5日，习近平总书记在重庆市召开推动长江经济带发展座谈会，提出“推动长江经济带发展必须从中华民族长远利益考虑，走生态优先、绿色发展之路”，并强调“当前和今后相当长一个时期，要把修复长江生态环境摆在压倒性位置，共抓大保护，不搞大开发”[④]。同年3月，《长江经济带发展规划纲要》进一步明确了长江经济带发展必须坚持生态优先、绿色发展的战略定位。

以长江经济带发展推动经济高质量发展。2018年4月26日，习近平总书记在武汉主持召开深入推动长江经济带发展座谈会，明确提出需要正确把握的“五个关系”，共抓大保护、不搞大开发，坚持生态保护。

谱写生态优先、绿色发展新篇章。进入“十四五”时期，我国迎来新发展阶段，但区域发展不平衡不充分问题仍然突出，这对推动长江经济带区域协调发展提出了新的更高要求。在此基础上，习近平总书记于2020年11月14日在南京召开全面推动长江经济带发展座谈会，明确要求“要在严格

---

① 吴传清、黄磊：《长江经济带绿色发展的难点与推进路径研究》，《南开学报》（哲学社会科学版）2017年5月20日。

② 武菲、张昕川：《长江经济带发展战略定位的历史演进及思考》，《人民长江》2019年6月28日。

③ 国务院法制办公室编《中华人民共和国法规汇编》，中国法制出版社，2015。

④《习近平在推动长江经济带发展座谈会上强调：走生态优先绿色发展之路，让中华民族母亲河永葆生机活力》，《人民日报》2016年1月8日。

保护生态环境的前提下，全面提高资源利用效率，加快推动绿色低碳发展，努力建设人与自然和谐共生的绿色发展示范带”。此次会议为“十四五”时期推动长江经济带生态优先、绿色发展提出了新目标，指明了新方向。紧接着，12 月 26 日《长江保护法》正式出台，成为我国第一部针对流域的专门法律，为强化长江流域生态系统修复和环境治理，统筹协调规划、政策，推进长江上中下游、江河湖库、左右岸、干支流协同治理提供了法律依据。

面对当今世界百年未有之大变局，长江经济带发展从“推动”向“深入推动”，再向“全面推动”演进，一以贯之推进生态保护、绿色发展。站在新的历史起点，长江经济带生态环境保护必将跨上新台阶，谱写人与自然和谐共处的发展新篇章。

第二节　长江经济带生态环保主要做法

一　健全规划政策体系

形成了“1+N”的规划政策体系。“1”是《长江经济带发展规划纲要》（以下简称《规划纲要》）；“N”是围绕《规划纲要》制定的 10 个专项规划、11 个沿江省市实施方案和一系列生态环保政策。总体来看，长江经济带已经基本形成以《规划纲要》为统领，相关配套文件为支撑的规划政策体系，有效夯实了长江经济带绿色发展的政策根基①。

二　上游夯实生态屏障

长江经济带上游地质环境复杂，青藏高原（部分）、云贵高原、四川盆地三大核心生态功能区都涵盖其中，具有极其重要的生态系统服务功能。多年来，长江上游地区着力构建生态屏障，久久为功，努力做好净化水质、涵

① 推动长江经济带发展领导小组办公室：《2016 年以来推动长江经济带发展进展情况》，《中国经贸导刊》2019 年第 3 期。

养水源、维护生物多样性等重要工作。

净化水质。长江经济带上游地区河川纵横，湖泊众多，沿江森林对农田灌溉中残留的农药化肥起到了一定的吸附作用，如同天然的过滤器，有效净化水质，从而使最终流入长江水域里的残留农药、磷等化学物质浓度得到稀释，降低其排放总量，降低长江经济带水环境被污染的程度，避免富营养化的现象。2019 年川渝滇黔四省市森林覆盖率分别达到 38.03%、43.11%、55.04%、43.77%（见图 2-1），远高于全国 22.96%的平均水平，森林发挥了重要的水质净化功能。

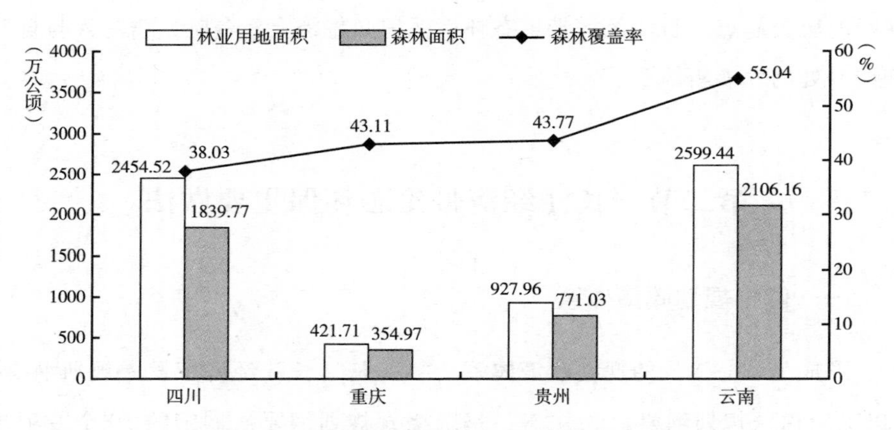

图 2-1　2019 年川渝滇黔四省市林业用地及森林情况

资料来源：《中国统计年鉴 2019》。

涵养水源。长江经济带上游地区负责供给中下游水资源，是重要的水源涵养功能区，其水资源的稳定和水质量的良好决定着长江流域甚至全国的饮用水安全。以三峡库区为例，在长江上游的诸多生态屏障中，三峡库区是最后一道防线，三峡库区水资源涵养情况关系着全国 35%的淡水资源需求和中下游 3 亿多人的用水安全，三峡库区长期以来在水源涵养方面发挥了巨大的功效。

水土保持。一直以来，长江经济带上游地区高度重视水土保持工作，特别是西部 11 个国家级水土保持重点工程都将治理长江上游水土流失作为重中之重。上游地区通过持续植树造林、退化土地整治、山区坡地改良等方式，有效缓解了水土流失。截至2019年底，长江经济带完成造林面积248.23万公顷，约占全国造林总面积的35.13%，远高于其土地面积占比，其中四川、重庆、贵州等中上游省市造林面积位居前列；水利部最新发布的全国水土流失监测报告，针对长江经济带2002~2018年的水土流失情况做了专门的监测，结果显示，截至2018年底，长江流域水土流失面积减少了34.68%，强烈及以上水土流失面积占比下降了5.3个百分点（见表2-1）。

表2-1　长江经济带水土流失情况

数据来源	水土流失面积（万平方公里）	轻度	中度	强烈	极强烈	剧烈
全国第二次水土流失遥感调查（2002年公布）	53.08	20.76	21.32	8.56	1.92	0.52
第一次全国水利普查（2013年公布）	38.46	18.67	10.55	5.25	2.84	1.15
全国水土流失动态监测（2018年公布）	34.67	24.72	4.61	2.52	2.00	0.82

资料来源：2020年水利部长江水利委员会统计公报。

维护生物多样性。长江经济带上游地区囊括了几乎所有类型的陆地生态系统，野生动植物资源丰富，生态保护价值极高。长期以来，长江经济带上游四省市（川、渝、滇、黔）大力推动自然保护区建设，下大力气维护上游地区生态系统的原真性和稳定性，取得显著成效。截至2017年底，长江经济带上游四省市已建成各类保护区共计510个。

三　中游加快绿色崛起

中游畅则长江畅，中部活则全国活。长江经济带中游承东启西、连南接北，具有得天独厚的区位优势，极具发展活力和潜力，是实施中部崛起战略、推动长江经济带发展、畅通国内经济循环的重要支点。近年来，长江经济带中游地区持续深化合作，不断加强生态环境共保联治，多措并举打造我国中部“绿心”。

积极推进污染防治攻坚战。湖北以长江大保护十大标志性战役和九大行动①为指导，全面打响污染防治攻坚战，截至2019年底，湖北省城市平均优良天数占比为76%，$PM_{2.5}$累计平均浓度较2015年下降25%，国考断面水质优良率达89.7%。湖南省围绕“4+1”工程和八大专项行动②，重点推进长株潭区域大气同治、洞庭湖水环境整治、湘江流域重金属治理等，截至2019年底，湖南省城市空气质量优良率达83%，$PM_{2.5}$年均浓度降到42微克/立方米以下，国考断面水质优良率达91.7%，超过全国平均水平16.8个百分点。江西聚焦“八大标志性战役、30个专项行动”③，打好“蓝天、碧水、净土”保卫战，截至2019年底，江西省城市平均优良天数占比为89.7%，高于全国平均水平8个百分点，国考断面水质优良率达93.3%，超过国家考核目标9.3个百分点。

持续深化生态环保合作。自长江中游湖北、湖南、江西三省2012年初签订长江中游城市群战略合作框架协议以来，长江中游地区区域生态环境治理领域的合作不断深化。从《武汉共识》到《长沙宣言》再到《南昌行动》，鄂湘赣三省共建立跨省合作交流平台30多个，省直部门签署合作协议20多项。同时，中部三省坚持共抓大保护、不搞大开发，于2016年签署了《关于建立长江中游地区省际协商合作机制的协议》，使长江中游地区省

① 十大标志性战役：沿江化工企业专项整治、农业面源污染整治、城市黑臭水体整治、非法采砂整治、非法码头整治、饮用水源地保护、沿江企业污水减排、城乡垃圾处理、固体废物排查等。九大行动：森林生态修复、湖泊湿地生态修复、生物多样性保护、工业污染防治和产业园区绿色改造、城镇污水垃圾处理设施建设、农业和农村污染治理、江河湖库水质提升、重金属及磷污染治理、水上污染综合治理。

② “4+1”工程：以长江干流、主要支流及重点湖库为重点，推进城镇污水垃圾、化工污染、农业面源污染、船舶污染及尾矿库污染治理。八大专项行动：重点断面整治、入河排污口整治、自然保护区监督管理、“三磷”排查整治、固体废物排查整治、饮用水水源保护、工业园区规范化整治、黑臭水体整治。

③ “八大标志性战役”：长江经济带“共抓大保护”、鄱阳湖生态环境专项整治、蓝天保卫、碧水保卫、净土保卫、自然生态保护、工业污染防治、农业农村污染防治。

际生态环保得以实现协商共建①，并共同发布了《长江中游湖泊湿地保护和生态修复联合宣言》，确定了加强江湖综合治理与保护，共同推进以长江及其主要支流、鄱阳湖、洞庭湖为重点的大江大湖综合治理等环境重点合作项目。完善生态文明制度体系，2016~2020年的“十三五”期间，鄂湘赣三省围绕“共抓长江大保护”、建设“长江美丽岸线”出台了一系列环保铁腕治污和生态修复措施，合力推进长江“十年禁渔”，相互交流借鉴、联合执法。2021年7月，鄂湘赣三省签署了《长江中游城市群科技服务联盟合作框架协议》，共同打造长江中游城市群协同创新共同体，在新能源产业、绿色发展等方面进一步加深合作。

共建城市群生态“绿心”。早在2013年，湖北、湖南、江西、安徽四省就提出拟通过联手建设一系列生态保护示范区的方式，把长江中游城市群打造成“中国绿心”。此后，长江中游鄂湘赣三省纷纷加大生态环保力度，探索以城市组团打造绿心空间结构的新型城镇化模式。2018年，长江中游的湖北武汉、江西九江与长江下游的上海崇明岛一起成功入选国家首批“长江经济带绿色发展示范区”城市，为做好新时代城市生态修复、环境保护、绿色发展提供了更多示范样本。2021年4月，国务院发布《关于建立健全生态产品价值实现机制的意见》，鄂湘赣三省积极响应，在体制机制上寻求突破，湖北省鄂州市精细化设置生态补偿标准、湖南省常德市打造城市生态系统与生态价值实现平台、江西省赣州市创新废弃稀土矿山“三同治”模式等，为全国“两山”转化实现路径探索提供了有益借鉴。

四　下游创新引领高质量发展

长江经济带下游地区是我国经济发展最活跃、开放程度最高、创新能力最强的区域之一，是“一带一路”与“长江经济带”的重要交汇地带，其

① 刘陶、陈丽媛：《长三角一体化发展经验及其对长江中游城市群建设的启示》，《决策与信息》2021年第7期。

举足轻重的战略地位不言而喻[①]。经过多年的探索实践，长江下游沿线省市自觉把生态优先、绿色发展摆在突出位置，在发展模式、制度建设、区域协同治理、一体化发展等方面不断创新，引领长江经济带高质量发展[②]。

创新发展模式。长江经济带下游地区经济较为发达，省市间合作频繁，已逐渐从原先分割式发展转为融合式发展。当前，长三角已形成以上海为中心，南京、杭州、合肥为副中心，包含苏州、无锡、常州、宁波、绍兴、芜湖等一批重要节点城市的多中心模式，建立起了沪苏浙皖三省一市的主体框架，为优化空间布局提供了良好范本。同时，长三角各级政府积极鼓励社会组织咨政建言，逐渐形成了政府、企业、社会组织等多元化的合作互动发展方式。

创新制度建设。在 1992 年长三角城市经济协作办主任联席会议的基础上，长三角合作范围不断扩大，2019 年协调会成员单位已增加到 41 个，涵盖经济、社会、生态等各个领域，有效推动了长三角地区的协调合作。

创新区域协同治理。长三角地区以空间管治为抓手，大力推动区域间的生态环境共治。截至 2018 年底，区域内各类自然保护地数量超过 900 个；长三角“三省一市”按照生态环保部要求，划定了“三省一市”生态保护红线。同时，创新生态补偿“新安江模式”，推动皖浙两省合作共治。此外，区域间还通过多主体参与、协作共商的方式，签署了《长三角近岸海域海洋生态环境保护与建设行动计划》等。

创新一体化发展机制。随着长三角一体化发展上升为国家战略，长江下游生态绿色一体化发展也随之步入了“快车道”。2019 年 5 月，国务院出台《长江三角洲区域一体化发展规划纲要》，明确提出要提升长三角生态环境共保联治能力；随后，同年 11 月国家发改委出台《长三角生态绿色一体化发展示范区总体方案》，将地处上海、浙江、江苏三地交界地区的上海青浦

① 中共中央、国务院：《长江三角洲区域一体化发展规划纲要》，http：//www.gov.cn/zhengce/2019-12/01/content_ 5457442.htm? tdsourcetag=s_ pcqq_ aiomsg。

② 武菲、张昕川：《长江经济带发展战略定位的历史演进及思考》，《人民长江》2019 年第 S1 期。

区、浙江嘉善县、江苏苏州市吴江区三个县区作为长三角一体化发展的先行先试区。截至2020年底，示范区积极探索区域联动、分工协作、协同推进的一体化生态保护新路径，形成了32项具有开创性的制度成果，全力推进60个亮点项目建设。

第三节　长江经济带绿色发展基本现状

一　生态环境持续改善

水环境质量显著提高。截至2019年底，长江流域优良断面率达91.7%，2020年11月底进一步提升至96.3%，实现消除劣V类水体的目标。森林面积和森林覆盖水平较高。截至2019年底，长江经济带完成造林面积248.23万公顷，约占全国造林总面积的35.13%，远高于其在国土面积中的占比，其中四川、重庆、贵州、湖南、湖北等中上游省市造林面积位居前列；长江经济带各省市森林覆盖率平均值为44.93%，高出全国平均水平约1倍，其中江西、云南、浙江、贵州、湖南、重庆等上中游省市居前6位。水土流失情况明显好转。2002~2018年长江流域水土流失面积减少了34.68%，强烈及以上水土流失面积占比下降了个5.3百分点。生态系统服务价值不断提升。据相关专家测算，2008~2017年，长江经济带生态系统服务价值增加了103.9%[①]。

二　污染治理成效显著

主要化工污染物排放强度持续下降。根据《中国统计年鉴》数据统计，2013~2017年，长江经济带万元GDP的COD、氨氮、总氮、总磷排放量分别下降了59.40%、55.82%、50.70%、74.09%，人均排放量也分别下降了

① 刘圆、周勇：《长江经济带生态系统服务价值时空变化特征分析及灰色预测》，《生态经济》2019年第4期。

43.62%、38.65%、31.54%、64.02%。沿江化工产业逐渐由粗放发展转向集约绿色发展，涌现出湖北宜昌等地推进化工产业转型升级、破解“化工围江”难题等先进典型。

农业面源污染得到有效遏制。2015~2018年，长江经济带农药化肥使用量实现双降，累计分别减少农药使用量98800吨和化肥施用量（折纯量）175.98万吨，农药使用强度和化肥施用强度分别下降11.75%、6.37%。截至2019年底，长江经济带畜禽粪污综合利用率达到74%，共有744个水产养殖主产县完成养殖水域滩涂规划编制工作，搬出和转移禁养区内的水产养殖规模达178.9万亩。

船舶污染和尾矿库污得到有效治理[①]。截至2019年底，长江干线1361座非法码头已彻底完成整改。同时，建立了尾矿库环境风险管理档案，共投资3亿元支持长江经济带各省市尾矿库治理项目建设。截至2019年底，沿江11省市已有579座尾矿库完成闭库，沿江两岸造林绿化1318万亩，基本建成长江两岸绿色生态廊道，长江生态屏障得到进一步巩固。

三　形成协同发展新局面

现代化综合立体交通走廊基本成型。截至2019年底，沪昆高铁全线运行，武九、西成高铁和兰渝铁路开通，沪蓉、沪渝、杭瑞高速公路贯通[②]；2020年3月，国家发展改革委出台《长江干线过江通道布局规划（2020—2035年）》，在已建成过江通道108座、基本覆盖沿江区县的基础上，再规划过江通道240座左右，为推动长江经济带沿线地区跨江出行更加便捷、物流更加高效，以及生态环境保护、防洪安全、航运安全等高质量发展更加协调提供了有力支撑。黄金水道功能初步显现。截至2019年底，长江干线年货物通过量达29.3亿吨。

① 黄茜：《新中国成立以来的长江之治》，三峡大学硕士学位论文，2020年5月1日。
② 何立峰：《扎实推动长江经济带高质量发展》，人民网，2019年9月16日。

四　发展质量和效益稳步提升

经济总量保持快速增长。截至 2019 年底，长江经济带地区生产总值达 45.8 万亿元，增速达 6.9%，高于全国平均增速 0.8 个百分点①。

创新驱动发展持续向好。打造了创新型省份和多个国家级科创平台；三次产业结构不断优化，现代工业体系逐步形成。截至 2019 年底，沿江 11 省市共培育国家级众创空间超过 500 家、创新型企业近 300 家，成为引领区域创新发展的重要载体和引擎。

开发开放程度不断加深。长江经济带依托“一带一路”“陆海新通道”等对外“走出去”通道，联动“西部大开发”、长江上中下游城市群建设、粤港澳大湾区建设等对内广辐射，有效深化开放开发。截至 2019 年底，已在上海、江苏、浙江、湖北、重庆、四川、云南设立 7 个自贸试验区，占国内已挂牌的自贸区总数的 1/3 以上（共 18 个），对外开放水平进一步提升，是推动区域经济“引进来”和“走出去”的主要支撑。

第四节　长江经济带绿色发展水平评价

为全面、科学、客观地研究长江经济带九省二市绿色发展水平，准确定位各地区绿色发展的优势与不足，从而有针对性地提出推动长江经济带绿色发展的对策建议，为地区规划发展和领导决策提供有益参考，必须建立一套科学、完整、适用、可操作的评价体系，对长江经济带绿色发展情况进行有效评估、监测和及时预警。因此，本文拟以循环经济理论、生态经济协调发展理论、可持续发展理论以及习近平生态文明思想等绿色发展理论为基础，结合长江经济带各省市实际情况与区域差异，构建出适用于评价当前和今后一段时间长江经济带绿色发展的指标体系，同时也可以在前人研究的基础上进一步丰富长江经济带绿色发展水平评价体系研究。

---

①　孙韶华、梁倩：《一揽子举措待发　长江经济带蓄势新发展》，《经济参考报》2020 年 1 月 3 日。

一　长江经济带绿色发展水平评价指标体系的建立

1. 数据来源

长江经济带横跨我国东中西三大区域，是具有全球影响力的内河经济带，按上、中、下游划分，下游包括上海、江苏、浙江、安徽四省市，中游包括江西、湖北、湖南三省，上游包括重庆、四川、贵州、云南四省市，整体上呈现“一轴、两翼、三极、多点”的发展新格局。而绿色发展水平测评涉及广泛，包括环境、经济、卫生和投资等领域，对基础数据的匹配程度要求较高，因各省市统计刊物出版时间存在差异，本文拟采用长江经济带2011~2020年相关统计数据，数据来源于《中国统计年鉴》、《中国环境统计年鉴》、各地环境状况公报和环境统计年报、长江流域水资源公报以及国民经济和社会发展统计公报（长江经济带）等。

2. 指标体系

由于绿色发展是一项复杂的系统工程和长期任务，涉及经济发展、环境保护、生态修复、人民生活等多个方面，因此本文将结合已有学者的研究成果，在《绿色发展指标体系》等权威资料基础上，遵循系统性、科学性、全面性、层次性和数据可获取性原则，构建出一套包含经济增长绿化度、资源环境承载度和政府政策支持度的长江经济带绿色发展水平多维度评测指标体系。其中，经济增长绿化度可以基于绿色增长水平、第一产业、第二产业、第三产业4类共计16个三级指标进行评测，资源环境承载力可以基于资源丰度和环境压力2类共计11个三级指标进行评测，政府政策支持度可以基于绿色投资、基础设施建设、环境治理3类共计17个三级指标进行评测。

3. 评测方法

当前，学术界常用的绿色发展水平评价方法大多是基于某个区域截面或某个时间节点的静态评价，这样的评价方法通常采取两种方式进行赋权，一种方式是通过专家的主观经验和权威评价来对各项指标权重进行主观赋权，这种方式的代表包括层次分析法、德尔菲法等；另一种方式是通过指标间的相互关系或变异系数来对各项指标权重进行客观赋权，这种方式的代表包括熵值法、因子分析法等。前者主观性较强，在指标数量较多的情况下权重分配准确性较差；后者受时间因素影响较大，各项指标在不同时期的变化程度不尽相同，在较大的时间跨度下基于所确定的权重难以准确得出评价结果。因此，为科学、准确地评测长江经济带九省二市绿色发展水平，拟采用“纵横向”拉开档次法以满足这一动态评价需求。

“纵横向”拉开档次法是一种不受主观因素影响、完全基于客观数据的评测方法，可以有效解决不同年份权重不一致的问题，适用于多维面板数据，其综合评测函数如下：

$$y_i(t_s) = \sum_{j=1}^{m} w_j x_{ij}(t_s) \tag{1}$$

其中，$i=1, 2, 3, \cdots, n$；$j=1, 2, 3, \cdots, m$；$s=1, 2, 3, \cdots, k$。$x_{ij}(t_s)$ 表示时间 t_s 上第 i 个评测对象的第 j 个指标的值，w_j 表示第 j 个指标的权重，$y_i(t_s)$ 表示第 i 个评测对象在 t_s 时间上的综合得分。

数据标准化处理。由于在基础数据中存在绿色发展的逆向指标，这些数据对绿色发展起到逆作用，因此为将这些逆向指标纳入测评体系，需要采用极差法进行正向化处理。对正向指标数据（期望值越大越好，如人均地区生产总值、第三产业劳动生产率等）运用式（2），对逆向指标数据（期望值越小越好，如单位地区生产总值能耗、单位播种面积化肥施用量等）运用式（3），从而使各指标客观反映作用方向。

$$\left\{X_i = \frac{X - X_{\min}}{X_{\max} - X_{\min}}\right\} \tag{2}$$

$$\left\{X_i = \frac{X_{\max} - X}{X_{\max} - X_{\min}}\right\} \tag{3}$$

确定评测指标权重 w_j。为有效反映各评测指标间的差异，设定 $y_i(t_s)$ 的总离差平方和表达式为 $e^2 = \sum_{s=1}^{T}\sum_{i=1}^{n}[y_i(t_s) - \bar{y}]$，且总离差平方和取到最大值。从而针对标准化处理后的原始数据有 $\bar{y} = \frac{1}{T}\sum_{s=1}^{r}\left(\frac{1}{n}\sum_{i=1}^{n}\sum_{j=1}^{m} w_j x_{ij}(t_s)\right) = 0$。

4. 评价结果

通过 Matlab2016b 软件对 2011~2020 年 10 年间长江经济带绿色发展水平的时序立体数据进行处理，得到 44 个指标的权重（见表 2-2），并基于此测算长江经济带九省二市的绿色发展水平。

表 2-2　长江经济带绿色发展水平评测指标体系

分类	指标		属性	指标权重
经济增长绿化度	绿色增长水平	人均 GDP(元/人)	正	0. 014127409
		单位 GDP 能耗(吨/万元)	逆	0. 038770345
		单位 GDP 二氧化硫排放量(吨/亿元)	逆	0. 042777677
		单位 GDP 化学需氧量(吨/亿元)	逆	0. 031535618
		单位 GDP 氮氧化物排放量(吨/亿元)	逆	0. 038901405
		单位 GDP 氨氮排放量(吨/亿元)	逆	0. 033263384
	第一产业指标	第一产业劳动生产率(元/人)	正	0. 012245109
		土地产出率(万元/公顷)	正	0. 005519235
		有效灌溉面积占耕地面积比重(%)	正	0. 023949545
	第二产业指标	第二产业劳动生产率(元/人)	正	0. 015277939
		单位工业增加值能耗(吨/万元)	逆	0. 00750177
		单位工业增加值水耗(万立方米/亿元)	逆	0. 013667387
		工业固体废弃物综合利用率(%)	正	0. 028038698
	第三产业指标	第三产业劳动生产率(元/人)	正	0. 013983879
		第三产业增加值比重(%)	正	0. 017843889
		第三产业从业人员比重(%)	正	0. 017184289
政府政策支持度	绿色投资指标	节能环保支出占财政支出比重(%)	正	0. 022811852
		科教支出占财政支出比重(%)	正	0. 023735219
		环境污染治理投资占 GDP 比重(%)	正	0. 013661966
		规模以上工业企业 R&D 投入占企业利润总额比重(%)	正	0. 019189656
	基础设施指标	城市用水普及率(%)	正	0. 035741225
		城市燃气普及率(%)	正	0. 038247787
		城市人均绿地面积(平方米/人)	正	0. 023060917
		城市污水处理率(%)	正	0. 029480678
		城市生活垃圾无害化处理率(%)	正	0. 041320148
		城市每万人公交车拥有量(台/万人)	正	0. 021981508
		人均城市公交运营线路网长度(公里/万人)	正	0. 012872169
		建成区绿化覆盖率(%)	正	0. 028881852

续表

分类	指标		属性	指标权重
政府政策支持度	环境治理指标	空气质量优良率(%)	正	0.030818357
		人均当年造林面积(公顷/人)	正	0.011460821
		工业废水排放量降低率(%)	正	0.026421469
		工业废气主要污染物排放降低率(%)	正	0.026889483
		突发环境事件次数	逆	0.043628992
资源环境承载力	资源丰度指标	人均水资源量(立方米/人)	正	0.019218183
		人均森林面积(公顷/万人)	正	0.015030327
		森林覆盖率(%)	正	0.026424154
		自然保护区面积占辖区面积比重(%)	正	0.013881811
		农民人均耕地面积(公顷/万人)	正	0.025965394
		城市建设用地比重(%)	逆	0.018164091
	环境压力指标	亿元工业增加值工业废水排放量(万吨/亿元)	逆	0.013822164
		亿元工业增加值工业废气主要污染物排放量(万吨/亿元)	逆	0.011069907
		亿元工业增加值工业固体废物产生量(万吨/亿元)	逆	0.009093329
		单位播种面积化肥施用量(折纯量)	逆	0.024964375
		单位播种面积农药使用量(吨/千公顷)	逆	0.017574672

二　指标体系说明

1. 经济增长绿化度

经济增长绿化度指标以及该指标下的三级指标的选取，借鉴“中国绿色发展指数评价体系（省区）”和“中国绿色发展指数评价体系（城市）”中的测度标准，将经济增长绿化度作为二级指标来进行测算分析，下设四个三级指标，分别是绿色增长水平、第一产业指标、第二产业指标和第三产业指标。

绿色增长水平指标里所包含的人均地区生产总值，是衡量一个地区经济发展水平的重要指标。单位地区生产总值能耗，是逆向指标，反映地区生产能源消耗的强度，该指标得分越低，绿色增长水平越高。单位地区生产总值二氧化硫排放量、单位地区生产总值化学需氧量、单位地区生产总值氮氧化物排放量、单位地区生产总值氨氮排放量四项指标反映地区生产过程中的污染强度，同样也是逆向指标，得分越高，绿色增长水平越低。

第一产业指标里所包含的第一产业劳动生产率、土地产出率、有效灌溉面积占耕地面积比重三项指标反映地区第一产业发展效率，得分越高，第一产业水平越高。

第二产业指标里所包含的第二产业劳动生产率反映地区第二产业发展效率。单位工业增加值能耗、单位工业增加值水耗、工业固体废弃物综合利用率反映地区工业生产中的绿色化水平，其中前两项为逆向指标，得分越高，地区工业绿色化水平越低。

第三产业指标里所包含的第三产业劳动生产率反映地区第三产业发展效率。第三产业增加值比重和第三产业从业人员比重反映地区第三产业发展水平，第三产业包括信息传输/计算及服务和软件业、金融业、物流业、科学研究、公共服务业、教育、文化、医疗、娱乐业等，对于扩大就业、缓解社会压力、提高人民生活水平、实现全面建成社会主义现代化国家具有重要意义。

2. *资源环境承载力*

资源环境承载力作为绿色发展的底线，体现区域自然资源和环境的可承载程度，同样借鉴“中国绿色发展指数评价体系（省区）”和“中国绿色发展指数评价体系（城市）”中的测度标准，将资源环境承载力作为二级指标来进行测算分析，下设两个三级指标，分别是资源丰度指标和环境压力指标。

资源丰度指标里包含的人均水资源量、人均森林面积、森林覆盖率、自然保护区面积占辖区面积比重、农民人均耕地面积、城市建设用地比重六项指标反映地区水资源、森林资源、自然保护区资源及土地资源的情况，能够直观地看出长江经济带 11 省市的生态基础。

环境压力指标里包含的亿元工业增加值工业废水排放量、亿元工业增加值工业废气主要污染物排放量、亿元工业增加值工业固体废物产生量、单位播种面积化肥施用量（折纯量）、单位播种面积农药使用量五项指标反映地区生产生活所排放的污染物强度，排放量越大对地区生态环境的破坏越严重。这些指标均为逆向指标，因此在数据处理时需要正向化处理，才能纳入长江经济带绿色发展水平评价指标体系中。

3. 政府政策支持度

政府政策支持度指标下设三个三级指标，分别是绿色投资指标、基础设施指标和环境治理指标。采用专家赋权法进行赋权，同时对指标的选取进行优化。

绿色投资指标里包含的节能环保支出占财政支出比重、环境污染治理投资占 GDP 比重两项指标反映地区对污染治理的重视程度。科教支出占财政支出比重、规模以上工业企业 R&D 投入占企业利润总额比重两项指标反映地区在生态环保科技创新上的投入情况。

基础设施指标里包含的城市用水普及率、城市燃气普及率、城市人均绿地面积、城市污水处理率、城市生活垃圾无害化处理率、城市每万人公交车拥有量、人均城市公交运营线路网长度、建成区绿化覆盖率八项指标反映地区城市生态环境状况。

环境治理指标里包含的空气质量优良率、人均当年造林面积、工业废水排放量降低率、工业废气主要污染物排放降低率、突发环境事件次数五项指标反映地区环境治理的成效。

三　评价结果分析

根据长江经济带绿色发展水平测算方法，结合 2011～2020 年的统计数据，从经济增长绿化度、资源环境承载力、政府政策支持度三个方面综合分析长江经济带九省二市绿色发展水平。

1. 长江经济带绿色发展水平测算及排名

经济增长绿化度反映了一个地区经济增长过程中绿色发展程度，是一个地区绿色发展水平的重要表现；资源环境承载力反映了区域资源环境系统对社会经济发展的承受能力，是区域经济绿色发展的重要支撑；政府政策支持度则反映了当地政府对绿色发展的重视程度，包括政策、资金等方面的支持力度等，是加快区域绿色发展的重要保障。经过测算，长江经济带九省二市绿色发展水平总体呈上升态势，具体的得分排名及变化趋势如表 2-3、图 2-2 所示，不难看出：①从空间维度上来看，长江经济带绿色发展水平在地域分布上并不均衡，总体呈现“东部较高、中部居中、西部较低”的阶梯式分布格局，得分排名前三位的分别是浙江省（0.6535）、江苏省（0.6210）和上海市（0.5915），这三个地区 10 年间绿色发展水平一直保持在较高水平，且得分明显高于中西部除重庆市以外的其他地区。②从时间维度上来看，长江经济带西部地区（四川、贵州、云南）绿色发展水平自 2013 年后奋起直追，增长趋势一度领先于东、中部地区，有效缩小了与长江经济带发达省市的绿色发展水平差距；中部地区（安徽、江西、湖北、湖南）作为长江经济带经济社会发展“稳定器”的作用显著，绿色发展水平 10 年来增速基本保持稳定，上升趋势相对缓慢且平稳。

表 2-3　2011~2020 年长江经济带绿色发展水平得分

地区	2011 年	2012 年	2013 年	2014 年	2015 年	2016 年	2017 年	2018 年	2019 年	2020 年	综合得分	排名
上海	0.5262	0.5397	0.5467	0.5311	0.5863	0.6069	0.6408	0.6490	0.6407	0.6471	0.5915	3
江苏	0.5707	0.5658	0.5820	0.5774	0.5988	0.6289	0.6548	0.6742	0.6676	0.6894	0.6210	2
浙江	0.5917	0.5985	0.6274	0.6267	0.6455	0.6599	0.6913	0.6863	0.6977	0.7104	0.6535	1
安徽	0.4555	0.4706	0.5045	0.5472	0.5526	0.5679	0.6280	0.6277	0.6352	0.6532	0.5642	6
江西	0.5127	0.4982	0.5290	0.5325	0.5405	0.5620	0.5986	0.6216	0.6295	0.6510	0.5676	5
湖北	0.4884	0.4637	0.5100	0.5255	0.5426	0.5546	0.6056	0.6120	0.6224	0.6268	0.5552	7
湖南	0.4783	0.4517	0.5065	0.5146	0.5359	0.5578	0.6091	0.6136	0.6235	0.6483	0.5539	8
重庆	0.5219	0.5147	0.5471	0.5449	0.5526	0.5767	0.6077	0.6259	0.6342	0.6508	0.5777	4
四川	0.4234	0.4038	0.4446	0.4359	0.4527	0.4870	0.5248	0.5443	0.5615	0.5818	0.4860	10
贵州	0.3520	0.3360	0.3830	0.4028	0.4387	0.4885	0.5441	0.5523	0.5544	0.5764	0.4628	11
云南	0.4044	0.4131	0.4562	0.4873	0.5305	0.5444	0.5896	0.5808	0.5973	0.6109	0.5215	9

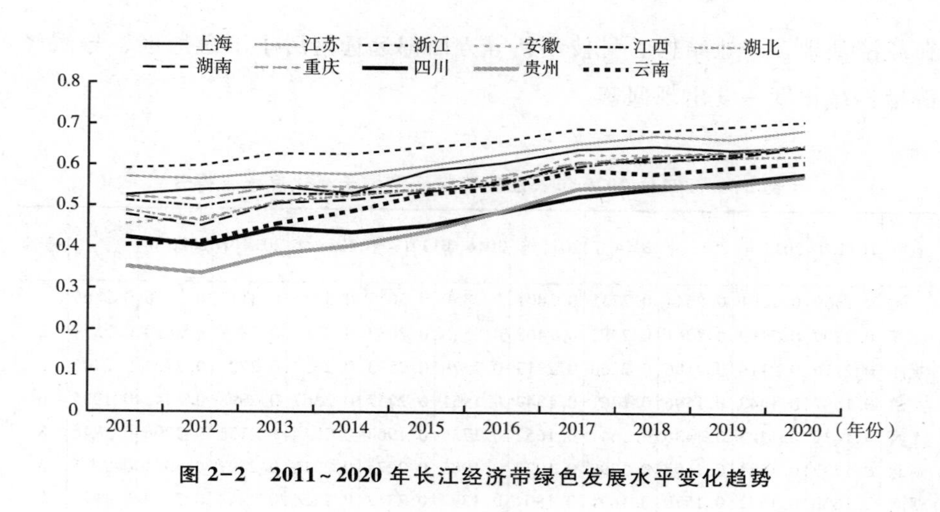

图 2-2　2011~2020 年长江经济带绿色发展水平变化趋势

2. 长江经济带绿色发展水平不同维度下评测分析

（1）经济增长绿化度

由表 2-4、图 2-3 可以看出，长江经济带经济增长绿化度存在明显的时空差异。具体表现为：①从空间维度上来看，区域发展水平极化严重。长江经济带经济增长绿化度水平由高到低的顺序依次为：上海>江苏>浙江>重庆>湖北>安徽>湖南>江西>四川>云南>贵州，排名前三的地区集中在长江下游，这主要得益于长江下游地区发达的经济基础和兴旺的第三产业。截至 2020 年底，上海、江苏、浙江三地的人均 GDP 就占据了整个长江经济带九省二市人均 GDP 的 43.41%，是中游地区的 1.47 倍，是上游地区的 1.61 倍；第三产业发展水平差异较大，排名最高的上海市第三产业劳动生产率达 30.43 万元/人，是排名最后贵州省的 2.16 倍。这使得长江下游地区经济增长绿化度始终保持在相对较高的水平，尤其是近 5 年得分均保持在 0.23 以上。②从时间维度上来看，长江经济带中上游地区经济增长绿化度都呈现曲折上升的趋势，特别是在 2011~2013 年出现了明显“先降后升”的变化，这是因为自党的十八大以后，长江经济带沿江省市面对复杂深刻变化的外部环境和经济转型阵痛的国内环境依然自觉转向，着力推进绿色发展、循环发展、低碳发展，但长江经济带中上游地区在经济基础、产业结构、科技创新等方面都远远落后于下游地区，导致经济增长绿化度一度出现回落。

表 2-4　2011~2020 年长江经济带经济增长绿化度水平得分

地区	2011 年	2012 年	2013 年	2014 年	2015 年	2016 年	2017 年	2018 年	2019 年	2020 年	综合得分	排名
上海	0.2569	0.2601	0.2644	0.2735	0.2801	0.2859	0.3017	0.3075	0.3113	0.3236	0.2865	1
江苏	0.2209	0.2189	0.2261	0.2382	0.2468	0.2540	0.2683	0.2767	0.2819	0.2870	0.2519	2
浙江	0.2116	0.2116	0.2186	0.2260	0.2313	0.2379	0.2573	0.2632	0.2722	0.2764	0.2406	3
安徽	0.1687	0.1442	0.1596	0.1761	0.1847	0.1951	0.2257	0.2367	0.2398	0.2442	0.1975	6
江西	0.1439	0.1303	0.1436	0.1547	0.1652	0.1736	0.1964	0.2044	0.2131	0.2206	0.1746	8
湖北	0.1732	0.1581	0.1697	0.1799	0.1927	0.1985	0.2274	0.2315	0.2407	0.2531	0.2025	5
湖南	0.1660	0.1442	0.1570	0.1691	0.1804	0.1897	0.2312	0.2424	0.2442	0.2487	0.1973	7
重庆	0.1733	0.1680	0.1806	0.1900	0.1973	0.2056	0.2356	0.2378	0.2420	0.2542	0.2084	4
四川	0.1403	0.1253	0.1385	0.1476	0.1559	0.1654	0.1975	0.2052	0.2093	0.2142	0.1699	9
贵州	0.0748	0.0682	0.1070	0.1144	0.1346	0.1465	0.1866	0.1945	0.2044	0.2142	0.1445	11
云南	0.1245	0.1046	0.1213	0.1395	0.1476	0.1577	0.1899	0.1958	0.1998	0.2168	0.1598	10

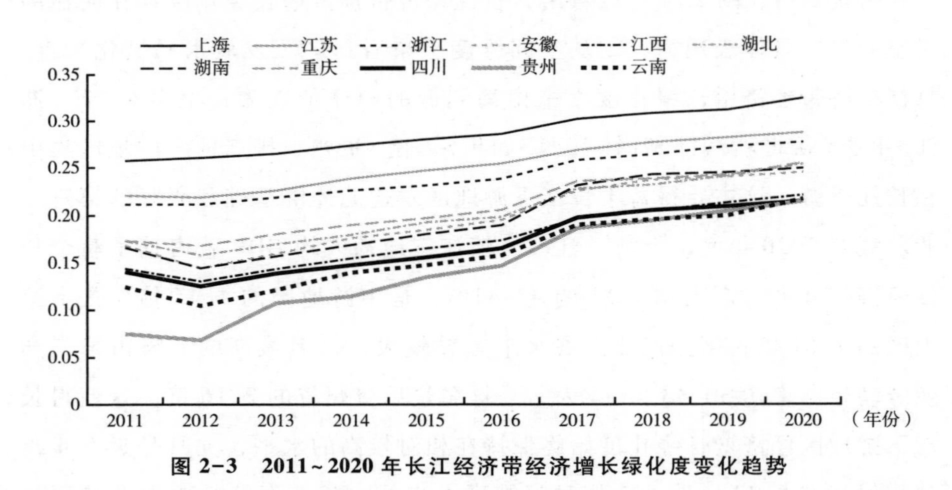

图 2-3　2011~2020 年长江经济带经济增长绿化度变化趋势

（2）资源环境承载力

由表 2-5 可以看出，长江经济带资源环境承载力整体呈下降趋势。具体表现为：①从空间维度上来看，资源环境承载力普遍较低。长江经济带资源环境承载力水平由高到低的顺序依次为：云南>浙江>湖北>江西>四川>湖南>贵州>安徽>重庆>江苏>上海，云南的资源环境承载力最高，上海最低，这主要是由于两地资源禀赋的差异，但云南资源环境承载力综合得分仅为0.1185，未来长江经济带经济绿色发展的潜力依然会受到一定的限制。②从时间维度上来看，长江经济带九省二市的资源环境仍然面临较大的下行压力。如安徽省和重庆市，都是因近年来承接了大量东部省份制造业转移，严重压缩资源环境空间，导致环境负荷压力较大，资源环境承载力指数较低。

表 2-5　2011~2020 年长江经济带资源环境承载力水平得分

地区	2011 年	2012 年	2013 年	2014 年	2015 年	2016 年	2017 年	2018 年	2019 年	2020 年	综合得分	排名
上海	0.0430	0.0414	0.0406	0.0394	0.0409	0.0406	0.0345	0.0335	0.314	0.0298	0.0375	11
江苏	0.0670	0.0650	0.0624	0.0606	0.0602	0.0605	0.0603	0.0573	0.0549	0.0521	0.0600	10
浙江	0.1206	0.1093	0.1130	0.1040	0.1073	0.1132	0.1140	0.1039	0.0962	0.0964	0.1078	2
安徽	0.0778	0.0730	0.0735	0.0728	0.0743	0.0756	0.0767	0.0723	0.0705	0.0677	0.0734	8
江西	0.0948	0.0886	0.0963	0.0925	0.0932	0.0930	0.0889	0.0830	0.0796	0.0729	0.0883	4
湖北	0.0979	0.0892	0.0922	0.0921	0.0938	0.0890	0.0893	0.0879	0.0833	0.0788	0.0894	3
湖南	0.0898	0.0817	0.0851	0.0823	0.0834	0.0820	0.0819	0.0794	0.0741	0.0739	0.0816	6
重庆	0.0773	0.0732	0.0701	0.0707	0.0761	0.0736	0.0726	0.0723	0.0704	0.0653	0.0722	9
四川	0.0890	0.0855	0.0867	0.0840	0.0875	0.0838	0.0822	0.0817	0.0824	0.0766	0.0839	5
贵州	0.0927	0.0824	0.0831	0.0777	0.0853	0.0825	0.0768	0.0781	0.0740	0.0680	0.0801	7
云南	0.1178	0.1227	0.1199	0.1121	0.1188	0.1227	0.1256	0.1206	0.1179	0.1070	0.1185	1

（3）政府政策支持度

由表 2-6 可以看出，长江经济带政府政策支持度普遍较高，说明沿江各省市政府都高度重视绿色发展。具体表现为：①从空间维度上来看，支持度得分整体差距不大。长江经济带政府政策支持度水平由高到低的顺序依次为：浙江>江苏>重庆>安徽>江西>湖南>上海>湖北>云南>贵州>四川，差异值从 2011 年的 0.1362 缩小为 2020 年的 0.0740，年均降低 6.55%，可见长江经济带政府政策支持度差异呈逐渐缩小的趋势，沿江省市支持度水平逐渐均衡。②从时间维度上看，由于上中下游经济社会发展水平存在差异，因此各省市在生态环境治理方面都会将本地区的核心利益作为政策支持的起点，从而政府政策支持度会出现动态的调整，如随着安徽省推进长三角一体化发展战略的深入实施，2013~2015 年、2016~2018 年安徽省在绿色发展相关政策的支持力度上就有所波动。总体来看，在经济相对发达的长江下游地区，更倾向于严厉的环境保护制度；而在经济相对落后的长江上游地区，其治理政策会相对宽松，倾向于以经济发展为主，加上资源和能力的限制，“搭便车”现象普遍存在，从而此类“制度不一致”的问题也就导致生态治理的困难。

表 2-6　2011~2020 年长江经济带政府政策支持度水平得分

地区	2011 年	2012 年	2013 年	2014 年	2015 年	2016 年	2017 年	2018 年	2019 年	2020 年	综合得分	排名
上海	0. 2263	0. 2382	0. 2418	0. 2182	0. 2652	0. 2803	0. 3045	0. 3080	0. 2979	0. 2936	0. 2674	7
江苏	0. 2828	0. 2818	0. 2936	0. 2786	0. 2918	0. 3144	0. 3262	0. 3401	0. 3308	0. 3503	0. 3090	2
浙江	0. 2983	0. 2853	0. 3125	0. 3081	0. 3210	0. 3290	0. 3450	0. 3401	0. 3459	0. 3611	0. 3246	1
安徽	0. 2090	0. 2535	0. 2714	0. 2983	0. 2936	0. 2971	0. 3257	0. 3187	0. 3250	0. 3413	0. 2934	4
江西	0. 2482	0. 2586	0. 2723	0. 2738	0. 2680	0. 2753	0. 2882	0. 3133	0. 3202	0. 3340	0. 2852	5
湖北	0. 2173	0. 2165	0. 2482	0. 2535	0. 2561	0. 2670	0. 2889	0. 2926	0. 2984	0. 2948	0. 2633	8
湖南	0. 2225	0. 2258	0. 2644	0. 2633	0. 2721	0. 2861	0. 2959	0. 2917	0. 3052	0. 3238	0. 2751	6
重庆	0. 2713	0. 2735	0. 2964	0. 2842	0. 2792	0. 2975	0. 2995	0. 3158	0. 3219	0. 3313	0. 2971	3
四川	0. 1941	0. 1929	0. 2193	0. 2043	0. 2093	0. 2377	0. 2451	0. 2574	0. 2698	0. 2909	0. 2321	11
贵州	0. 1911	0. 1789	0. 1929	0. 2108	0. 2189	0. 2594	0. 2808	0. 2797	0. 2756	0. 2943	0. 2382	10
云南	0. 1621	0. 1858	0. 2151	0. 2357	0. 2640	0. 0264	0. 2741	0. 2644	0. 2796	0. 2871	0. 2432	9

3. 制约长江经济带绿色发展的瓶颈

区域发展水平极化严重。如经济增长绿化度指标中，排名前三位的上海、江苏、浙江三地较其他省市得分高出许多，其主要原因就在于其人均地区生产总值、土地产出率和第三产业劳动生产率远高于其他省市。

生态治理水平差异较大。多年来，在全社会的共同努力下，长江经济带沿线生态环境保护取得了有效进展，但“化工围江”问题并未得到根本解决，加上上中下游地区经济处于不同的发展阶段，各地生态治理水平也存在明显的差异。如在单位地区生产总值二氧化硫排放量、单位地区生产总值二氧化硫排放量、单位地区生产总值化学需氧量、单位地区生产总值氮氧化物排放量、亿元工业增加值工业废气主要污染物排放量和亿元工业增加值工业固体废物产生量指标中，长江下游地区排放量都基本低于长江上中游地区，且长江上游地区污染治理能力显著滞后。

政府政策支持力度不一。由于上中下游经济社会发展水平存在差异，因此各省市在生态环境治理方面都会将本地区的核心利益作为政策支持的起点。如在经济相对发达的长江下游地区，倾向于实行严格的环境保护制度，其生态环境治理力度逐年加大；而在经济相对落后的长江上游地区，其治理政策会相对宽松，倾向于以发展经济为主，加上资源和能力的限制，“搭便车”现象普遍存在。总体来看，当前长江上游承担更多的是生态保护责任，长江下游则承担更多的是生态治理责任，“制度不一致”的问题也就随之而生，从而导致了相应的治理困难。

第五节　促进长江经济带绿色发展水平提升的建议

2020 年 12 月 26 日，我国第一部流域法律《长江保护法》出台，明确规定国家要建立长江流域协调机制①。推动长江经济带绿色发展，就是要把长江经济带看作一个整体，用系统性思维统筹各地改革发展、各项区际政策、各种资源要素，通过将分类施策和重点突破相结合，促进长江上中下游协同发展、东中西部互动合作，努力将长江经济带打造成为区域协调发展的新样板。

一　注重全流域协调发展

构建长江经济带优势互补区域经济布局。细化不同城市群、都市圈的产业转移和分工协作，增强长江经济带集聚力和辐射力，提高区域经济韧性。注重区域间的协调、协同，增强流域重要生态功能区在保障生态安全、提高

① 李正：《社会治理应突破“各管一段”壁垒》，《广西日报》2021 年 3 月 19 日。

优质生态产品供给等方面的功能。充分发挥长江经济带各地生态优势和特点，逐渐消除区域间行政壁垒，推动各类生产要素在区域间自由流通，走合理分工、优化发展的路子，在发展中促进相对平衡。

二　加强综合治理的系统性与整体性

加强综合治理系统性和整体性。一方面，把握数字经济发展机遇，广泛运用VR、大数据、移动物联网及云计算等高新技术，提升长江经济带产业转移协作治理能力，以“一盘棋”发展思路统筹长江经济带产业转移全程，从最开始的规划，到转移过程中的监控、落实，以及对生态环境影响的预警和模拟，做到统筹管理、及时研判①。另一方面，从长江生态环境系统性保护全局出发，统筹山水林田湖草系统治理和区域利益协调，推动长江经济带省市之间建立健全生态环境保护和生态补偿协调联动机制，提升流域管理的实效性和时效性等。

三　健全生态产品价值实现机制

秉承“共抓大保护，不搞大开发”的发展理念，积极探索绿水青山转化为金山银山的有效路径，促进生态产品价值转化。充分发挥市场在优化资源配置中的决定性作用，是缓解财政压力、提高供给效率的有效手段。系统总结江西抚州、浙江丽水、湖北十堰等一批国家级、省级生态文明建设示范市县在“两山”转化上的实践经验，积极推进生态资产确权登记，完善生态产品价值核算和定价，构建统一的长江经济带生态产品交易市场，激活生态产品价值“自我造血”功能，从而有效协调好生态保护与经济发展之间的关系，实现“鱼”和“熊掌”二者兼得。

---

① 周麟：《以协同联动的整体优势推进长江经济带产业转移协作》，《中国发展观察》2021年第1期。

第三章
长江经济带生态环保一体化政策机制探索

长江经济带作为我国综合实力最强、战略支撑力最大的区域之一，覆盖东中西三大区域，既是经济共同体也是生态共同体。长期以来，流域省际偏重于经济层面的一体化建设，对生态环境保护一体化的重视不够。自2016年以来，一体化推进长江经济带生态环境保护的政策、机制、举措等日益强化，长江流域生态环境保护发生了很大变化。然而，与推动长江经济带高质量发展的现实要求相比，生态环境保护一体化的政策机制亟须健全完善。本章梳理了国家层面、省际层面及沿江11省市推进长江经济带生态环保的政策机制探索，为进一步健全一体化政策机制、共推长江经济带生态环保提供实践指引。

第一节　国家层面

一　强化顶层设计

自2014年9月《关于依托黄金水道推动长江经济带发展的指导意见》出台，长江经济带建设上升为国家战略，长江经济带发展的顶层设计不断强化。2016年3月《长江经济带发展规划纲要》正式印发，从保护长江生态环境、创新驱动产业转型升级、创新区域协调发展体制机制等方面描绘了长江经济带发展的宏伟蓝图。2016~2020 年，习近平总书记每两年一次，一共三次召开长江经济带发展座谈会，为长江经济带生态环境保护和绿色发展顶层设计领航定向。这期间，国家 10 余个相关部委积极响应，先后出台和颁布了一系列相关规划和指导意见（见表 3-1）。

表 3-1　长江经济带生态环保一体化相关政策

类别	规划或指导意见	主管单位	发布时间
规划引领	《长江经济带生态环境保护规划》	原环境保护部、国家发展改革委、水利部	2017 年 7 月
	《“十四五”长江经济带发展规划实施方案》（征求意见）	国家发展改革委	2021 年 4 月
生态保护与修复	《长江经济带气象保障协同发展规划》	中国气象局	2016 年 4 月
	《关于开展长江经济带饮用水水源地环境保护执法专项行动（2016-2017 年）的通知》	原环境保护部	2016 年 5 月
	《关于建立健全长江经济带生态补偿与保护长效机制的指导意见》	财政部	2018 年 2 月
	《长江保护修复攻坚战行动计划》	生态环境部、国家发展改革委	2019 年 1 月
	《长江经济带发展负面清单（试行）》	推动长江经济带发展领导小组办公室	2019 年 3 月
	《关于长江流域重点水域禁捕范围和时间》	农业农村部	2019 年 12 月
	《长江流域重点水域打击非法捕捞专项工作会议》	农业农村部、公安部、水利部、国家市场监管总局	2021 年 4 月
污染治理	《关于加强长江黄金水道环境污染防控治理的指导意见》	国家发展改革委、原环境保护部	2016 年 2 月
	《长江经济带船舶污染防治专项行动方案（2018-2020 年）》	交通运输部	2018 年 1 月
	《关于加快推进长江经济带农业面源污染治理的指导意见》	农业农村部	2018 年 10 月
	《关于开展长江经济带小水电清理整改工作的意见》	水利部、国家发展改革委、生态环境部、国家能源局	2018 年 12 月
	《长江经济带船舶和港口污染突出问题整治方案》	交通运输部、国家发展改革委、生态环境部、住房和城乡建设部	2020 年 1 月

续表

类别	规划或指导意见	主管单位	发布时间
污染治理	《关于完善长江经济带污水处理收费机制有关政策的指导意见》	国家发展改革委、财政部、住房和城乡建设部、生态环境部、水利部	2020年4月
	《长江经济带小水电清理整改验收销号工作指导意见》	工业和信息化部	2020年5月
	《关于建立跨省流域上下游突发水污染事件联防联控机制的指导意见》	生态环境部、水利部	2020年6月
绿色发展	《关于建立推动长江经济带发展司法合作协同机制的合作框架协议》	推动长江经济带发展领导小组办公室、最高人民法院	2016年12月
	《关于推进长江经济带绿色航运发展的指导意见》	交通运输部	2017年8月
	《长江经济带绿色发展专项中央预算内投资管理暂行办法》	国家发展改革委	2018年2月
	《农业农村部关于支持长江经济带农业农村绿色发展的实施意见》	农业农村部	2018年9月
	《重大区域发展战略建设(长江经济带绿色发展方向)中央预算内投资专项管理办法》	国家发展改革委	2021年5月

资料来源：根据相关公开资料整理。

二　健全法制体系

根据习近平总书记“共抓大保护、不搞大开发”的要求，自2016年开始，《关于加强长江黄金水道环境污染防控治理的指导意见》《长江经济带生态环境保护规划》《长江保护修复攻坚战行动计划》《长江经济带国土空间规划（2018—2035年）》等规划计划意见相继出台，在明确长江经济带生态环境保护目标和任务的同时，也对推进长江流域依法治江提供了基础性和先导性指引。如在水环境与水资源司法保护方面，出台了《关于全面加强长江流域生态文明建设与绿色发展司法保障的意见》，使大气污染防治、生物多样性保护、生态补偿、绿色金融等新领域、新类型环境案件有了更多法理依凭；在生态环境司法协作方面，沿江 11 省市及青海省高级人民法院于 2018 年 9 月签订了《长江经济带 11+1 省市高级人民法院环境资源审判协作框架协议》，专门针对跨省级行政区划的重大环境案件进行审理。特别值得一提的是，2020 年 12 月 26 日，《中华人民共和国长江保护法》经审议通过并于 2021 年 3 月 1 日起正式施行，这是我国第一部流域法，该流域法的颁布完善了长江经济带生态环境行政执法、刑事司法和公益诉讼的衔接机制。

三　创新体制机制

一是全面推行河（湖）长制、林长制。2016 年 12 月，《关于全面推行河长制的意见》提出全面推行河长制，长江经济带内 11 个省（市）高度重视并全面推行相关工作，其中，江西省还率先建立省委书记、省长分别任正副总河长，副省级领导担任跨设区市河流河长，省、市、县、乡、村主要负责人担任本行政区内河段河长的“河长负责制”成为全国样板（见表 3-2）；借鉴河长制的改革经验，江西、安徽省在全国率先提出实施“林长制”改革、构建森林资源管理新机制，成为全国样板。二是构建横向生态补偿机制。2018 年 1 月，《促进长江经济带生态保护修复奖励政策实施方案》明确提出构建生态补偿激励引导机制；同年 2 月，《关于建立健全长江经济带生态补偿与保护长效机制的指导意见》出台，进一步完善了长江经济带生态补偿相关制度，为全国生态补偿机制改革提供了重要经验。三是积极探索生态产品价值实现。国家积极探索“两山”转化机制，一方面广泛进行试点示范，2018 年选取江西九江、湖北武汉、上海崇明岛创建“长江经济带绿色发展示范区”，同时，选取浙江丽水、江西抚州、贵州遵义等地，积极探索生态产品价值实现机制，截至 2020 年底，全国“两山”理念实践创新基地 87 个、示范市县 262 个[①]；另一方面积极总结成功经验，2020 年 4 月，《生态产品价值实现典型案例（第一批）》出台，江西省赣州市寻乌县山水

① 罗琼：《“绿水青山”转化为“金山银山”的实践探索、制约瓶颈与突破路径研究》，《理论学刊》2021 年第 2 期。

林田湖草综合治理、湖北省鄂州市生态价值核算和生态补偿等典型案例的成功经验，为在全国范围内促进“两山”转化提供了重要参考价值。

表 3-2　长江经济带河长制推行情况

省（市）	河长制实施进展
上海	建立河长办工作机制，分批公布全市 7781 名河长名单，设立民间河长 3441 人
江苏	明确“省市县乡村”5 级河长 66037 名，率先完成河长制省级立法
浙江	全省各级河长 5.7 万余名，实现了五级联动、河长全覆盖，出台全国首个规范河长制内容的地方性法规，实现河长履职电子化考核
安徽	出台“省市县乡”四级工作方案，设立河长 5.27 万名
江西	全省共设立河长 25365 人，配备河湖管护、保洁人员 9.42 万人
湖北	建立“省市县乡村”五级河长体系，明确河长 3.7 万余名，同时建立河湖长会议、省级联席会议、联合执法、考核验收等制度
湖南	基本建立“省市县乡村”五级河长体系，明确河长 35696 人
重庆	全市设立“市、区（县）、镇（街）、村（社区）”四级河长，街镇及以上实行“双总河长”，分级分段设置河长 16611 名
四川	明确“省市县乡村”五级河长 8.3 万名，“五大体系”“四个到位”全部落实
云南	建立“省、州（市）、县（市、区）、乡（镇、街道）、村（社区）”五级河长体系，共明确河长 62729 名
贵州	共设五级河长 22755 名，充分调动社会各方面力量参与治理保护

资料来源：根据相关公开资料整理。参考王振华、汤显强、李青云、龙萌等：《长江经济带河长制推行进展及思考》，《水利发展研究》2018 年第 11 期。

第二节　省际层面

一　区域协同联动

加强省际区域协同合作，是强化跨流域跨区域生态环境保护的现实需要。为促进长江经济带生态优先、绿色发展，长江经济带已形成“1+3”[①]

① “1”是指中央层面成立的统筹协调机制，即推动长江经济带发展领导小组会同沿江 11 省市建立了覆盖全流域的长江经济带省际协商合作机制；“3”是指长江经济带上中下游地区成立的协调机制，即长江上游、中游、下游地区省际协商合作机制。

省际区域协商合作机制，并且伴随实践的不断探索，共抓大保护的区域协同治理机制不断健全和拓展，无论是司法领域，还是航运、金融、产业等方面，长江经济带各类跨区域协同合作机制正不断建立健全，为长江经济带“共抓大保护、不搞大开发”发挥了重要保障作用（见表 3-3）。

表 3-3　长江经济带 11 省市间签订的合作协议

区域	合作省市	协议文件	合作内容
长江全流域	11 个省市	《长江经济带省际协商合作机制总体方案》	推动长江经济带发展领导小组会同沿江 11 省市建立了覆盖全流域的长江经济带省际协商合作机制
	11 个省市	《关于长江经济带检察机关办理长江流域生态环境资源案件加强协作配合的意见》	建立跨省案件办理的司法协作机制、生态环境修复跨省协同工作机制
长江上游	重庆、四川、云南、贵州	《关于建立长江上游地区省际协商合作机制的协议》	建立上游地区省际协商合作联系会机制，推进生态、基础社会等领域一体化发展
	四川、重庆	《关于加强两省市合作共筑成渝城市群工作备忘录》	强化成渝城市群一体化
长江中游	湖北、江西、湖南	《关于建立长江中游地区省际协商合作机制的协议》	构建决策、协调、执行三级架构，推动中部地区生态环境、基础设施等领域一体化发展
	湖北、江西、湖南	《长江中游湖泊保护与生态修复联合宣言》	对长江中游湖泊保护与生态修复重要性达成共识，明确通过协同推进体制机制建设，为生态长江建设贡献“中游样本”
长江下游	上海、江苏、浙江、安徽	《关于建立长江下游地区省际协商合作机制的协议》	建立“三级运作、统分结合、务实高效”的合作协调机制

资料来源：根据相关公开资料整理。

二　横向生态补偿

长江经济带上中下游省份间巨大的经济发展梯度差，决定了不同区域发展的目标任务存在显著差异。沿江 11 个省市持续积极探索如何协调好区域之间的差异化利益诉求，其中跨省域及省内全流域生态补偿被实践证明是有效的一种举措。2012 年浙江和安徽两省签署《新安江流域水环境补偿协议》，经过两省三轮补偿试点工作，新安江流域综合治理水平显著提升，初步构建了补偿标准、生态保护、环境治理、绿色产业、生态法制、组织保障等六大体系，形成了以生态补偿为抓手、以生态环境保护为根本、以绿色发展为路径、以互利共赢为目标、以体制机制建设为保障的"新安江模式"。江西、安徽、湖北等省探索省域范围内的全流域生态补偿；与此同时，云南、贵州、四川，重庆与湖南、江西与湖南等省份已分别签署赤水河流域、酉水流域、渌水流域横向生态补偿协议，跨区域生态补偿的有效实施，对协调上下游不同主体之间的利益诉求、共抓长江大保护发挥了积极作用（见表 3-4）。

表 3-4　长江经济带已探索的主要跨区域生态补偿情况

年份	地区	签署协议
2012	安徽、浙江	《新安江流域水环境补偿协议》
2018	四川、云南、贵州	《赤水河流域横向生态保护补偿协议》
2018	重庆、湖南	《酉水流域横向生态保护补偿协议》
2019	江西、湖南	《渌水流域横向生态保护补偿协议》

资料来源：根据相关公开资料整理。

三　合建产业园区

"飞地经济"是区域合作发展的重要模式，2017 年国家发改委等部门联合下发的《关于支持"飞地经济"发展的指导意见》明确提出要"鼓励上海、江苏、浙江到长江中上游地区共建产业园区"，"飞地经济"已成为长江经济带跨区域合作的重要抓手，特别是上海市很早就开始探索与周边省市共建园区以拓展发展空间，从 2008 年建设第一个跨省市合作园区——上海外高桥（启东）产业园开始，目前上海与长江经济带沿江省份合作共建的产业园区就不少于30家；此外，赣湘、赣鄂、川渝等也纷纷合建产业园区，探索发展“飞地经济”。这些“飞地经济”的落地生效，有助于促进长江经济带产业有序转移和协调发展（见表3-5）。

表3-5 长江经济带沿江省份积极探索发展“飞地经济”

序号	地区	联合举措
1	川渝	川渝合作高滩园区
2	江西、湖南	赣湘开放合作试验区（上栗园区）、赣湘开放合作试验区（湘东园区）
3	江西、湖北	九江浔阳（小池）工业园
4	上海、江苏	上海外高桥（启东）产业园、上海浦东软件园昆山园、上海金桥黄桥产业园等
5	上海、浙江	上海张江平湖科技园（张江长三角科技城）、上海漕河泾新兴技术开发海宁分区、上海交大嘉兴科技园等
6	上海、安徽	上海徐汇（国家级）软件基地马鞍山软件园、上海长宁区高新技术产业园池州基地等

资料来源：根据相关公开资料整理。

第三节 省域层面

一 生态环境保护

长江经济带各省市生态环保政策基本延续了国家对相关制度的要求，不同省市针对自身特点，在监测预警、信息共享、“最美岸线”打造等方面提出了本省市的相应要求。如江苏提出增加流域监测点位，健全水环境自动检测系统；浙江发布《长江经济带生态环境保护规划浙江省实施方案》，提出县级特征污染因子监测全覆盖和市级应急预警监测全覆盖；上海市提出建立跨部门、跨流域的水环境信息共享机制①等。

① 童坤、孙伟、陈雯：《长江经济带水环境保护及治理政策比较研究》，《区域与全球发展》2019年第1期。

二　生态环境修复

沿江各省市自觉把修复长江生态环境摆在压倒性位置。如湖北省发布《湖北长江经济带生态环境保护规划（2016—2020年）》，主抓长江、清江、汉江等主要流域岸线清查整顿和三峡库区、丹江口库区、神农架林区、大别山区等重要生态功能区的生态修复；安徽发布《全面打造水清岸绿产业优美丽长江（安徽）经济带的实施意见》（皖发〔2018〕21号），提出在“三河一湖一园一区”多点发力，构筑生态安全屏障，设立重点项目543个，总投资达6121亿元，严把新建项目，整改提升入河排污口，推动岸线整治等。

三　生态环境治理

长江经济带各省市纷纷重拳出击，大力整治环境污染问题。如江西出台了《江西省水污染防治工作方案》，推进饮用水水源保护区规范化整治，加强饮用水安全监督，建设水源地应急体系，保障饮用水安全；太湖、巢湖、鄱阳湖、岷江、沱江流域所涉及的省市，均出台高过国家要求的控制当地水排放标准；多地出台《农村人居环境整治三年行动方案》，分类推进农村“厕所革命”、大力推进农村生活垃圾治理、持续推进农村环境综合整治等，极大地促进了农村人居环境的全面提升等。

四　省内流域横向生态补偿

在财政部等四部委《关于加快建立流域上下游横向生态保护补偿机制的指导意见》的指导下，长江经济带流域内各省市纷纷构建省内流域横向生态补偿机制，以充分调动流域内上下游生态环保积极性，促进流域整体生态环境改善。截至2019年底，江西境内长江流域相关地区70%以上已建立起省内横向生态补偿机制；浙江省对省内所有水源地区实行500万~1000万元的横向生态补偿[①]；重庆市永川区、璧山区和江津区分别签署了

① 张兵、田贵良：《坚持协同治理　推进长江水环境保护》，《群众》2020年第24期。

横向生态保护补偿协议；云南省签署跨县、跨州横向生态保护补偿协议45份等。

第四节　试点示范创新实践

一　国家生态文明试验区制度创新

2016年8月，中办、国办印发《关于设立统一规范的国家生态文明试验区的意见》，选取福建、江西、贵州三省作为首批国家生态文明试验区，开展生态文明体制改革的综合性试验，探索可复制、可推广的制度成果和有效模式，引领带动全国生态文明建设和体制改革。2020年底，国家发改委印发《国家生态文明试验区改革举措和经验做法推广清单》，详细列举出三省基于各自生态优势，在自然资源资产产权、环境治理体系、水资源水环境整治、农村人居环境整治等14个方面形成的90项改革举措和经验做法，推动生态文明制度体系进一步完善。以江西省为例，5年来，江西紧紧围绕打造美丽中国“江西样板”，建成山水林田湖草综合治理样板区、中部地区绿色崛起先行区、生态环境保护管理制度创新区、生态扶贫共享发展试验区的目标要求，在山水林田湖草保护修复、全流域生态补偿、国土空间规划、环境治理体系、绿色金融改革、河湖林长制等方面改革创新，探索出了废弃矿山修复“寻乌经验”、绿色发展“靖安模式”、萍乡海绵城市建设、景德镇“城市双修”、抚州生态价值转化等可复制可推广的成功经验，全省35项改革举措和经验成果被推广到全国（见表3-6）。

表3-6　江西部分全国典型示范样板成果

示范典型	示范地区	改革成果
全国首批山水林田湖草生态保护修复试点	赣州市	“三同治”模式：山上山下、地上地下、流域上下游同治，通过种树、植草、固土、定沙、洁水、净流等生态工程和自然恢复措施，不断推进矿山复绿

续表

示范典型	示范地区	改革成果
“河长制”升级版	靖安县	打造“河长认领制”:“民间河长”,出台“两优先”“五减免”“一补贴”奖励办法。推行“互联网+河长制”:运用互联网、大数据技术,实现人防和技防相结合
	南昌市	创新设立“民间河长”“企业河长”
“林长制”	武宁县	构建县、乡、村三级“林长”体系,责任区域划分实行行政区域管理和权属管理相结合
海绵城市全国“示范”	萍乡市	“海绵体”立体化建设模式:实现水资源、水生态、水安全、水管理、水文化“五水共治”的有机结合;在技术体系上,构建全市域、中心城区、示范区3个空间尺度的海绵城市体系;在项目施工上,整合新老城区项目,以PPP项目包的形式整体推进、系统化建设
生态循环农业“全国样板”	新余市	以生态循环产业园为核心,统筹推进农业物联网、农业废弃物收储运、有机肥推广体系建设,有效探索“N2N”、农作物秸秆基料化利用、蚯蚓链条化处理、“光伏+农业”、“猪—沼—稻”等模式
城乡生活垃圾第三方治理	鹰潭市	“全域一体、市场运作、智慧管理”:“全域一体”,打破行政区划限制,统一收集转运、统一焚烧处理;“市场运作”,政府购买第三方公司服务;“智慧管理”,引入“互联网+智慧环卫”,实现全过程“数字化、视频化”定位监控
全国城市“双修”试点	景德镇	生态修复、城市修补,治理“城市病”、改善人居环境、转变城市发展方式
全国生态产品价值实现机制试点	抚州	推动“生态经济化、经济生态化”。围绕“资源变资产、资产变资本、资本变资金”,探索建立现代产权制度,打通生态产品与资本市场的通道

资料来源：根据公开资料整理。

二　长江经济带绿色发展试点示范

2018年底，国家选取上海崇明、湖北武汉、江西九江作为长江经济带绿色发展示范区首批创建城市，随后，重庆广阳与湖南岳阳也被相继纳入，同时选取浙江丽水、江西抚州分别开展生态产品价值实现机制试点，长江经济带绿色发展“5+2”[①] 试点示范成效显著（见表3-7）。

① “5+2”试点示范格局：支持上海崇明、湖北武汉、江西九江、重庆广阳、湖南岳阳开展绿色发展示范，支持浙江丽水、江西抚州开展长江经济带生态产品价值实现机制试点。

表 3-7　长江经济带绿色发展试点示范经验成果

试点任务	示范地区	经验成果
突出规划引领，加强顶层设计	上海崇明	1. 强化生态底线约束，出台《上海市崇明区总体规划暨土地利用总体规划（2017—2035）》《上海崇明开展长江经济带绿色发展示范实施方案》 2. 优化建设用地布局，将释放出的规划空间留给生态资源丰富的乡村地区 3. 加强风貌管控，针对不同地区的风貌要素实行差异化管理，新建建筑高度原则上不超过 18 米
	湖北武汉	围绕“四水共治”和科教资源创新驱动等方面先行先试，提出滨江带总体功能布局
	重庆广阳	以“两江四岸”为城市发展主轴，优化生产生活生态空间布局
突出生态优先，加强系统治理	湖北武汉	探索“水岸同治、生态修复、自我净化”生态治水模式
	重庆广阳	1. 坚持生态修复先行，严格实行全岛封闭管理，促进自然生态系统恢复 2. 启动“一线六点九项”生态修复和环境整治
	江西九江	1. 打造百里长江最美岸线 2. 引入 PPP 模式整治城市水污染
突出绿色生产，加强转型升级	上海崇明	1. 发展都市现代绿色农业，打造“两无化”系列农产品 2. 加强特色农产品品牌建设，推行“合作社+优质企业”订单农业 3. 拓展旅游全链条，全面打造“多旅融合”新业态格局
	湖北武汉	加强创新平台建设，启动建设“光谷科技创新大走廊”
	江西九江	1. 推动传统产业优化升级，统筹实施 116 项重大技改 2. 深入开展沿江小化工企业清理整顿退出 3. 打造“5+1”千亿产业集群
突出绿色生活，加强生态文化	上海崇明	1. 完善垃圾分类收运和处置体系建设 2. 实现新能源公交车和新能源出租车全覆盖 3. 推广绿色建筑
	浙江丽水	1. 广泛推广清洁、可再生能源，建成金（华）丽（水）温（州）天然气输气管道 2. 广泛应用低碳节能交通工具，实现 9 县互联和外县市互通
	江西抚州	1. 全面推行绿色生活方式，利用生态平台激励市民践行低碳生活 2. 探索实行“绿宝”碳普惠制，研究开发“绿宝”App，建立完善电子碳币券计扣转换支付系统

续表

试点任务	示范地区	经验成果
突出机制创新，加强制度保障	上海崇明	1. 落实“生态+法治”，建立生态环境保护司法行政联动机制 2. 加强区域环境联防联控
	湖北武汉	探索创新市域内跨区断面水质考核奖惩和生态补偿机制
	浙江丽水	1. 制定全国首个山区城市生态产品价值核算技术办法，开展了GEP核算评估 2. 探索建立生态信用行为与金融信贷、行政审批、医疗保险、社会救助等挂钩的联动奖惩机制
	江西抚州	1. 探索出“古屋贷”“两山银行”等生态资产的资本运作模式 2. 开展水域经营权改革，通过引入第三方社会资本，将乡村休闲旅游和相应河段水域管护职责打包，形成河湖管护新机制

资料来源：根据公开资料整理；白洁：《湖北推进长江经济带大保护的制度创新与治理效能研究》，《长江技术经济》2021年第1期。

三　生态产品价值实现经验推广

优质生态产品是最普惠的民生福祉。近年来，全国各地积极探索生态产品价值实现机制，自然资源部先后发布两批《生态产品价值实现典型案例》，向全国推广成功案例21项，其中涉及长江经济带区域内典型案例10项，包括重庆市设置森林覆盖率约束性考核指标、江苏省徐州市推进采煤塌陷区生态修复、江西省赣州市统筹山水林田湖草生态保护、湖南省常德市穿紫河生态治理与综合开发等（见表3-8）。

表3-8　长江经济带生态产品价值实现典型案例梳理

示范领域	示范地区	主要做法
生态资源指标及产权交易	重庆	设置森林覆盖率约束性考核指标，打通了绿水青山向金山银山的转化通道
生态修复及价值提升	江苏省徐州市贾汪区	以“矿地融合”为指导，将塌陷区建成国家湿地公园，带动区域产业转型升级与乡村振兴
	江苏省苏州市金庭镇	定位“环太湖生态文旅带”，实施生态环境综合整治，打造“生态农文旅”模式

续表

示范领域	示范地区	主要做法
生态修复及价值提升	江苏省江阴市	提出“生态进、生产退，治理进、污染退，高端进、低端退”的“三进三退”护长江战略，促进生态环境的大幅改善和生态产品价值的增值外溢
	湖南省常德市	通过中欧合作，实现穿紫河流域海绵城市“水生态、水安全、水环境、水文化、水资源”五位一体。打造集“文化河”、“商业河”和“旅游河”于一体的城市生态系统和生态价值实现平台
	重庆	腾出闲置或废弃建设用地复垦为耕地，转化出更多建设用地指标，实现农用地转用
生态产业化经营	浙江省余姚市梁弄镇	实施全域土地综合整治
	江西省赣州市寻乌县	“变废为园、变荒为电、变沙为油、变景为财”，实现生态效益和经济效益相统一
	云南省玉溪市	整体修复保护抚仙湖，增加生态产品高质量供给
生态补偿	湖北省鄂州市	创新生态价值核算结果衡量生态补偿标准

资料来源：根据公开资料整理。

四　探索“双碳”目标和任务

实现碳达峰、碳中和，是我国“十四五”时期乃至未来几十年发展的重大战略目标，关乎人类命运共同体的构建。“十四五”是实现碳达峰的关键期，也是迈向碳中和的重要窗口期。长江经济带 11 省市高度重视“双碳”目标的实现，积极制定行动方案，截至 2021 年 6 月，长江经济带各省市“十四五”碳达峰、碳中和目标已全部出台，长江经济带作为我国生态文明建设的先行示范带作用进一步彰显（见表 3-9）。

表 3-9　长江经济带 11 省市“十四五”碳达峰、碳中和目标和 2021 年重点任务

地区	“十四五”碳达峰、碳中和目标	2021 年重点任务
上海	坚持生态优先、绿色发展，加大环境治理力度	1. 启动第八轮环保三年行动计划 2. 加快建设全国碳排放权交易市场

续表

地区	“十四五”碳达峰、碳中和目标	2021年重点任务
江苏	大力发展绿色产业，加快推动能源革命，促进生产生活方式绿色低碳转型	1. 制定实施二氧化碳排放达峰及“十四五”行动方案 2. 扎实推进清洁生产，发展壮大绿色产业 3. 提升生态系统碳汇能力
浙江	推动绿色循环低碳发展，实现非化石能源占一次能源比重提高到24%，煤电装机占比下降到42%	1. 启动实施碳达峰行动 2. 编制碳达峰行动方案 3. 落实能源“双控”制度 4. 加快推进碳排放权交易试点
安徽	强化能源消费总量和强度“双控”制度，提高非化石能源比重	1. 制定实施碳排放达峰行动方案 2. 推进“外电入皖” 3. 推进绿色储能基地建设 4. 提升生态系统碳汇能力
江西	严格落实国家节能减排约束性指标，加快构建安全、高效、清洁、低碳的现代能源体系	加快充电桩、换电站等建设，促进新能源汽车消费
湖北	推进“一主引领、两翼驱动、全域协同”区域发展布局，着力打造国内大循环重要节点和国内国际双循环战略链接	1. 研究制定省碳达峰方案，开展近零碳排放示范区建设 2. 加快建设全国碳排放权注册登记结算系统
湖南	落实国家碳排放达峰行动方案，调整优化产业结构和能源结构，构建绿色低碳循环发展的经济体系	1. 发展环境治理和绿色制造产业 2. 支持探索零碳示范创建
重庆	探索建立碳排放总量控制制度，开展低碳城市、低碳园区、低碳社区试点示范	扩大“陕煤入渝”“北煤入渝”“疆电入渝”等
四川	单位地区生产总值能源消耗、二氧化碳排放降幅完成国家下达目标任务	1. 制定二氧化碳排放达峰行动方案，推动用能权、碳排放权交易 2. 持续推进能源消耗和总量强度“双控”
云南	控制温室气体排放，增加森林和生态系统碳汇，积极参与全国碳排放交易市场建设	1. 加快国家大型水电基地建设 2. 培育氢能和储能产业
贵州	降低碳排放强度，推动能源、工业、建筑、交通等领域低碳化	规范发展新能源汽车，培育发展智能网联汽车产业

资料来源：根据公开资料整理。

通过以上梳理不难看出，在《关于依托黄金水道推动长江经济带发展的指导意见》《长江经济带发展规划纲要》等文件和习近平总书记系列重要讲话精神的指导和统领下，长江经济带多年来始终坚持将生态文明建设作为区域发展的主基调，上中下游在生态环保一体化机制上创新设计、示范引领，为“共”推长江经济带和全国生态环保提供了有益借鉴。

第四章
长江经济带生态环保一体化政策机制的理论体系

长江经济带生态要素相依共生、经济社会与生态环境互动、不同区域共生共利共荣的特征明显，是休戚相关的生态共同体。推动长江经济带生态环境一体化保护，关键是要通过健全政策机制来做好“共”字文章，以实现区域环境保护公共福利的帕累托改进。本章从理论上探讨政策机制促进流域生态环境一体化保护的作用机理，围绕制约长江经济带生态环保一体化的主要因素与发展趋向，尝试构建长江经济带生态环保一体化政策机制的理论框架体系，从而为长江经济带生态环境保护一体化提供理论支撑。

第一节　政策机制促进流域生态环保一体化的作用机理

一　良好生态环境具有正外部性

良好生态环境是最普惠的民生福祉，具有典型的正外部性，而在缺乏政府调控的情况下往往容易出现市场失灵，也即在非排他性、非竞争性的环境中市场主体为追求利润最大化，往往会将生产成本外部化，转移由社会大众承担。正是在生态环境问题的公共物品属性和外部性[①]以及政府政绩考核偏重经济的影响下，形成了地方保护主义，致使区域生态环境问题得不到有效的治理。[②] 长江作为一个充满生命力和活力的流域，最根本的是水和生态，带给沿岸人民灌溉之利、舟楫之便、鱼米之裕和生态之美，为沿江地区经济社会发展提供了重要的运力支撑、资源支撑和生态支撑，具有显著的正外部性，然而其生态环境因开发有余、保护不足而陷入“公地悲剧”的境地。对长江经济带而言，从全流域的整体角度构建生态共同体和经济共同体，协调好跨流域生态环境保护与经济社会发展，是实现长效可持续绿色发展的重要路径[③]。

二　流域生态环境协同治理需要政策干预

治理因外部性带来的市场失灵问题，需要政府采取相应的政策举措来予以有效干预，实现生产成本的内部化和社会利益的协同化。对长江经济带而言，全流域生态系统的整体性与跨界性，决定了全流域治理需要中央、地方政府、第三部门以及公众等多元利益主体的共同参与[④]。长江经济带生态环保一体化中最本质最难解决的问题是行政区划带来的利益分割[⑤]。黄志钢[⑥]认为，长期以来，我国各行政区划禁锢、行政体制分割，区域间资源难以优化配置，而横跨 11 个省份的长江经济带涉及的区域更广，并且东中西部发展的梯度差较大，可以说长江经济带是我国区域发展不平衡、不充分的集中缩影，区域协调发展的难度不容小觑。正是由于不完全合作博弈在省域内、分段区域内和沿江大区域三个维度具有更复杂的表现形式，长江经济带生态环境一体化保护陷入不完全合作博弈的“囚徒困境”，需要“共抓大保护、不搞大开发”的强制性政策来扭转困局。

---

① 易志斌、马晓明：《论流域跨界水污染的府际合作治理机制》，《社会科学》2009 年第 3 期。

② 张永勋、闵庆文等：《生态合作的概念、内涵和合作机制框架构建》，《自然资源学报》2015 年第 7 期。

③ 李志萌：《共建长江经济带生态文明》，《江西日报》2014 年 9 月 15 日。

④ 吕志奎：《加快建立协同推进全流域大治理的长效机制》，《国家治理》周刊 2019 年 10 月第 4 期。

⑤ 路洪卫：《完善长江经济带健康发展的区域协调体制机制》，《决策与信息》2016 年第 3 期。

⑥ 黄志钢：《构建“经济带”：区域经济协调发展的新格局》，《江西社会科学》2016 年第 4 期。

三 政策机制的作用机理

无论空气污染还是水资源污染问题，都与政府职能部门监管不到位及其制度设计有关[①]，管控机制的缺失或不健全，是“公地悲剧”产生的重要原因，“公地悲剧”的治理，需要构建有效的管护机制。保护环境政策机制的确立与改革，带有较强的政府干预和引导特征，这种干预有助于解决市场失灵问题并引导向预定的方向发展，干预力量的渗透必然会打破原有的利益格局，原有利益群体为维护现有利益必然会采取显性或隐性的反向举措，在反复博弈中要确保政策机制作用的长期发挥，不可避免要依靠国家机器的行政力量、法治力量和全社会的协同力量。与此同时，政策机制的设计，既要有堵的功效也要有疏的功效，既要有补短板的政策安排也要有强弱项的政策安排，既要有正向的奖励机制也要有反向的惩处机制，既要有管当前的政策设计也要有管长远的政策设计。

政策机制在促进流域生态环境保护中的作用，主要体现为导向作用、激励作用、约束作用、规制作用。导向作用，就是政策机制倡导一种共同保护的目标和行动，以旗帜鲜明的保护促进形成最广泛的共识和最强有力的合力；激励作用，则是指政策中通过项目、资金、技术等安排，以正向激励激发各类主体参与促进生态环境保护，并且体现的是有为者有奖励；约束作用，则是通过政策设计安排，对违反生态环境保护的导向性目标行为予以惩罚，这种惩罚既体现在资金罚没等物质层面，也体现在通报、警示等非物质层面；规制作用，则是将生态环境保护的共识行为予以法治化，通过强有力的硬约束机制来确保生态环境保护的顺利推行。因此，流域生态环境保护是一项系统工程，需要不同维度、不同功能作用的政策机制发挥作用，也即通过具有导向作用的政策机制、具有激励作用的政策机制、具有约束作用的政策机制、具有规制作用的政策机制构成的政策机制体系，推动实现流域生态环境保护的一体化和可持续化（见图 4-1）。

---

① 严晓萍、戎福刚：《“公地悲剧”理论视角下的环境污染治理》，《经济论坛》2014 年第 7 期。

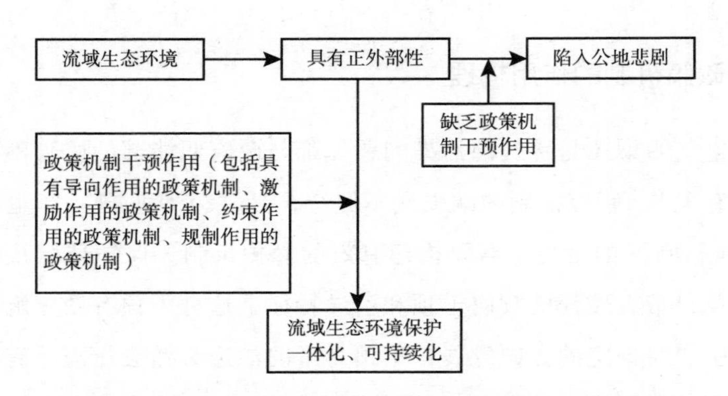

图 4-1　政策机制促进流域生态环境保护的作用机理

第二节　长江经济带生态环保现有政策体系的适宜性

一直以来，我国为保护长江经济带生态环境，出台了系列政策，特别是2016年以来，长江经济带迎来由点的治理向全面系统治理的转变，密集出台了系列政策文件，这些政策文件为实现长江经济带“生态优先、绿色发展”发挥了重要的导向作用、激励作用、约束作用和规制作用。在实践中，对出台的政策体系的作用功效，需要予以适宜性评估。在适宜性分析之前，需要诊断长江经济带生态环境保护一体化中存在的问题及其深层次原因。

一　制约长江经济带生态环保一体化的主要因素

长江经济带全流域发展不平衡不充分是制约长江一体化大保护的重要瓶颈，沿江 11 个省市间虽签订系列协议并开展各类合作，但尚未形成强有力的一体化协调机制，普遍存在“谋一域”居多、“被动地”重点突破多，“谋全局”不足、“主动地”整体推进少，直接影响了长江经济带承载能力和发展潜力。

1. 区域发展动力的极化与发展落差

长江经济带横跨我国东中西三大区域，覆盖 11 个省市，拥有 3 个处于不同发展阶段的城市群，面积约 205 万平方公里，长期以来，受各地不同地理位置、经济发展水平、人力资本状况等因素影响，流域内上中下游[①]区域发展的层级相差较大，上游三峡库区、中部蓄滞洪区和7个原集中连片特困地区经济发展任务还较繁重，下游的长三角地区是全国经济最发达的区域之一。人均GDP是衡量区域发展水平的通用指标，2019年，长江经济带中人均GDP最高的上海市（157421元）较最低的贵州省（46582元）高出11万余元，发展极化现象凸显；长江经济带中上游地区人均GDP分别为61758.5元、56596.25元，均低于全国人均GDP（70892元）；上游地区人均GDP只有下游地区（129953.33元）的44%，中游地区人均GDP不到下游地区的50%。下游长三角地区与上、中游地区经济发展之间的巨大落差，增加了全流域统筹发展的难度。

表4-1 2019年长江经济带沿江11个省市GDP与人均GDP数据比较

地区	GDP（亿元）	2019年年末常住人口（万人）	人均GDP（元）
云南	23223.75	4830	48087
贵州	16769.34	3600	46582
四川	46615.82	8341	55888
重庆	23605.77	3124	75828
湖南	39752.12	6899	57622
湖北	45828.31	5917	77452
江西	24757.50	4648	53269
安徽	37114	6324	58691
浙江	62352	5737	108684
江苏	99631.52	8051	123755
上海	38155.32	2424	157421
全国	990865	140005	70892

资料来源：根据公开资料整理。

① 长江经济带上游地区包括云南、贵州、四川、重庆，中游地区包括湖南、湖北、江西、安徽，下游地区包括浙江、江苏、上海。说明：安徽虽被列入长三角区域，但从地理区位角度，在这里仍划入长江中游地区。

2. 生态功能定位下的生态责任与发展权益

长江全流域各地之间的利益诉求不同，如上游的青海三江源是长江之源、中华水塔，云南、贵州等地是长江流域重要的生态功能区、生态保护禁止开发区，据表4-2可知，上游四省市划定的生态保护红线范围为33.27万平方公里，占长江经济带沿江11个省市总划定生态保护红线面积54.43平方公里的61.12%[①]，经济发展相对落后，渴望有更多的发展权益；中游的湖北、湖南、江西等本身也是全国重要的生态保护区域，在享用上游提供优质水资源产品和服务的同时，积极承接下游因高质量发展需要而转移的部分产能；下游的江苏、浙江、上海等希望得到中上游地区提供良好资源环境而未给予中上游地区合理的生态补偿等。由于长期以来缺乏有效的法律法规硬约束和长江全流域生态补偿机制实施保障不健全，行政分割下的区域GDP导向的政绩竞争，使公权力博弈制约全流域生态优先、绿色发展的成色和效果。当长江经济带上中下游不同地区的利益诉求不能在多重目标中寻求动态平衡时，就必然难以凝聚"共抓大保护"的协同作战合力，上中下游局部利益与流域整体利益的偏离，将阻碍长江生态共同体的整体打造。

表4-2　长江经济带沿江11个省市生态保护红线划定情况

地区	划定面积（万平方公里）	占地区面积比例（%）	资料来源
云南	11.84	30.90	《关于发布云南省生态保护红线的通知》（云政发〔2018〕32号）
贵州	4.59	26.06	《关于发布贵州省生态保护红线的通知》（黔府发〔2018〕16号）
四川	14.80	30.45	《关于印发四川省生态保护红线方案的通知》（川府发〔2018〕24号）
重庆	2.04	24.82	《关于发布重庆市生态保护红线的通知》（渝府发〔2018〕25号）

① 如果剔除浙江、江苏、上海三地海域生态保护红线，则长江沿江11个省市划定的生态保护红线总面积为51.85万平方公里，此时上游四省份划定的生态保护红线面积占比为64.17%。

续表

地区	划定面积（万平方公里）	占地区面积比例（%）	资料来源
湖南	4.28	20.23	《关于印发湖南省生态保护红线的通知》（湘政发〔2018〕20号）
湖北	4.15	22.30	《关于发布湖北省生态保护红线的通知》（鄂政发〔2018〕30号）
江西	4.69	28.06	《关于发布江西省生态保护红线的通知》（赣府发〔2018〕21号）
安徽	2.12	15.15	《关于发布安徽省生态保护红线的通知》（皖政秘〔2018〕120号）
浙江	3.89（其中陆域为2.48）	26.25（其中陆域面积为23.82）	《关于发布浙江省生态保护红线的通知》（浙政发〔2018〕30号）
江苏	1.82（其中陆域为0.85）	13.14（其中陆域面积为8.21）	《关于印发江苏省国家级生态保护红线规划的通知》（苏政发〔2018〕74号）
上海	0.21（其中陆域为0.0089）	11.84（其中陆域边界范围内为1.30）	《发布上海市生态保护红线的通知》（沪府发〔2018〕30号）

资料来源：根据公开资料整理。

3. “个体理性”与“集体非理性”的环境风险

长期高强度开发带来严重环境风险，长江沿线能源、化工、冶金等高环境风险行业企业众多，且产能集聚。长江经济带以20%左右的土地承载着全国约30%的石化产业。高密度的人口聚集和重化工产业布局背景下，长江经济带11个省市排放的废水总量占全国的比重稳定在40%以上，并且2018年较2014年提高了1.38个百分点（见图4-2）。与此同时，长江经济带沿江地区频频突发环境事件，2019年江苏响水“3·21”特别重大爆炸事故再次敲响了警钟。并且，通过数据整理会发现，长江经济带9省2市突发环境事件数占全国总数的比例虽由2013年的64.47%下降至2019年的43.30%，但下降的贡献主要是浙江、江苏、上海三地，三地的突发环境事件次数在长江经济带11个省市中的比重由2013年的87.58%下降至2019年的16.81%，而上游地区的突发环境事件次数在长江经济带11个省市中的比重由2013年的7.84%上升至2019年的31.86%，中游地区的突发环境事件次数在长江经济带 11 个省市中的比重由 2013 年的 4.58%上升至 2019 年的 51.33%（见表 4-3），这表明下游地区基于经济实力强正快速向高质量发展迈进，而中上游地区仍处于加快发展的阶段，依托长江黄金水道加快发展的意愿强烈，重化工业向中上游、支流转移的势头日益明显，这也是近年来中上游特别是上游地区突发环境事件稳中有升的一个重要原因。在缺乏强有力协同机制的作用下，如何构建共促长江经济带绿色、安全、高质量发展的长效机制成为当前的重要目标内容。

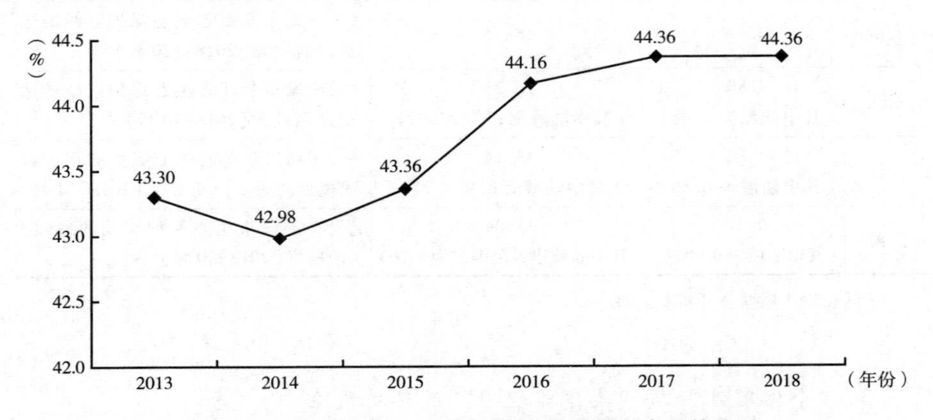

图 4-2　长江经济带 11 个省市废水排放量占全国的比重

资料来源：《中国统计年鉴（2014-2019）》。

表 4-3　2013~2019 年长江经济带突发环境事件情况

单位：次，%

地区	2019 年	2018 年	2017 年	2016 年	2015 年	2014 年	2013 年
云南	0	0	4	1	4	3	2
贵州	8	8	11	12	9	3	9
四川	25	20	16	20	14	7	14
重庆	3	7	12	11	9	16	11
湖南	25	16	15	8	16	2	3
湖北	19	17	18	37	10	5	7
江西	8	4	6	7	7	6	5
安徽	6	4	4	3	8	9	6
浙江	10	11	13	16	22	27	26

续表

地区	2019年	2018年	2017年	2016年	2015年	2014年	2013年
江苏	9	5	8	13	27	70	125
上海	0	1	0	3	10	108	251
长江经济带	113	93	107	131	136	256	459
全国	261	286	302	304	334	471	712
长江经济带占全国的比重	43.30	32.52	35.43	43.09	40.72	54.35	64.47
上游地区占长江经济带的比重	31.86	37.63	40.19	33.59	26.47	11.33	7.84
中游地区占长江经济带的比重	51.33	44.09	40.19	41.98	30.15	8.59	4.58
下游地区占长江经济带的比重	16.81	18.28	19.63	24.43	43.38	80.08	87.58

资料来源：《中国统计年鉴（2014-2020）》。

4. “大保护”弱约束与合作“搭便车”现象

优良的生态环境作为一种公共产品，在使用中具有外部性，容易导致“搭便车”现象，对长江这种横跨东中西三大区域且流域内区域发展层级相差较大的河流，体现得尤为明显。长江全流域利益的整合往往是以地方利益的让渡为前提的，虽然长江各省份之间交流频繁，也签订了众多政府间协议，但由于省际协议属于一种松散型契约，契约的有效实施较为困难，这些合作平台的作用也就难以完全发挥出来。同时，长江经济带流域管理机构自身难以担负起全流域管理的职责，已有涉及长江经济带建设的法律法规众多但缺乏协同性，不同的法律法规之间存在衔接不一致甚至冲突的情况。缺乏强有力统筹协调长江全流域利益的机制，各地在进行产业布局或实施重大项目时，主要是对本地区单个项目或园区局部影响进行评估，难以统筹考虑整个长江水系的生态环境承载力和运输系统承载力。在推动产业有序转移和协调发展的过程中，因缺乏一个负责规划实施与执行的权威机构，规划的生命力欠缺，导致污染从上游向下游转移，非法排污、水污染严重的态势难以有效遏制。

二　长江经济带生态环保现有政策的适宜性分析

长期以来，特别是自2016年以来，围绕长江经济带“共抓大保护、不搞大开发”，沿江11个省市积极作为，开展了许多区域协同治理的有益探索与实践，出台的系列政策机制的适宜性如何值得深入分析。

1. 绿色发展区域合作的“因素”分析

传统区域发展理论认为“要素”禀赋是驱动区域合作的根本动力，公共管理学“行政区合作”理论认为区域合作的关键是打破行政分割，要实现行政区之间的政府合作，关键在于“要素”合作，且区域政府合作的侧重点在于要素的“横向替代”（见表 4-4）。以财税合作为例，行政区之间的财税共享一定是建立在各自要素资源的交换基础之上。要素的差异性和替代性程度驱动着绿色发展区域间的“强合作”与“弱合作”，并且随着社会经济政治文化各种因素的变化，“强合作”与“弱合作”会不断转换[①]。

表 4-4　基于“要素”的区域强合作与弱合作关系

要素异质性	要素替代性	
	高	低
高	强合作	
低		弱合作

2. 长江经济带生态环境一体化的区域合作分析

在生态环境保护领域，长江经济带内部区域之间的合作度较低，属于传统意义上的“弱合作”，主要表现在三个方面。一是生态空间管控要求不统一，区域内部尚未建立统一、协调的生态管理体系；二是环境监督管理体系各异，规范标准地区差异较大，导致环境违法行为认定和裁定标准互不统一；三是环境监测数据缺乏共享，环境决策体系平台缺失。在生态环境保护领域出现以上“弱合作”的基本特征，其中既与生态环境保护的公共性质有关，但更为重要的原因在于，保护生态环境所涉及的各种“要素”之间无法在各地区间进行有效替代。

3. 政策机制干预长江经济带绿色发展区域合作存在动态变化机制

在绿色发展区域合作的演进过程中，值得注意的一个现象是，某些领域

① 李志青、刘瀚斌：《长三角绿色发展区域合作：理论与实践》，《企业经济》2020 年第 8 期。

的合作程度在不断发生变化，特别是由原先的“弱合作”向“强合作”转变。以表 4-4 所列的几个领域为例，如果把区域合作机制再细分为“决策层”“协调层”“执行层”，会发现在不同的合作机制推动下，原先传统上属于“弱合作”的生态环境保护在某些层面开始出现变强的趋势。从表4-5可以看出，生态环境保护的 3 个主要领域都在趋向“强合作”的发展态势。这表明，在“要素”替代性没有得到根本性改变的情况下，可以通过合作机制的有效设计来提升绿色发展区域合作的水平。

表 4-5　长江经济带生态环境保护区域合作一览

层次＼领域	自然生态系统保护	跨界环境污染治理	环境基础设施建设
决策层（推动长江经济带发展领导小组会同沿江 11 省市建立覆盖全流域的长江经济带省际协商合作机制）	强	强	强
协调层（省际协商合作联席会机制）	弱	弱	弱
执行层（省域推动长江经济带发展领导小组）	强	强	强

资料来源：根据公开资料整理。

第三节　长江经济带生态环保一体化的趋势分析与政策诉求

“共抓大保护、不搞大开发”思想已传遍全国各地，更深入长江经济带沿线 11 个省市的政策制定、执行等全过程，伴随各项体制机制的不断健全完善，长江经济带生态环境保护的协同一体化建设进程将显著加快。

一　发展趋势

区域合作的关联程度将加深。2016 年以来，从国家到地方，围绕长江经济带大保护形成了形式多样、内容多元的区域合作机制，今后这些区域合作机制将更加细化实化，如长三角一体化、长江中游城市群、成渝双城经济圈等重要平台和载体的加速建设，有助于区域合作更加紧密。

区域联动的耦合程度将深化。伴随国家区域协调发展战略的深入实施、现代高标准市场体系的建立健全，省际的要素流动与配置将更趋市场化，将加速人力、土地、资本、技术、数据等要素资源的顺畅流动，这将加速长江经济带 11 个省市之间的基础设施高效连接、产业有序互补对接、市场深度衔接，以形成协同且紧密的跨区域产业链、供应链、价值链。

利益统筹的协同度将提升。《关于建立健全长江经济带生态补偿与保护长效机制的指导意见》的落地，特别是市场化、多元化流域生态补偿机制的建立健全，将显著激发长江上下游共促大保护的积极性和主动性，有助于将长江全流域生态补偿制度同上中下游不同区域的局部生态补偿制度统筹起来，既“输血”又“造血”，在兼顾差异化发展权、环境权的同时提升中上游地区的内生发展动力，以提升长江经济带全流域大保护的协同度。

共促保护的紧密度将提升。长江经济带大保护不仅仅是攻坚战，更是一场持久战，需要久久为功、持续发力。这就要求必须在制度设计上加大力度，党的十九届四中全会专题研究国家治理体系和治理能力现代化，这为生态文明领域的制度建构提供了根本遵循。对长江经济带而言，需逐步构建起法治化的立体制度体系，利用 5G 技术等现代信息技术更好地促进长江生态环境保护制度的衔接统筹，以法治化、智慧化、信息化举措促进长江大保护的现代治理能力和治理水平不断提升，以提升共促大保护的紧密度。

生态文化的认同度将提高。生态文化是新时代生态文明建设更基本、更深沉、更持久的力量，推进长江经济带生态环保协同治理，需要深入挖掘长江流域数千年来孕育的各类文化，如长江上游的宝墩文化、长江中游的石家河文化、长江下游的良渚文化等，这些文化伴随长江流域的发展变迁，在相互碰撞、交互融合中形成“和而不同”的多元一体文化格局，生态文化共同体研究将为生态文明共同体建设提供基础而长远的内力支撑。今后，长江经济带大保护的生态文化共同体方面的研究不断丰富，有助于形成长江大保护的最大公约数。

二　政策诉求

构建区域协调发展的政策机制。针对区域发展动力的极化与发展落差，构建长江经济带优势互补区域经济布局。增强长三角城市群、长江中游城市群和成渝地区双城经济圈这三个国家级城市群/经济圈的协同发展能力，形成多个能够带动长江经济带高质量发展的新动力源，完善空间治理、分类精准施策，推动产业和人口向优势区域集中，强化其集聚和辐射力，促进和带动经济总体效率提升。注重区域间的协调、协同，增强流域重要生态功能区在生态安全、保障粮食等农产品供给安全等方面的功能，不能简单要求各地区在经济发展上达到同一水平，而是要根据各地区的条件，消除地方保护主义、区域市场壁垒，促进各类生产要素自由流动，走合理分工、优化发展的路子，在发展中促进相对平衡。

构建生态产品价值实现的政策机制。按照生态系统的特征谋划长江经济带功能空间和策略，加大源头地区和沿江国家重点生态功能区保护的生态责任与发展权益。让生态环境与劳动力、土地、资本、技术等要素一样，成为现代经济体系构建的核心生产要素，使生态产品进入生产、分配、交换、消费等社会生产全过程。明确生态资产所有权的主体，规范生态资产和生态产品的收益权、使用权，建立有效的生态资产和生态产品产权制度，建立绿色金融的鼓励体系，探索生态产品、绿色信贷扶持机制，建设生态产品和生态资产交换平台，寻求维护良好生态环境、促进生态产品的价值实现的有效路径和模式，逐步将生态产业培育成为“第四产业”[①]，形成推动长江经济带高质量发展的新动能和新增长点。

完善省际生态补偿的政策机制。从长江生态环境系统性保护全局出发，推动区域合作与利益协调。由中央有关部委会同沿线11省市地方政府共同组成“长江经济带生态补偿委员会”。定期就长江经济带跨省域生态补偿问

① 《“绿水青山就是金山银山”理念提出15周年理论研讨会召开》，《人民日报》2020年8月16日。

题展开磋商与谈判，明确各省市责权利边界；将生态补偿制度与自然资产审计、自然资源资产负债表等国家其他相关制度衔接起来，探讨分层次分级的补偿方式。明确生态补偿机制的重点领域，积极探索长江全流域与沿线鄱阳湖、太湖等重点湖泊的联动生态补偿制度。健全对生态产品的政府购买等系列措施，明确补偿基准、补偿方式、补偿标准、联防共治机制。健全完善市场化、多元化生态补偿机制，增强受偿地区生态产品生产能力，将“输血”与“造血”结合，促成消除贫困和维护良好环境之间的良性循环，实现共赢、可持续发展。

实施跨区域产业合作的政策机制。优化长江经济带产业布局，完善全域系统的产业链供应链，推动跨区域产业联动循环发展。积极探索长江上中下游产业“飞地园区”创新合作，完善税收分成政策、投资支持政策、税费优惠政策等体制机制，推进长江经济带内产业有序转移、产业链对接。严格按照《长江经济带发展负面清单指南（试行）》，对长江沿线地区存量项目强化“亩产论英雄”导向，加大单位面积投入产出等反映质量和效益指标的考核权重。积极推进沿江绿色工厂、绿色生态工业园区改造建设，聚焦高端、高质、高新，培育“新经济”“数字经济”等，着力构建绿色发展产业体系，促进发展动能转换的绿色化、清洁化，在流域内打造经济利益与生态利益共同体。

提升长江智慧治水环境执法监督的政策机制。统筹山水林田湖草系统治理，推动长江经济带省市之间建立健全水生态环境保护与流域水资源调度联动机制。充分运用物联网、大数据、云计算等新技术，联合长江经济带省域国家重点实验室，建立“长江流域环境大数据平台”，数据共建共享，夯实科学支撑、提高转化能力有效性，为长江大保护和长江经济带绿色发展一体化利益共同体提供智慧服务。实现大数据时代政府环境协同治理路径创新。加大联合环境执法监督力度，进一步完善河湖长制，联合推动“长江智慧治水”工程建设，综合运用视频监控、GPS 定位等信息技术，实现环境执法监督长江生态数据和应用管理规范化、长江生态治理透明化，提高长江治水能力现代化水平。

健全法制保障的政策机制。加快推进《长江保护法》立法进程，以绿色、安全、高质量发展为取向，依法打破部门和地方分割，实施流域综合管理，处理好区域差异与协同治理的关系，形成上中下游统一的管理和调度机制，促进长江流域生态环境保护和经济发展协调共进的规范化、制度化和程序化，有效保护长江水资源、水环境、水生态。支持上中下游长江经济带绿色发展示范区先行探索长江大保护和绿色发展的地方立法工作，因地制宜制定出台"生态系统全流域综合治理条例"等系列地方性法规和政府规章。创新和完善长江环境承载力监测评价预警等，以强化全流域协调管理机构的"硬约束"。在长江全流域鼓励公民环境诉讼，以保障法律有效"落地"。

第四节　长江经济带生态环保一体化政策机制的理论框架体系

根据长江经济带生态环境保护一体化的未来趋势和政策诉求，结合长江经济带生态环境保护现有政策的适宜性，以及政策机制促进流域生态环境保护的作用机理，有必要从理论上提出促进长江经济带生态环境一体化保护的政策机制的框架体系。结合上述分析，流域生态环境保护需要政策机制的有效干预，并且在政策机制的构成中应包括导向作用的政策机制、激励作用的政策机制、约束作用的政策机制、规制作用的政策机制等，以此形成长江经济带生态环境保护一体化的理论框架体系（见图4-3）。

导向作用的政策机制，主要功能在于引导全社会形成共抓长江大保护的良好氛围，倡导沿江地区开展长江生态环境保护与修复，依托科技创新手段推动长江水环境治理，鼓励各地积极践行"绿水青山就是金山银山"的发展理念，推动产业生态化和生态产业化，不断提升长江经济带的绿色发展指数。因此，导向性的政策机制，主要由保护修复长江经济带生态环境的政策机制、科技治理长江经济带生态环境的政策机制、推动"两山转化"的政策机制构成，以形成引导全社会共促长江经济带绿色发展的良好氛围。

激励作用的政策机制，主要通过绿色金融、生态补偿等政策机制的设

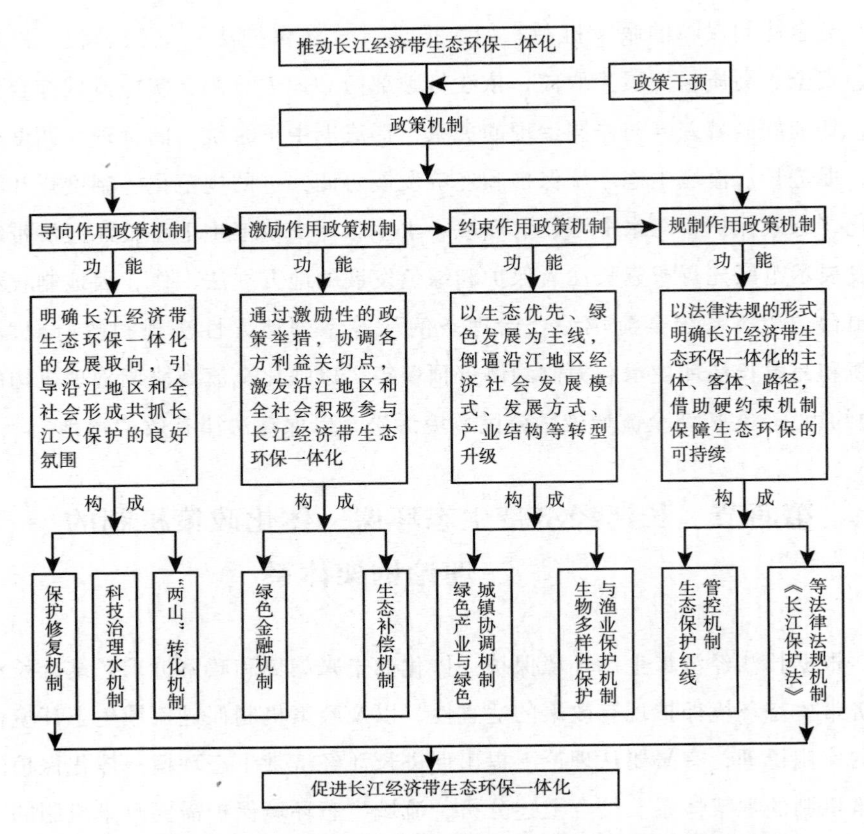

图 4-3　长江经济带生态环保一体化政策机制的理论框架体系

计，激励沿江各地主动一体化保护修复长江经济带生态环境。长期以来，具有外部性特征的流域生态环境保护因得不到资金的支持而很难持续，借助鼓励性的绿色金融政策安排，提供绿色金融发展的扶持政策，有助于激发社会资本参与长江经济带生态环境保护；纵横向生态补偿政策的实施，有助于协调好长江经济带上下游、左右岸、干支流等多元利益主体的诉求，进而统筹协调好长江经济带生态环境一体化保护的行动。因此，激励性的政策机制，主要由绿色金融的政策机制、生态补偿的政策机制构成，以激发全社会共抓长江经济带大保护的强大动力。

约束作用的政策机制，则是对当前和今后发展的模式、动力等立规矩，以便长江经济带沿江地区明了什么可为、什么不可为，进而倒逼沿江各地沿着国家引导和鼓励的方向发展。在我国发展最活跃的流域经济中，推动发展绿色化的产业与绿色化的城镇，显得尤为重要和关键；与此同时，生物多样性状况是衡量长江经济带生态环境状况的重要指标，作为我国生态多样性宝库的河流，长江生物多样性指数面临“无鱼”的境况，对长江实施10年禁渔显得尤为迫切和重要。因此，约束性的政策机制，主要由发展绿色产业与绿色城镇的政策机制、保护生物多样性的政策机制构成，以倒逼沿江地区在经济社会发展的进程中从长江经济带全流域出发，着力提升全流域产业和城镇的绿色化水平，通过严格保护，逐步改变长江经济带生物多样性萎缩的现状。

规制作用的政策机制，主要是通过强制性的法律规章来确保长江经济带生态环境保护一体化能够顺利推进，其中首要的则是划定生态保护的红线并予以严格的管控；与此同时，《长江保护法》的制定与实施，确保了长江经济带生态环境保护有专项的法可依，这能够比较好地化解过去因流域法律缺失而导致的刚性约束不足的弊端。因此，规制性的政策机制，主要由生态保护红线管控的政策机制、《长江保护法》等法律法规构成，红线管控和法律法规的硬约束，为长江经济带生态环境保护一体化提供了强有力的保障。

因此，根据分析不难发现，促进长江经济带生态环境保护一体化的政策机制框架体系中，从导向作用的政策机制、激励作用的政策机制、约束作用的政策机制再到规制作用的政策机制，政策干预的力度不断增强，不同力度象限的政策干预，为沿江各地共促长江经济带生态环境一体化保护提供了立体化的政策工具，这些立体化的政策工具构成长江经济带生态环境一体化保护的政策框架体系，并且，发挥不同作用的政策机制之间具有紧密的内在关联。导向作用的政策机制，明确了长江经济带生态环境保护的整体方向，为激励性政策、约束性政策和规制性政策的制定与实施明确了引领性的方向，具有鲜明的导向性作用；激励作用的政策机制，为长江经济带生态环境一体化保护提供了利益协调的举措，从而能够比较好地激发沿江省市沿着国家引导的方向努力，全社会共识的形成和行动的实施，有助于约束性政策机制和规制性政策机制的推行，具有典型的激励性作用；约束作用的政策机制，则为长江经济带生态环境保护划定了明确的红线，确定了必须完成的规定任务，这些约束性政策的实施有助于倒逼沿江省市沿着国家引导的方向改革，从而有助于导向性政策和激励性政策的加快实施，有利于规制性政策的效能发挥，具有很好的倒逼作用；规制作用的政策机制，通过法律法规硬约束，保障各类市场主体必须沿着长江经济带“生态优先、绿色发展”的方向发展，继而为导向性政策机制和激励性政策机制的实施扫清障碍，也为约束性政策机制的实施强化压力，进而为长江经济带生态环境保护一体化保驾护航，具有极强的保障性作用。

根据上述分析，长江经济带生态环保一体化政策机制的理论框架体系从系统论的角度，制定了一个系统立体的政策机制，有助于为长江经济带生态环保一体化提供一个整体性的政策机制框架，进而为今后长江经济带生态环保区域合作提供理论支撑。

政策机制创新篇

第五章
长江经济带生态保护红线管控机制

在一定生态空间范围内划定生态保护红线，是强制性保护区域生态环境的有力举措，对协同保护跨流域、跨区域生态环境具有关键作用。长江经济带11个省（市）均已划定生态保护红线，全面建立生态保护红线制度，这为构建长江生态共同体提供强有力的管控机制保障。围绕长江经济带生态保护红线优化调整等方面存在的不足之处，研究如何对长江经济带不同区域、不同类别的生态保护红线进行科学有效管控，已成为一体化推进长江经济带生态环境保护的紧迫任务。①

第一节　生态保护红线理论分析

对于生态保护红线的概念内涵和外延的理解是一个逐步完善的过程。厘清生态保护红线概念、分析生态保护红线内涵，是揭示生态保护红线的本质属性的关键环节。同时，从多学科视角出发，总结分析相关理论的观点以及这些理论对生态保护红线的借鉴意义，能夯实生态保护红线体系研究的理论基础。②

---

① 何雄伟：《优化空间开发格局与长江经济带沿江地区绿色发展》，《鄱阳湖学刊》2017年第6期。

② 何雄伟：《生态保护红线与大湖流域生态空间管控》，《企业经济》2018年第10期。

一　生态保护红线划定意义

根据《关于划定并严守生态保护红线的若干意见》对生态保护红线的定义，“生态保护红线是指在生态空间范围内具有特殊重要生态功能、必须强制性严格保护的区域，是保障和维护国家生态安全的底线和生命线，通常包括具有重要水源涵养、生物多样性维护、水土保持、防风固沙、海岸生态稳定等功能的生态功能重要区域，以及水土流失、土地沙化、石漠化、盐渍化等生态环境敏感脆弱区域”[①]。

因此，生态保护红线就是我们国家最重要、最有价值的生态空间，[②] 是最好的“绿水青山”。生态保护红线在形式上就体现为依据国家统一制定的技术性规范[③]在地理空间划线，在保护内容上就体现为生态功能，即由土地、水、森林、动植物等所有生态要素所构成的生态系统具有的功能。生态保护红线作为构建国土空间布局体系的基础，其建立目的就是最大限度地保护我国重要的生态空间，以遏制当前生态系统不断退化趋势，从而改善生态环境质量、维护生态安全。[④]

保护与改善生态环境是划定生态保护红线最基本的目标。伴随着经济社会的高速发展以及生态资源不合理的开发利用，我国生态环境保护面临严峻的形势，生态破坏和环境污染事件频发，造成生态系统生态功能遭到破坏、珍稀动植物栖息地大幅减少、生物多样性锐减等问题。划定生态保护红线正是为应对当前我国面临的生态环境保护的严峻挑战而提出的一项国家行动。通过划定生态保护红线并制定严格的管控措施，从生态系统完整性的角度对

---

① 生态环境敏感脆弱区：指生态系统稳定性差，容易受到外界活动影响而产生生态退化且难以自我修复的区域。

② 生态空间是指具有自然属性、以提供生态服务或生态产品为主体功能的国土空间，包括森林、草原、湿地、河流、湖泊、滩涂、岸线、海洋、荒地、荒漠、戈壁、冰川、高山冻原、无居民海岛等。

③ 目前最新的版本就是原环境保护部和国家发改委共同发布的《生态保护红线划定指南》2017 版。

④ 黄润秋：《划定生态保护红线　守住国家生态安全的底线和生命线》，《时事报告：党委中心组学习》2017 年第 5 期。

重要生态功能区、生态敏感区脆弱区实行严格管理和保护，以确保国家和区域生态安全。

二　生态保护红线划定研究

作为区域发展规划和生态空间规划的主流思路，分区划定的思路在生态保护红线划定研究中也得到了应用。邓伟从自然条件、社会经济和生态环境3个方面出发，把三峡库区划分为4个生态功能区和7个生态功能亚区。[①]苏相琴等结合县域生态环境特征，划分出Ⅰ类生态保护红线区和Ⅱ类生态保护红线区。[②]陈安等利用地理信息系统（GIS）与遥感（RS）技术，设立“识—评—落—融—分”五大技术流程，基于对湖北省宜昌市生态功能重要性和生态环境敏感性分析，将宜昌市分为红线区、黄线区和绿线区[③]。另外，最初许多省份在开展生态保护红线划定时，也是采取一级管控区和二级管控区这种分区划定的思路[④]。

生态系统类型的复杂多样，决定了生态保护红线的类别众多，因此，一些学者也针对不同类型的生态保护红线划定进行研究。

在流域划定方面，李维佳等以洱海流域为对象，利用生物多样性保护和水源涵养重要性评价的方法划定生态保护红线。[⑤]孔令桥等以长江流域为对象，选择生态系统服务指标和生态敏感性指标，提出流域尺度的划定方法应综合分析流域水文路径和与其关联的生态系统服务的受益人口等因素。[⑥]张道贝等以鄱阳湖生态经济区为研究区域，基于RS和GIS等空间分析技术，通过

---

① 邓伟：《GIS支持下的三峡库区生态空间研究》，重庆大学博士学位论文，2014。

② 苏相琴、于嵘、何雅孜、何超超：《县域生态保护红线划定技术研究》，《环境科学与管理》2015年第7期。

③ 陈安、余向勇、万军等：《宜昌市生态保护红线的框架体系》，《中国人口·资源与环境》2016年第S1期。

④ 但随着2017年中办、国办指导意见的出台，提出针对生态保护红线不设立一级管控区和二级管控区，分区划定技术思路在实践中都开始进行调整。

⑤ 李维佳、马琳、臧振华等：《基于生态红线的洱海流域生态安全格局构建》，《北京林业大学学报》2018年第7期。

⑥ 孔令桥、王雅晴、郑华等：《流域生态空间与生态保护红线规划方法——以长江流域为例》，《生态学报》2019年第3期。

生态系统服务功能重要性和生态系统敏感性评价，并结合现有的生态保护重要区域，辨识鄱阳湖生态经济区生态保护红线范围。①赵连友则对沅江流域水源涵养功能重要性、生物多样性保护重要性以及石漠化敏感性等方面进行评价，划出沅江流域总体生态红线范围。②王雅竹等③、温煜华等④分别建立了长江岸线生态红线评价指标体系和黄河重要水源补给区生态红线划定评价体系。

三 综合管控制度体系研究

高吉喜等认为守住红线，必须靠法律和相应的规章制度。生态保护红线划定后，首要任务是建立健全保障机制，包括逐步建立生态红线保护考核评价体系、监测预警体系、生态补偿机制和公众监管体系。⑤欧阳志云提出应建立自然生态保护协调机制，生态保护红线分部门、分类、分级管理机制以及生态补偿制度和激励机制。⑥赵成美认为综合管控体系应包括技术手段、法律手段、行政手段、经济手段和宣教手段五种手段，这五种手段是一个有机的整体，缺一不可。⑦王金南等从顶层设计出发，建立了“质量—总量—风险—生态”的“四维”环境红线体系。⑧姚佳构建了涵盖生态空间、资源开发及环境保护 3 个方面的生态保护红线综合性生态管理制度体系。⑨陈海

---

① 张道贝、谢花林：《鄱阳湖生态经济区生态保护红线空间辨识研究》，《2016 第六届海峡两岸经济地理学研讨会摘要集》，2016。

② 赵连友：《贵州省沅江流域生态红线划分研究》，贵州师范大学硕士学位论文，2017。

③ 王雅竹、段学军：《生态红线划定方法及其在长江岸线中的应用》，《长江流域资源与环境》2019 年第 11 期。

④ 温煜华、王乃昂、严欣荣：《黄河重要水源补给区生态红线划定研究》，《干旱区地理》2019 年第 6 期。

⑤ 高吉喜、邹长新、陈圣宾：《论生态红线的概念、内涵与类型划分》，《中国生态文明》2013 年第 1 期。

⑥ 欧阳志云：《生态保护红线制度创新研究》，《中国环境报》2014 年 12 月 3 日。

⑦ 赵成美：《生态保护红线的理论基础、实践意义与管控体系构建》，2014 中国环境科学学会学术年会，2014。

⑧ 王金南、吴文俊、蒋洪强等：《构建国家环境红线管理制度框架体系》，《环境保护》2014 年第 Z1 期。

⑨ 姚佳：《生态保护红线三维制度体系研究——以宁德市为例》，东华大学硕士学位论文，2015。

嵩认为生态保护红线的建构应遵循“制度完备”的基本路径，应建立生态保护区域的管理体制与管控机制、生态补偿机制和利益共享机制。[①] 高吉喜等提出构建包括监测技术管控、监察执法管控、行政许可管控、法律强制管控和社会参与管控在内的生态保护红线管控制度体系。[②] 李双建等研究海洋生态保护红线制度体系，认为其核心体系应包括准入禁入制度、监测监控制度、考核追责制度、经济激励制度等四类制度。[③] 俞仙炯等则构建由海岛生态保护红线技术体系与海岛资源开发管制、海岛生态保护红线补偿、海岛生态保护红线监察组成的海岛生态保护红线制度框架体系。[④]

第二节　长江经济带沿江地区生态空间管控规划现状分析

长江经济带是我国国土空间开发重要的区域之一，在我国区域发展总体格局中具有重要的战略地位。长期以来，长江经济带沿江地区也是我国生产力、城市群、生态空间布局的核心区。无论是从国家层面还是从省级层面来看，长江经济带的空间开发布局的战略规划是落实长江经济带各项任务的主要载体，也是当前促进长江经济带沿江地区绿色发展的着力点。

一　以规划为引领构建长江经济带绿色发展轴

2016 年 3 月公布的《国民经济和社会发展第十三个五年规划纲要》对长江经济带的定位主要体现的是生态优先、绿色发展的战略定位，在空间开发布局上提出要注重长江上中下游协同发展和东中西部互动发展。规划纲要

① 陈海嵩：《“生态红线”制度体系建设的路线图》，《中国人口·资源与环境》2015 年第 9 期。

② 高吉喜、鞠昌华、邹长新：《构建严格的生态保护红线管控制度体系》，《中国环境管理》2017 年第 1 期。

③ 李双建、杨潇、王金坑：《海洋生态保护红线制度框架设计研究》，《海洋环境科学》2016 年第 2 期。

④ 俞仙炯、崔旺来、邓云成等：《海岛生态保护红线制度建构初探》，《海洋湖沼通报》2017 年第 6 期。

提出要把长江经济带最终打造成为我国生态文明建设的先行示范带、创新驱动带、协调发展带，同时还包括建设沿江绿色生态廊道、加快建设国际黄金旅游带和培育特色农业区。2016 年 9 月，《长江经济带发展规划纲要》正式印发，规划按照“生态优先、流域互动、集约发展”的思路，对长江经济带的空间布局提出“一轴、两翼、三极、多点”战略。可以看出，依据长江经济带发展规划对长江经济带的布局，长江经济带的发展必须与长江这条黄金水道相衔接，上海、武汉、重庆是长江经济带的核心城市。城市群布局方面主要是通过打造长江三角洲城市群、长江中游城市群、成渝城市群来形成三大经济增长极。在生态空间布局方面则提出构建长江经济带沿江绿色发展轴。

二 明确长江经济带主体功能类型

2010 年，国家颁发的《国家主体功能区规划》提出构建“两横三纵”为主体的城市化战略，而长江经济带就属于这战略中“一横”。国家主体功能区规划把我国国土按照开发方式分为优化开发区域、重点开发区域、限制开发区域和禁止开发区域这四种类型，其中长江经济带的长江三角洲城市群就是属于国家优化开发和重点开发的区域，也是我国要重点打造的三个特大城市群之一。江淮、长江中游、成渝等长江经济带地区也属于国家重点开发的区域，同时也被作为国家新的大城市群和区域性的城市群来打造。此外，按照开发内容，国家主体功能区规划把我国国土分为城市化地区、农产品主产区和重点生态功能区。长江流域则被定位为我国水稻、优质专用小麦、优质棉花、油菜、畜产品和水产品等农产品主产区。在生态功能区划定方面，长江流域本身就进入了我国生态安全战略中，而长江经济带中的桂黔滇喀斯特石漠化防治生态功能区、三峡库区水土保持生态功能区、川滇森林及生物多样性生态功能区、武陵山区生物多样性及水土保持生态功能区都属于国家层面限制开发的重点生态功能区①。

① 中共中央办公厅、国务院办公厅：《关于划定并严守生态保护红线的若干意见》，http：//www. gov. cn/zhengce/2017-02/07/content_ 5166291. htm，2017-02-07。

三　划定长江经济带各省市生态保护红线

生态保护红线战略是我国当前重要的国土生态空间保护和维护国家生态安全格局的一项国家战略。2014 年，原环保部正式印发《国家生态保护红线——生态功能基线划定技术指南（试行）》，2015 年正式形成《生态保护红线划定技术指南》。2017 年 2 月，中共中央办公厅、国务院办公厅正式公布了《关于划定并严守生态保护红线的若干意见》。由于长江经济带的战略定位就是生态优先、绿色发展，因此长江经济带也是优先划定生态红线保护区域。原环保部提出 2017 年底率先对长江经济带各省（市）划定生态保护红线。长江经济带部分省份已经开始对区域生态保护红线区域进行划定。如下游的江苏全省陆域共划定 8 大类 407 块生态保护红线区域，总面积 8474.27 平方公里，占全省陆域国土面积的 8.21%。全省海域共划定 8 大类 73 块生态保护红线区域，总面积 9676.07 平方公里（其中：禁止类红线区面积 680.72 平方公里，限制类红线区面积 8995.35 平方公里），占全省海域国土面积的 27.83%。形成了“一横两纵三区”的生态安全格局[①]。中游的江西省生态保护红线划定面积为 46876.00 平方公里，占国土面积的比例为 28.06%。江西省生态保护红线基本格局为“一湖五河三屏”：“一湖”为鄱阳湖（主要包括鄱阳湖、南矶山等自然保护区），主要生态功能是生物多样性维护；“五河”指赣、抚、信、饶、修五河源头区及重要水域，主要生态功能是水源涵养；“三屏”为赣东——赣东北山地森林生态屏障（包括怀玉山、武夷山脉、雩山）、赣西——赣西北山地森林生态屏障（包括罗霄山脉、九岭山）和赣南山地森林生态屏障（包括南岭山地、九连山），主要生态功能是生物多样性维护和水源涵养[②]。上游贵州省划定生态保护红线面积为 45900.76 平方公里，占全省土地面积 17.61 万平方公里的 26.06%。全省生态保护红线格局为“一区三带多点”：“一区”即武陵山—月亮山区，主

① 江苏省人民政府：《江苏省国家级生态保护红线规划》，2018。

② 江西省人民政府：《江西省国家级生态保护红线规划》，2018。

要生态功能是生物多样性维护和水源涵养；“三带”即乌蒙山—苗岭、大娄山—赤水河中上游生态带和南盘江—红水河流域生态带，主要生态功能是水源涵养、水土保持和生物多样性维护；“多点”即各类点状分布的禁止开发区域和其他保护地①。

四 形成“三线一单”管控体系

2017 年，原环保部印发《“生态保护红线、环境质量底线、资源利用上线和环境准入负面清单”编制技术指南（试行）》。制定“三线一单”的根本目的为：协调好发展与底线关系，确保发展不超载、底线不突破。要将生态保护红线作为空间管制要求，将环境质量底线和资源利用上线作为容量管控和环境准入要求，以空间、总量和准入环境管控为切入点落实“三线一单”。2018 年以来，生态环境部加强“三线一单”工作顶层设计，按照“国家指导、省级编制、地市落地”的模式，组织各省（区、市）分两个梯队加快推进“三线一单”工作。

2020 年 4 月 24 日，重庆市“三线一单”率先发布实施。重庆把全市国土空间按优先保护、重点管控、一般管控三大类划分为 785 个环境管控单元。其中，优先保护单元 479 个，面积占比 37.4%；重点管控单元 188 个，面积占比 18.2%；一般管控单元 118 个，面积占比 44.4%。同时，按照对不同单元区域确定的开发目标或功能定位，针对其环境的自然条件、问题和环境质量目标，确定了具体环境管控或准入要求。截至 2020 年 4 月，长江经济带 11 省（市）等第一梯队均已完成“三线一单”成果论证，正在或即将报请省级党委、政府审议。其他 19 省（区、市）和新疆生产建设兵团也已组织完成“三线一单”初步成果，正在抓紧论证、对接，力争在年底前发布。根据生态环境部提出的要求，长江经济带在 2020 年基本上形成“三线一单”的管控体系，到 2025 年形成环评制度和技术平台的整体框架。

① 贵州省人民政府：《贵州省国家级生态保护红线规划》，2018。

第三节　长江经济带生态空间布局和生态保护红线管控的主要问题

长期以来，长江流域是我国生产力布局核心区。目前，长江经济带国土空间在产业布局、城市布局、生态空间布局等方面仍面临诸多亟待解决的困难和问题。

一　产业布局亟待优化

1. 工业废水排放已使长江不堪重负

长江经济带是我国工业特别是重化工业密集带，近年来，长江经济带各省市的工业废水排放量占全国的比重持续保持在42%左右，工业废水的排放对长江流域造成很严重的环境影响，已远超长江水体自身净化能力。2013年，长江经济带重化工业废水排放量占工业废水排放总量的81.60%，而重化工业废水处理率仅为74.46%①。2015年，长江经济带废水排放量318.86亿吨，占到全国重点流域废水排放量的近一半。目前，长江流域部分支流及湖库污染严重，主要超标因子是氨氮、总磷和化学需氧量，洞庭湖、鄱阳湖均呈不同程度的水体富营养化现象。长江经济带地区大量的工业园区特别是化工企业园区的建设，不同程度造成对长江经济带沿江岸线不合理占用以及对周边河湖湿地生态环境的破坏，同时也导致突发环境安全事件高发频发，严重影响长江流域生态安全。在废水排放方面，2005~2015年废水排放量基本呈现了逐渐增加的趋势，2005年废水排放量为21.30亿吨，2015年达到了28.99亿吨。2016年和2017年废水排放总量出现了小幅下降，2016年和2017年废水排放总量分别为28.55亿吨和28.22亿吨。这些数据说明该地区在经济增长中耗用了大量淡水资源同时产生了大量的废水。

2. 工业对空气造成严重污染

城市经济的发展，长江经济带布局大量的工业项目，也造成长江经济带

① 周冯琦、程进、陈宁等：《长江经济带环境绩效评估报告》，上海社会科学院出版社，2016。

区域环境排放的二氧化碳、二氧化硫、烟粉尘等有害气体不断增加，从而使许多省市中的空气质量逐步下降。根据《2014年中国环境状况公报》，2014年，包括长三角等重点区域及直辖市、省会城市和计划单列市共74个城市监测结果显示，长三角城市空气质量不同程度超标。$PM_{2.5}$年均浓度，长三角区域25个地级及以上城市，也仅有舟山市达标，其他城市都超过国家标准值。从二氧化硫的排放量和增速来看，江浙和西南地区的排放量较大，长三角地区二氧化硫排放量下降较快，中部的安徽以及西南地区的贵州和云南二氧化硫排放量下降较慢。从废水排放量和增速来看，江浙和贵州的排放量较大，西南地区的云南和贵州废水排放量增加较快（见表5-1）。总体来看，长江经济带经济增长与环境污染特征可以概括为东中西部省市出现俱乐部趋同趋势。

表5-1　2004~2017年长江经济带各省市环境污染比较

地区	二氧化硫排放量		废水排放量	
	均值(万吨)	增速均值	均值(亿吨)	增速均值
上海	29.521	-0.171	22.198	0.009
江苏	98.906	-0.075	56.315	0.017
浙江	62.220	-0.092	38.939	0.038
安徽	49.182	-0.045	21.698	0.040
江西	52.589	-0.051	17.586	0.039
湖北	58.924	-0.071	27.316	0.014
湖南	68.942	-0.089	27.968	0.015
重庆	61.804	-0.076	14.998	0.036
四川	93.450	-0.081	29.150	0.033
贵州	107.719	-0.045	80.231	0.065
云南	55.895	-0.007	12.726	0.077

二　流域生态空间管控亟待强化

湖泊（流域）特别是流域是一个由自然生态系统和社会经济系统组成的复合生态系统，涉及的不仅仅是湖泊、众多河流等水域空间，也涉及森林等陆地空间，此外，流域跨区域、跨领域等复杂关系，使流域的污染治理与生态修复、治理和管控的难度比较大。本部分以流域为例，分析当前流域生态空间的管控仍然面临一些难题。

1. 法律法规制度完善问题

当前我国针对流域（湖泊）管控的法律法规体系与发达国家存在一定的差距，从国家层面来讲，尚缺乏针对湖泊（流域）保护和管理的专门法律法规，国家各部门制定的部门法规如《水污染防治法》《渔业法》等，以及地方政府各自制定的湖泊保护法律法规之间，由于缺乏一部基本法律来协调，以致彼此之间缺乏衔接，甚至存在相互矛盾和歧义之处。从流域来讲，虽然2018年江西省制定颁发《江西省湖泊保护条例》，但实施力度还有待后续检验。另外，流域水系众多，生态环境成因各异，针对不同湖泊、流域特点制定管控实施办法仍然还需逐步完善。

2. 生态环境评价与监测问题

我国的传统流域管理模式更多关注水质、水量等指标，缺乏对流域整体系统生态功能的关注，而且针对长江流域整体生态系统的评价标准尚未建立，如流域水生生物相关标准、沉积物相关标准、生态健康及安全等相关标准尚属空白，这也给开展生态环境评价带来困扰。流域是一个复杂的生态系统，水质仅仅是生态系统健康状况的一个表现形式，更需要从生态系统角度对湖泊进行综合管理。特别是按照当前生态保护红线管控的要求，生态系统的健康及安全评估体系亟须改进。另外，流域各区域监测网络的覆盖度及管理信息化水平还不能满足当前治理新形势的要求。目前，流域尚未实施环境卫星加强遥感监测，尚未建立湖内、湖岸、水下、船上全覆盖的监测监控网络。

3. 公众参与问题

流域生态空间管控是庞大系统的工程，若仅依靠政府的阶段性强力推动，会使流域环境治理缺乏可持续性。笔者参与调研时发现，长江流域地区在推动流域治理过程中更多还是以各地方政府为主体，比如各地推行河长制，仅仅党政“一把手”和相关工作人员比较重视，而公民、法人和社会组织等参与的积极性不高，多方主体共同参与流域治理的体制机制尚待建立健全。公众对流域生态环境保护方面的情况了解较少，流域环境保护重大决策和相关保护管理措施中对公众参与还没有足够重视。社会组织参与流域环境保护力量仍然不足。

4. 管理体制问题

当前，流域综合性管理仍显不足，在管理主体与职权划分上，仍然是多头管理、地域分割。20 世纪 80 年代，江西省为加强鄱阳湖的综合管理曾设立江西省鄱阳湖管理局，隶属于省农业厅，但仅限于渔船检验、渔业安全生产等职责范围，当时由省级垂直管理，但到 2013 年又调整为县级属地管理。同时根据《江西省湖泊保护条例》的规定，目前涉及的湖泊管理部门有发展和改革、财政、工业和信息化、水利、环境保护、农业（渔业）、林业、国土资源（地质矿产）、住房和城乡建设、交通运输、旅游、商务等部门。这种条块分割、“多龙管湖”的流域管理体制使得流域管理职责不明晰、部门协调困难仍然存在。在行政联合执法管理体制方面，目前鄱阳湖在重点水域河道采砂、水上交通安全、鄱阳湖禁渔期非法捕捞及治安维稳等方面能够开展有效管控，但是其生态环境综合执法水平还有待提升。

5. 投入相对不足

流域环境治理属于区域公共治理的范畴，生态修复与治理需投入大量的人力物力，目前仍然存在投资渠道单一、数量有限与治理时间长、资金需求量巨大的冲突，成为制约流域环境治理的突出问题之一。尽管近几年 PPP 模式在江西流域治理领域兴起，社会资本越来越多地参与其中，但总体来看，企业和第三方参与环境治理的程度仍较低。另外，当前生态补偿资金投入严重不足。从全省流域生态补偿资金来看，各县市获得补偿资金明显偏少。各地区环境设备投入明显不足，生态保护机构建设、队伍建设滞后，对生态环境保护的执行力和监管能力仍然较弱。根据课题组调研，鄱阳湖区有渔船 1.8 万余艘、渔民约 7 万人。而湖区渔政执法人员才 100 多人，平均 1 人要看管近 200 艘船，加上公安、水政等部门执法者，也不过 300 人，执法力量严重不足。

三 生态空间布局亟待优化

1. 生态空间管理碎片化且协调性不足

长江是我国重要的生态宝库，生态安全是长江流域经济社会发展最根本的基石。但随着当前长江经济带经济社会的发展，长江流域的环境污染、生态破坏问题也日渐突出，而造成这一现象的根本原因就是长期以来长江流域在生态空间管控和生态环境保护方面缺乏统一的规划和管理。从流域管理机制来看，目前，长江流域管理体制机制上条块分割、部门分割依然存在，保护的权力分散和碎片化现象十分严重。如长江流域航道运输由交通部门负责管理，水产养殖由农业部门负责管理，湿地由林业部门负责管理，旅游景点又是由旅游部门负责管理等。长江委虽然定位于长江流域的管理机构，但是作为水利部的派出机构，它在管理职能和协调能力方面也无法承担长江经济带综合监管职责。此外，长江流域沿江地区尚未建立有效的长江经济带生态环境合作治理机制。目前，长江沿岸中心城市建立相关协调机构，但其工作重点仍然聚焦在经济合作领域。在生态环境合作方面虽然出台相关合作协议，但更多体现在文件和会议层面上，仍未建立起健全、便于实施的治理机制，且现行的合作协议更多以政府契约为主，不具有强制力和约束力，缺乏法律效力。如各地投资建设石化项目更多从本区域局部考虑环境影响，而未统筹考虑整个长江经济带全域的生态环境承载能力。

2. 生态保护红线制度建立与实施任重而道远

目前，长江经济带正在划定生态保护红线，而且原环保部要求 2017 年必须完成，但是目前各省市相关的机制、政策、法律并不完善，这将对生态保护红线区域的保护带来巨大障碍。虽然，目前个别省份确定了生态保护红线区域，但这个规划区域更多属于省级战略规划，生态保护红线要“落地”到市县基础层面，还需要对生态保护红线统筹规划、分类管理，并不断调整和完善界定和管理办法。需要进一步与其他管理手段相结合，增强生态保护红线的可操作性。在生态保护红线制度的建立和实施方面，仍然缺乏切实可行的对区域重要生态系统服务功能区进行管理的办法，生态保护红线管理细则未能落地，造成严守生态保护红线战略难以落实。此外，自然保护区体系是生态保护红线的重要组成部分，目前保护区缺乏统筹规划，保护区保护与发展之间冲突大。

第四节　长江经济带生态保护红线管控体系设计

一　管控总体思路

立足于长江经济带生态环境保护面临的形势和问题，特别是针对当前长江经济带生态空间管控约束性不强等问题，跟踪国内外生态保护的时代脉络，通过界定生态保护红线的概念内涵和理论基础，以相关生态保护红线划定区域作为研究样本，比较生态保护红线制度较之其他生态保护制度所具有的优势，分析当前生态保护红线划定与管控现状和面临的问题，明晰长江经济带生态保护红线管控体系和保障制度的必要性和可行性。从长江经济带区域的角度，开展长江经济带生态保护红线管控体系机制的创新设计，并探索建立系列保障制度，以进一步优化长江经济带区域生态安全格局，创新生态环境保护管理制度，增强区域经济可持续发展的支持能力。

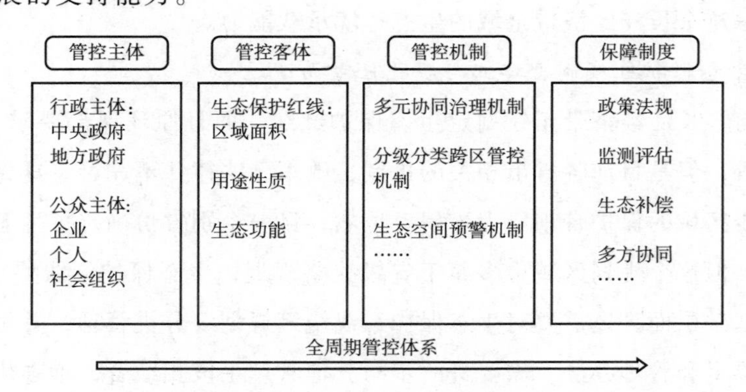

图 5-1　生态保护红线管控体系框架构建

二　综合性管控机制

1. 多元协同治理机制

多元协同治理机制总体思路：坚持在党的领导下，构建由政府主导、不同主体共同参与的多元协同共治的管控模式，发挥多方力量，实现生态保护红线的保护与经济社会的发展相协调。党的领导就是各级地方党委对本区域生态保护红线工作以及生态功能质量负总责，在生态保护红线管控工作上实行“党政同责、一岗双责”，对生态保护红线保护的重要事项亲自部署，同时对在生态保护红线工作上落实不力的部门和人员要强化考核问责。政府在生态保护红线管控中处于主导地位，负责对区域内的生态保护红线进行统一规划、统一管理。生态保护红线的划定不仅包括在物理意义上或空间意义上对重要生态功能区域的划定，还涉及落实生态保护红线的法律制度、组织结构、管控模式和考核监督等方面，因此，政府在领导、组织、协调生态保护红线工作上，具有不可替代的重要作用。政府要强化在生态环境保护领域的综合管理职能，做定好顶层设计，落实好实施方案，明确责任分工，强化要素投入。加强公众参与生态保护红线管理的平台建设，建立企业、社会组织、科研机构和公众参与机制，引入第三方机构参与生态保护红线生态环境质量评估。要构建区域生态保护红线管理的交流与对话协商平台与机制。建立生态保护红线专家委员会制度。专家委员会应包含生态学、环境学、经济学、法律、公共管理等不同学科领域的技术专家，委员会既可以开展生态保护红线相关研究和科学服务等技术工作，也可以为政府在制定相关政策时提供专业实施建议。

2. 生态红线分级分类跨区管控机制设计

生态保护红线跨区域管控机制总体思路：依据生态系统的整体性和贯穿性等特点，以区域自然生态系统完整为基础，打破原来各自为政、分割化、碎片化管控模式，建立制度化、程序化的跨部门、跨区域的生态保护红线管理协调机制，实施跨区域生态保护红线统一监管，全面协调生态保护红线的保护和管理。从当前生态保护红线管控要求来看，各级地方政府对辖区内生态保护红线区域保护工作负总责，负责生态保护红线实施、监督和考核。各级自然资源部门是生态保护红线的主管部门，负责生态保护红线划定、调整和权属管理工作，以及结合当地实际制定相关法律法规、生态保护红线规划和具体落实方案。各级生态环境部门是重要监管部门，负责区域生态状况调查评估、生态保护红线监管（包括污染监测、环境影响评价、污染行为监督管理、污染物排放管理等）以及对生态环境保护修复等的监督工作。生态保护红线跨部门协调首先要求自然资源部门和生态环境部门进行有效协调。同时，生态保护红线的管控还需要水利、农业、气象等部门各司其职、紧密协作，形成生态保护红线管控合力，确保管控政策落实。在具体落实路径上，各地区跨部门协调机制应在前期划定生态保护红线协调小组机构建立的基础上，继续保持和完善生态保护红线管控工作协调领导小组制度模式，制定规范化制度程序和运作流程，定期召开专题会议，协调本区域生态保护红线制度实施工作，研究解决生态保护红线实施过程中遇到的难点问题。还可以设立工作协调办公室，负责组织和协调相关各部门履行生态保护红线保护管理等日常工作。跨区域的协调机制不仅包括纵向不同级别政府之间的协调，也包括横向同级别的政府之间的协商合作。纵向协调机制就是理顺中央与省级、省级与地市在生态保护红线保护工作之间的关系，明确中央和省级、省级与地市在跨域生态保护红线管控上的职权责任划分，完善不同级别政府之间的财政事权。同时，建立并完善监管机制，调整和优化监管体系的组织结构，强化上级政府对下级政府的监管问责。横向协调机制就是建立生态保护红线涉及地区以及利益相关方参与的生态保护红线共同管控机制。如成立跨区域协调委员会，协调解决跨区域的生态保护红线保护问题。生态保护红线相关行政区域政府以及相关职能部门都要贯彻和执行委员会决定。建立跨地区的综合执法队伍，使各地区、各部门在科学分工、权责清晰基础上加强合作，实现“统一规划、统一布局、统一实施、统一监管”的目标。建立多方参与的利益协调与分配机制，利用多元力量，正确处理生态保护空间资源利益的开发和利用，推动生态空间保护与经济的协调发展[①]。

① 周宏伟、孙志、李敏等：《淀山湖跨省管理体制设计与建议》，《水资源保护》2011 年第 6 期。

3. 区域生态空间预警机制设计

按照生态保护红线保护目标要求，构建生态保护红线空间管控预警模型，建立多层级生态保护红线预警指标体系。生态保护红线空间监测与预警机制总体思路：按照生态保护红线保护目标要求，依据生态保护红线分布范围广、面积大等特点，在生态保护红线生态功能现状及干扰因素对其动态影响分析的基础上，充分掌握区域生态环境发展变化的趋势及格局分布，对生态系统未来演变过程进行预测，构建具有技术、人力和物力保障的多层级的监测与预警指标体系和涵盖国家、省级和市县多层面的天地一体化的综合监管网络。生态保护红线监测与预警机制能够提前将生态保护红线区域面临的生态风险状况反馈给相关管控部门，以便采取防范措施，预防生态破坏行为的发生。建立监管平台和监控网络。综合运用遥感技术、地理信息系统、大数据关联分析等关键技术，加强对监测数据的整理和分析，提高生态保护红线的管理效率和管理水平。建立生态安全评价与风险预警指标体系。在全面辨识反映生态保护红线生态环境状况相关指标的基础上，通过联合监测、风险管理等方法，提前发现、分析和判断影响生态环境安全的信息并进行发布，以便提醒生态环境保护相关人员及时、有针对性地采取预防措施，控制事态发展，最大限度地降低生态安全事故发生的概率及后果严重程度，形成具有预警能力的生态环境保护及监测系统。建立监测反馈制度。基于监测网络对生态保护红线区域的自然资源和生态环境保护状况开展全天候监测，对监督结果进行及时反馈，如发现破坏生态保护红线的不法行为，及时提交给当地管理部门依法处理，为生态保护红线的监管、执法和评估提供全方位信息服务。

三 保障制度构建

1. 政策法规保障

各地区要根据本区域生态保护红线类型和特征，将前期生态保护红线划定与管控实践经验和有效做法进行总结提升，作为推进地方立法的重要内容，有效推进各级地方在生态保护红线实施上的法制化、规范化。① 当前一些地区为保障区域生态保护红线的顺利实施，也出台了落实生态保护红线相关指导意见或管理办法，但其效力远不及地方性法规。建议由各地区人大常委会制定本区域生态保护红线管理条例或管理办法等法律制度。当然考虑到生态保护红线所划定的区域有较高的差异化管理需求，各级地方政府也应从本地实际情况出发，因地制宜制定符合本地生态保护红线实际情况的具体管控办法和措施，这也有利于确保生态保护红线的顺利落地。

2. 监测评估

为强化监测统一性和权威性，建议由生态环境部门统一实施生态保护红线生态环境监测、环境质量评价与分析，为生态保护红线的科学管理和保护、利用提供科学依据。构建生态保护红线环境监测大数据信息平台，打通“信息孤岛”。充分利用现代地理信息、云计算、大数据等先进技术，实现全国生态保护红线信息共享。加大现代化监测设备投入，打造各级生态环境监控平台，加大对地方政府特别是县级政府环境监测、评估等技术设备的支持力度。加强人才保障和智力支持，定期开展生态保护红线技能培训，提高监督巡查执法技术水平。强化科技合作，积极改进遥感技术和区域监管等技术方式方法，完善生态保护红线监测评估系统。围绕生态保护红线保护与管理中的专业技术难题，每年开展专项行动计划，为生态保护红线保护提供精准技术服务。

3. 生态补偿

生态保护红线生态补偿确定补偿对象、补偿范围以及补偿金额大小都要建立在科学分析的基础上，补偿方案设计要有科学依据。生态补偿金额总体应包括维护生态保护红线的生态环境的投入成本、当地政府及居民为维护生态保护红线所放弃的发展成本以及对划定生态保护红线范围进行生态恢复的成本。生态保护红线补偿一般应按照“生态价值贡献大者得补偿多”原则，

① 邓伟、张勇、李春燕等：《构建长江经济带生态保护红线监管体系的设想》，《环境影响评价》2018 年第 6 期。

生态保护红线面积越大的地区原则上得到的补偿也应越多。生态保护红线工作落实得好的地区、主导生态功能发挥效益高的区域也应该多得到补偿。同时，考虑到不同地区经济发展水平不同、生态系统功能各异，还要综合考虑各地区经济发展程度、保护机会成本的大小、生态功能重要性程度、生态保护成效等方面因素进行合理比例划定。

国家重点生态功能区转移支付政策是目前直接涉及生态保护红线的生态补偿政策，要继续加大这一政策投入力度，优化补偿方式，扩大补偿范围。[①] 实行基础性补偿和激励性补偿相结合的方式，根据各地区生态保护红线保护成效动态调整补偿资金，对保护成效较好的地区给予奖励，对保护成效差的减少资金投入。鼓励跨地区横向生态补偿。积极引导生态保护红线区域与受益地区遵循成本共担、效益共享、合作共治的思路，对加强生态保护红线生态保护造成的利益损失进行补偿，生态保护地区与生态受益地区共同分担生态保护任务。

4. 多方协同

规范公众参与的程序。各地区要制定和完善公众参与生态保护红线的专门制度规定，对公众参与生态保护红线保护进行详细具体的规范，包括公众参与如何组织、如何开展、如何遴选代表等，并明确公众与相关部门的权力和义务。[②] 同时，强化对公众意见建议的反馈，建立专门的生态保护红线公众意见交流制度，维护公众与管理部门的良好沟通。

建立多元化参与平台。随着微博、微信公众号等现代通信方式的发展，公众参与环境事务的渠道也在拓宽，参与的成本大大降低。各地政府应及时应对现代公共管理发展的要求，借助互联网技术等形式，为公众参与生态保护红线实施提供便捷、高效的多元化参与平台，平台一方面可以为公众参与提供全面、及时、真实的相关信息；另一方面，实现了“政府—公众”充分交流沟通，打通参与途径和渠道的壁垒，可以激发公众参与生态保护的积

---

① 刘桂环、文一惠：《关于生态保护红线生态补偿的思考》，《环境保护》2017 年第 23 期。

② 王梅：《生态红线制度实施中的公众参与》，《中南林业科技大学学报》（社会科学版）2015 年第 6 期。

极性。

建立有效奖励激励措施。建议在生态保护红线管理办法中增加对公众参与生态保护红线监督管理的奖励措施。对参与生态保护红线表现突出的个人进行奖励，这可以充分调动公众参与生态保护红线保护的积极性。同时，还应建立举报有奖制度，鼓励公众参与到对生态保护红线的管理监督，也有利于完善生态保护红线的管控机制。

5. 生态资本运营

保护生态环境就是保护生产力，改善生态环境就是发展生产力。生态保护红线区域作为我国具有重要生态功能的区域，首要目的就是生态保护。但保护不是说不要发展，而是优化发展、绿色发展、协调发展。一方面，生态保护红线划定的区域都是环境资源比较好、生态价值比较大的区域，具备绿色发展基础条件；另一方面，还有很多生态保护红线区域是生态敏感区或脆弱地区，区位条件较差，多处在边远山区、库区或江河源头区，经济欠发达，人民群众生活水平低，具有实现绿色发展的强烈愿望。在生态保护红线内要实现生态与经济协调发展，就是树立正确的发展理念，在维护好区域良好的生态环境前提下，培育具有良好发展前景的生态产业，如发展特色生态农业、生态旅游等。这就要求建立生态资本运营理念和制度，在保障生态产品和生态服务供给不减少的条件下，推动生态资源向生态资本合理性转化，将生态保护红线内的生态资源转变为能带领当地老百姓致富的产业。

6. 考核评价

按照保障和维护国家和区域生态安全的总体要求，围绕“生态功能不降低、面积不减少、性质不改变”的管控目标，构建生态保护红线保护成效指标体系，重点评估生态保护红线区域生态系统类型构成和生态系统服务功能的动态变化。考虑到生态保护红线是多个生态环境要素组成的生态系统，在指标体系设计时必须兼顾各个生态环境要素的保护，同时还要考虑生态系统整体性的保护。同时也要突出重点，结合各个区域主要生态功能设定关键核心指标。江苏省作为生态保护红线实施的先行区域，2014 年曾发布江苏省生态红线区域监督管理评估考核的指标体系，为各地出台相关考核指标体系提供了很好的参考。但江苏省这份指标体系更多侧重于政府管理制度和管理措施实施方面的考核，涉及生态保护红线生态功能保护成效方面的指标偏少，另外没有包含社会方面的指标。因此，在成效指标设计方面不仅要考察出台制度措施、投入多少资源，更重要的是关注生态环境改善和生态系统服务功能提升的效果，同时还要兼顾公众满意程度等方面。

第五节　优化长江经济带生态保护红线管控的政策建议

长江经济带要实现绿色发展，不仅要建立长江经济带经济共同体，而且要建设长江经济带生态共同体，更要建立长江经济带利益共同体。这就要求必须建立健全合理的空间开发布局体系，实现区域的绿色发展。

一　优化长江经济带产业布局

长江经济带绿色化发展最大的难点就是产业。而长江上中下游各个区段产业发展的时段不同、经济增长的“坡度”不同，必须统筹考虑，按照生态优先的原则从整体层面去规划区域的产业发展。

1. 区域产业协同发展

长三角作为我国经济格局中最具活力、创新能力最强、开放程度最高的区域之一，主要应发展高附加值产业、高增值环节和总部经济，打造成为全球重要的现代服务业和先进制造业中心。长江经济带中游地区具有重要的区位优势、资源优势、装备制造工业基础优势等，可以重点发展装备制造业、汽车及交通运输设备制造业、能源资源性产业，同时还可以有序承接长三角地区的产业转移，打造成为全国制造业中心、物流中心等。上游地区依托生态资源、产业加工等优势，可以重点发展资源开发、劳动密集型特色产业，并在考虑环境承载能力的情况下承载下游的转移产业。只有上中下游优势互见，长江经济带方能显现整体竞争优势。

2. 产业与环境空间的协调发展

长江经济带必须按照主体功能区和生态红线管控的要求，强化生态空间格局管控和生态红线约束对区域产业发展的引导。长江流域分为不同的生态功能区域，针对不同区域的生态环境问题和生态功能实际，要制定明确的鼓励、限制和禁止的产业。各地区布局重大产业项目，必须符合各区的功能定位，对不符合功能定位的现有产业，通过政策和市场手段，大力引导产业跨区域转移或关闭。在长江经济带下游优化开发区要重点支持现代制造业、服务业与产业集群发展。在长江中游城市群重点开发区则要加强产业配套能力，大力发展优势支柱产业，提升承接产业转移能力。在限制开发区农业主产区大力发展现代农业和当地特色产业，在生态功能区则要加强生态保护与治理，积极发展生态旅游和林农加工等产业。

3. 大力发展绿色产业

向低碳、绿色经济转型已经成为世界经济发展的大势所趋，长江经济带在经济发展过程中，要把绿色经济发展战略纳入整体区域总体经济发展战略部署当中，以绿色经济促进区域产业转型升级和绿色发展。一是促进重化工业产业调整优化。不论是产业的上下游联系，还是对污染的集中治理，产业集聚发展都是重化工业空间合理布局的重要原则。如石化工业要进一步向沿海大型基地集聚，化学工业向原料产地或消费地集聚、向园区集聚。同时完善长江沿岸重化工业布局规划，规范化工园区建设。推动企业污染环境治理，对沿江污染严重的石化、化工企业应有序搬迁改造或依法关闭，切实降低长江经济带重化产业布局密度。二是大力发展环保产业。长江经济带各省市建立环保产业联盟，把生态环保产业列入了优先发展领域，在政策上鼓励生态环保产业的发展，制定和推行有利于生态环保产业发展的产业经济政策和财税制度，在税收、信贷、金融等方面提供优惠政策。鼓励环保技术开发和产品升级，实现区域环保产业的快速发展。

二　优化长江经济带城市空间结构

要按照生态优先、绿色发展的原则从整体层面去规划和实施长江经济带城市空间布局。

1. 城市群间协调发展

要实现城市群合理发展，关键就是理顺长江经济带城市群内核心城市和大中小城市之间的关系，推动经济社会一体化发展。主要采取三个层次的发展策略：一是强化长江经济带区域核心城市发展，通过核心城市整体实力提高和环境优化引导区域内城市化发展；二是通过分工与合作促进区域内其他中心城市特色化、专业化发展和功能互补以及生态环境的改善；三是重点发展长江经济带区位条件和经济基础较好的中小城市。同时，围绕核心城市建设便捷的交通网络，构成大、中、小城市有序的整体协调、分工明确、特色分明、功能互补、生态良好的区域城市体系。

2. 城市内部体系协调

这就是指按照建设生态型城市的要求，优化长江经济带城市内部体系布局。国家森林城市、生态城市应成为长江经济带各大城市追求的目标和方向，把经济、社会和生态环境和谐统一，坚持突出规划先行，科学编制森林城市的基本构架。突出城市生态圈和城市森林建设，形成多层次、多功能、开放式的绿化结构体系。加强土地有效使用，全面推行都市区、城镇密集区、开发区和生态敏感区等四种用地模式分类制导模式，把城市产业结构调整与土地资源的合理配置结合起来。最终要把长江经济带打造成为生态环境良好、具备较强竞争力和吸引力的生态型城市连绵带。

三　完善长江经济带生态空间结构

按照国家全面开展省级空间规划试点要求，以国家主体功能区规划为基础，统筹生态空间、生产空间和生活空间布局，制定合理的省域空间保护与发展的总体空间结构。

1. 明确划定生态保护红线

在国家已经对生态红线划定作出总体部署的背景下，长江经济带各地区要抓紧划定“三条红线”，即生态红线、水资源红线、耕地红线，对划定区域实施严格管控，确保生态红线成为任何单位、任何个人都不能踩不能碰的

“高压线”。同时划定适宜、限制、禁止建设区与“三区三线”的关系，实现生态空间山清水秀、生活空间宜居适度、生产空间集约高效[①]。

2. 建立生态空间管控体系

制定生态保护红线管理具体实施办法。对生态红线的管理体制、生态保护目标与管理要求、红线区生态补偿办法、环境准入准则、监督考核办法、违法处理办法以及相关的责任机构等方面都要制定翔实具体实施建议，严格落实环境保护主体责任。建立“生态保护红线”监测预警机制。实施生态保护红线区域统一监管机制，建立基于卫星遥感与地面监督相结合的监管技术体系，对生态保护红线区域生态保护状况进行定期监测与评估，定期报告生态保护红线区域生态环境状况、变化趋势、保护成效和面临的问题，为生态保护红线区域的生态保护提供科学依据。加强生态红线划定知识的普及和红线保护的宣传工作，增强民众的红线保护意识。建立公共决策协商机制，让各利益群体直接参与生态红线的保护与管理工作。

3. 加强对生态空间的保护与修复

规划、组织长江经济带重大生态建设与恢复工程。以长江流域生态保护红线区域生态系统状况、生态环境问题为基础，加强区域重大生态建设与恢复工程的顶层设计和统一部署，针对生态保护红线区域出现的生物多样性丧失、水土流失、石漠化等问题，统一实施区域长江防护林体系建设、水土流失及岩溶地区石漠化治理、河湖和湿地生态保护修复等重大生态建设与恢复工程，保障生态保护红线区域生态系统服务的持续供给。

四　建立健全跨区域协调体制机制

长江经济带无论是经济社会发展、产业合作，还是生态环境保护，都需要实现中央和地方不同管理部门、省市不同行政区的通力合作。因此，长江经济带要实现绿色发展，必须借鉴国外大河流域管理经验，打破部门和地方利益分割，建立健全跨部门跨地区协调体制机制。

---

① 白华：《抓好空间规划改革试点　大力推进生态文明建设》，《宁夏日报》2017年3月1日。

1. 严格落实《长江保护法》

长江流域的重要性和治理的复杂性。为了更好地促进长江开发与保护，理顺长江治理体系，处理好开发利用和保护之间的关系，必须通过严格落实《长江保护法》来实现对长江流域的统一协调和治理，从而促进整个流域经济社会可持续发展。通过《长江保护法》来理顺各种法律关系，确立流域治理的协调和协同机制，构建多元共治的现代流域治理体系，实现流域机构和区域之间、不同政府部门之间、地方政府不同部门之间形成职权职责明确、监管标准统一、信息沟通与共享顺畅、行动有机联系、公众参与充分、纠纷解决迅速的高效运行关系①。

2. 建立跨区域产业合作推进机制

长江经济带各省市要突破行政区域束缚，发挥政府引导作用，加强互联互通建设，减少要素自由流动壁垒，通过统一的产业规划和政策来实现区域合理分工，提升整体产业能级。建议建立一个跨行政区域的、政府主导与企业运作相结合的产业发展合作机构。通过构建跨长江经济带 11 省市之间高层次协商议事机制，来打破区域之间的行政壁垒，推动跨区域的产业联动。各地在进行产业规划时，也要统筹考虑经济带全局发展。同时适当鼓励企业进行跨区域的产业重组和建立跨区域产业联盟，实现上中下游产业协同发展②。

3. 构建基于国家战略的生态环境保护协调机制

按照国家战略，长江经济带建设是“共抓大保护、不搞大开发”，生态优先、绿色发展在长江经济带建设中是被放在与经济、社会同等甚至更高更重要位置的。这就要求从国家顶层设计层面制定长江经济带生态环境保护“十四五”规划并作出相应机制安排。可以在长江经济带发展领导小组的领导下，对长江经济带跨省域生态环境问题强化定期协调和管理。探索建立跨区域环境保护监督检查机构，推动省市之间对跨区域环境污染和生态破坏问

---

① 孙文婧、吕忠梅：《长江需要一部法律》，http：//opinion. caixin. com/2015-04-14/100800121. html，2015-04-14。

② 靖学青主编《长江经济带产业协同与发展研究》，上海交通大学出版社，2016。

题实现联防联治。同时，推动长江经济带各省市之间建立水生态环境保护与流域水资源调度联动机制，统筹水质水量和水生态保护。建立健全旨在共赢的跨省流域生态补偿机制，制定长江流域生态补偿试点方案，设立长江流域生态补偿基金，推动长江经济带建立区域内污染物排放指标有偿分配机制。

第六章
建立健全长江经济带生态修复机制

长江具有独特的生态系统、丰富的生物多样性，是我国重要的生态安全屏障。随着沿江工业化和城市化进程的加快，省际行政分割下的区域竞争、“竭泽而渔”式的发展模式致使长江流域生态系统严重退化，面临水环境污染、水生态恶化等一系列生态环境问题。如何合理协调、整治、恢复、保护生态环境，无疑是亟待解决的问题。党中央和国务院高度重视长江的可持续发展，实施长江大保护战略，开展长江保护修复攻坚战。本章以生态修复理论为基础，分析修复类型、技术，梳理长江一体化保护的进展及成效，剖析一体化推进长江生态修复存在的问题，并提出对策建议。

第一节　生态修复的研究现状

一　生态修复的内涵和基本理论

生态修复是应用生态系统自组织和自调节能力对环境或生态本身进行的修复[①]。对生态系统停止人为干扰，以减轻负荷压力，依靠生态系统的自我

① 王松霈：《生态经济建设大辞典》（上册），江西科学技术出版社，2013。

调节能力与自组织能力使其向有序的方向进行演化，或者利用生态系统的这种自我恢复能力，辅以人工措施，使遭到破坏的生态系统逐步恢复或使生态系统向良性循环方向发展，特别是人类活动影响下受到破坏的自然生态系统的恢复与重建工作，使生态系统得到了更好的恢复。

生态恢复是运用生态学原理和系统科学的方法，把现代化技术与传统的方法通过合理的投入和时空的巧妙结合，使生态系统保持良性的物质、能量循环，从而实现人与自然协调发展的恢复治理技术。生态恢复技术分为土壤改造技术、植被的恢复与重建技术、防治土地退化技术、小流域综合整治技术、土地复垦技术等五类。生态恢复是生态系统工程的一个分支，应用了生态学理论，包括生态限制因子原理、生态系统的结构理论、生物适宜性原理、生态位原理、生物群落演绎理论和生物多样性原理等，利用生物特性，使其长期与环境协同进化、在最适宜的环境中生长，从而提高资源利用率，改善生态系统的结构和功能。

美国自然资源委员会（The US Natural Resource Council，1995）认为：使一个生态系统恢复到较接近其受干扰前的状态即为生态恢复；Egan（1996）认为：生态恢复是重建某区域历史上有的植物和动物群落，而且保持生态系统和人类传统文化功能的持续性过程[①]。我国学者李洪远、鞠美庭等认为生态恢复就是恢复被损害生态系统到接近于它受干扰前的自然状况或预设目标的管理与操作过程[②]。任海等认为：生态恢复是通过生物、生态以及工程技术与方法，人为地改变和切断生态系统退化的主导因子或过程，帮助退化、受损或毁坏的生态系统恢复的过程，是对生态系统健康、完整性及可持续性进行恢复的主动行为[③]。

生态修复相对生态恢复的目标更偏重于人为的干扰。在人为干扰的情况下，生态系统逐渐修复。任何一个原始的生态系统，如果被过度干扰甚至是破坏，完全失去了内外原有的平衡之后，是无法自动恢复到原貌的。人工努

① 《生态恢复》，科普中国·科学百科，百度百科。

② 李洪远、鞠美庭主编《生态恢复的原理与实践》，化学工业出版社，2005。

③ 任海等：《恢复生态学导论（第三版）》，科学出版社，2019。

力或长时间的再次自然选择才能使原系统的生态功能恢复甚至超过原有水平，人工干预的目标是使生态系统遵循自然生态系统演替的规律性，最终达到稳定的状态。贺强从全球变化背景下分析生态系统动态及其形成机制，认为在生态系统动态的预测、生态系统保护修复等管理实践中，应用生物互作的有关理论有望大幅提升生态系统修复和保护的成效。在存在多稳态的生态系统中，连续型动态和阈值动态都属于平衡动态，而随机动态是一种非平衡动态。处于随机动态的生态系统与环境条件关系不明显，需要加强随机过程、随机事件控制①。

郜志云、姚瑞华从长江经济带生态环境保护修复的总体思考与谋划角度，提出为助力打好长江保护修复攻坚战、推动长江经济带高质量发展，系统治理、空间管控、三水共治、区域联动的战略重点，及构建生态安全格局、完善治污体系、强化流域生态保护修复、防范环境风险等任务思考②。朱振肖、张箫等提出以系统观念推动长江三峡地区生态保护修复③，张晓华、柴华等从国土综合整治与生态修复格局划分角度认为，整治与修复格局的构建是生态文明背景下优化国土空间的重要推动力④。有文献从气候变化趋势和人类干预措施分析1980年至2015年青藏高原草地生产力，大多数保护政策对草原的恢复产生了显著的积极影响，防止或扭转了高原草原的退化⑤。姜月华、倪化勇等围绕长江大保护，探索形成滨海盐碱地、长江滨岸湿地、沿江化工污染场地、重金属污染场地和废弃矿山等五种生态修复示范关键技术⑥。关凤峻、刘连和等提出系统推进自然生态保护和治理能力建

---

① 贺强：《生物互作与全球变化下的生态系统动态：从理论到应用》，《植物生态学报》2021年第45期。

② 郜志云、姚瑞华等：《长江经济带生态环境保护修复的总体思考与谋划》，《环境保护》2018年第9期。

③ 朱振肖、张箫等：《以系统观念推动长江三峡地区生态保护修复》，《中国环境报》2021年6月29日。

④ 张晓华、柴华等：《国土综合整治与生态修复格局划分浅析》，《农业与技术》2021年第14期。

⑤ Trends in Climate Change and Human Interventions Indicate Grassland Productivity on the Qinghai-Tibetan Plateau from 1980 to 2015, *Ecological Indicators*, Volume 129, 2021.

⑥ 姜月华、倪化勇等：《长江经济带生态修复示范关键技术及其应用》，《中国地质》2021年第5期。

设，处理好生态系统保护与开发利用的关系，生态系统修复与生态补偿的关系，生态系统保护与用途管制的关系。①

二　生态恢复修复模式与技术

生态系统的恢复需要根据受害程度来选择差异化的路径，当受害程度在生态系统可承受的极值范围之内，可在管控外围生态压力的情况下，更多采取自然恢复的方式；当受害程度超过生态系统可承受的极值范围时，此时仅仅依靠生态系统自身的恢复难以奏效，必须借助外力，以便在管控外围生态压力的同时更多采取人工辅助手段予以恢复②。

1. 生态修复的类型

生态系统类型繁多，其退化的表现形式不同。生态修复是针对退化生态系统进行的，生态修复类型主要包括森林生态修复、水域生态修复、湿地生态修复、草地生态修复、江河（海）及其岸带生态修复和废弃地生态修复等（见表 6-1）。

表 6-1　生态修复的类型一览

类型	主要内容
森林生态修复	通过封山育林、退耕还林、林分改造等方法对林地生态修复
水域生态修复	水域生态系统包括水域中由生物群落及其环境共同组成的动态系统。水体生态修复包括重建干扰前的物理条件，调整水和土壤中的化学条件，水体中的植物、动物和微生物群落
湿地生态修复	通过生物技术、生态工程，对已经退化或消失的湿地进行修复或重建，恢复和优化湿地结构和功能
草地生态修复	草地在不合理人为因素干扰下普遍出现退化，草地生态修复主要包括改进现存的退化草地、建立新草地两种方式
废弃地生态修复	因采矿、工业和建设活动挖损、塌陷、压占（生活垃圾和建筑废料压占）、污染及自然灾害毁损。废弃地的整治旨在生态系统的修复与重建，主要包括土壤和植被的修复

① 关凤峻、刘连和等：《系统推进自然生态保护和治理能力建设》，《自然资源学报》2021 年第 2 期。

② 施大华、张强：《生态恢复的理论与方法研究》，《科学大众》2007 年第 3 期。

续表

类型	主要内容
江河（海）及其岸带生态修复	加强对江河（海）及其岸带进行生态修复，优化产业布局和产业集聚，减少人口活动和产业发展对江河海岸带的压力

2. 生态修复的主要方法

生态修复无论是在不同地域或同一地都可采取不同的模式。模式的采用直接影响恢复的方式、路径和速度，恢复的程度，投入的经济成本及产生的效益。一般来说生态恢复有如下几种模式：封隔修复。将被恢复地完全封隔开来，避免任何人为干扰，也没有任何人类的抚育恢复活动，让退化区域自行恢复，如封山育林。低人工干预恢复。在封隔恢复的条件下，仅仅通过人工创造一定的物理或化学条件，或在不同演替恢复阶段，引进一些重要物种，适“机”地改变群落结构，在一定程度上激发、增强退化生态系统的恢复潜力，退化生态系统主要依赖于其固有的恢复潜力形成某一顶极群落，这种恢复在表现上常常归属于局部复原。适度人工干预恢复。依据群落演替状况，以一定频率、强度和不同方式的正向干预调节，修复、补偿、开拓和重建群落内在的原有演替能力，群落依然主要沿原有演替路径演化。高度人工干预恢复。依据人类的自身发展需要，在频率、程度和方式上，强烈干预和控制其演替，最终形成人类既定的群落，并加以开发利用。

3. 生态修复技术及运用

生态修复技术是运用生态学原理与系统科学的方法，基于现代化技术与传统方法，通过把合理的投入和时空进行巧妙结合，使得生态系统保持良性的物质、能量循环，达到人与自然协调发展的恢复治理技术。根据生态系统类型的不同，生态修复技术可分为下列几类（见表6-2），不同类型（例如草地、森林、湿地、农田、河流、湖泊、水环境、工业园区）、不同程度的退化生态系统，其修复方法也各不相同①。

① 师尚礼：《生态恢复理论与技术研究现状及浅评》，《草业科学》2004年第5期。

表 6-2 生态修复技术

生态修复技术类型	主要技术
土壤生态修复技术	沙漠化土地生态修复重建工程技术、南方红壤酸土生态修复重建技术、矿山开垦地和盐碱地生态修复工程技术。滨海盐碱地如南通滨海盐碱地"工程、结构、生物和农艺改良"等关键技术体系，建立盐碱地水—盐运移环境实时动态监测体系，实现海水稻、玉米和油菜等系列农产品产业化，服务沿海地区盐碱地优质利用与国土空间规划
湖泊水体生态修复技术	生活污水的生态化处理、工业废水的生态化处理与修复工程技术、地下水污染生态修复工程技术、江河湖泊富营养化的生态修复技术；太湖、巢湖、鄱阳湖、洞庭湖的水保护与治理
退化及破坏植被的生态修复重建技术	植被生态修复工程技术、草场生态修复工程与技术、生物多样性修复与重建技术
水土保持与小流域开发生态修复技术	小流域治理生态原理、水土保持工程修复技术、水土保持综合修复工程技术、水土保持生物修复工程技术、小流域治理生态修复工程及生态修复技术
自然保护区生态修复工程与技术	对生物多样性保护、自然保护区的建设，对濒危物种的保护，对景观与生态系统多样性的保护。研发耐镉转基因特有植物材料与高效修复功能微生物，探索形成沿江高镉土壤微生物—植物互作修复模式
矿山生态修复技术	重金属污染场地和废弃矿山治理，如江西赣州稀土废弃矿山治理、云南安宁磷矿尾矿堆场生态修复、四川攀枝花钒钛磁铁矿尾资源化、减量化利用关键技术，有力支撑废弃矿山生态保护修复和尾矿资源化利用
湿地生态修复技术	江苏启东长江沿江湿地"生境优化、植物优选、多样性调控"综合生态修复技术，形成湿地休闲观光区、湿地生物多样性保护区和湿地尾水深度净化区，修复成果取得较好生态与社会效益
水生态修复技术	生物处理技术及人工湿地、微生物处理技术的应用等。通过水生态系统中动物以及植物等的应用，如黑臭水体的治理，外源减排及截污、内源清淤及消解底泥、水动力恢复、水质净化和生态修复等。农业面源污染治理、城市生活污水治理
工业园区污染探测治理技术	沿江化工污染场地、典型化工园区地下"隐性"污染，精确圈定主要污染物深度，明确以硝基苯、苯、苯胺等为主的污染物类型，有机化工废弃场地再开发

资料来源：①彭少麟：《退化生态系统恢复与恢复生态学》，《中国基础科学》2001 年第 3 期。

②包维楷、刘照光、刘庆：《生态恢复重建研究与发展现状及存在的主要问题》，《世界科技研究与发展》2001 年第 1 期。

③卢剑波、王兆骞：《南方红壤小流域生态系统综合开发利用的限制因子分析》，《自然资源》1995 年第 4 期。

④姜月华、倪化勇等：《长江经济带生态修复示范关键技术及其应用》，《中国地质》2021 年第 5 期。

在生态修复实践过程中，河流生态修复技术、矿山生态修复技术、湿地生态修复技术、河道生态修复技术、水体生态修复技术、湖泊生态修复技术、土壤生态修复技术等，同一项目也可能会应用上述多种技术。综合考虑区域实际情况是生态修复中最重要的，充分运用各种技术，通过研究和实践，尽可能快地修复生态系统的结构，从而修复其功能，促进生态、经济、社会效益可持续性发展的实现。

第二节 长江经济带生态修复进展与成效

我国是全球生态系统退化最严重的国家之一，从20世纪50年代就开始了环境的长期定位观测试验与综合整治。21世纪以来，随着环境保护意识的增强、先进科学技术的运用，生态修复重建能力逐渐提高。长江沿线的保护修复主要体现在长江防护林的建设、退耕还林还草还湿、矿山生态修复、城镇污水垃圾处理、农业面源污染治理、沿江化工污染场地等污染治理。特别是“十三五”以来，长江流域各省（市）推进山水林田湖草等生态修复工程，覆盖范围之广、建设规模之大、影响程度之深前所未有，有效促进了长江经济带生态系统功能转好和经济社会发展全面绿色转型。

一 长江经济带生态资源环境的修复

1. 森林生态修复与重建

长江经济带退耕还林工程，增加森林植被，治理水土流失，使规划区内水土流失和土地沙化严重的局面明显扭转。1999~2017年，长江经济带江西、安徽、湖北、湖南、重庆、贵州、四川、云南8个省（市）累计完成退耕还林还草面积1135.67万 hm^2，其中退耕还林还草501.53万 hm^2、荒山造林528.04万 hm^2、封山育林106.10万 hm^2。为统筹长江经济带森林和湿地生态系统保护与修复，增强对长江经济带发展的生态支撑能力，《长江经济带森林和湿地生态系统保护与修复规划（2016~2020年）》对沿线8省（市）下达退耕还林总任务为491.5万 hm^2。规划建设区共完成退耕还林

733万 hm^2，其中退耕还人工林为660万 hm^2、封山育林约73万 hm^2（见表6-3），沿线各省市都明确了目标任务。

2019年，长江经济带完成造林面积248.23万 hm^2，约占全国造林总面积的35.13%，远高于国土面积占比，其中四川、重庆、贵州、湖南、湖北等中上游省（市）造林面积位居前列。“十三五”期间，四川省完成长江干支流植树造林16.67万 hm^2，退耕还林还草1.83万 hm^2；贵州省完成退耕地还林67.67万 hm^2，治理石漠化面积50.82万 hm^2，治理水土流失133万 hm^2。20年来，湖南省累计完成退耕地造林52.60万 hm^2，宜林荒山荒地造林76.61万 hm^2，封山育林14.77万 hm^2。2020年，湖北省共计实施长江两岸造林1.51万 hm^2，退耕还林还草0.75万 hm^2；江西省完成造林面积129.90万 hm^2，占规划任务的118.1%①。

通过持续推进退耕生态修复工程，近年来长江经济带水土流失状况总体好转，2019年长江流域的水土流失面积2939万 hm^2，占土地面积的20.14%②。“十三五”期间，长江流域累计新增治理水土流失面积988万 hm^2，与2011年全国第一次水利普查成果相比，实现了水土流失面积和强度双下降。

表6-3　长江经济带生态环境保护与修复建成区退耕还林面积

单位：hm^2

省市	合计	退耕还林工程	
		人工造林	封山育林
安徽	769330	557012	212318
江西	690987	575838	115149
湖北	269091	269091	—
湖南	1411110	1263440	147670
重庆	1008513	901042	107471
四川	890934	890934	—
云南	1207657	1060583	147074
贵州	1083296	1083296	—
合计	7330918	6601236	729682

① 李世玉、赵晓迪：《长江经济带退耕还林还草还湿现状、问题及对策》，《林业科技通讯》2022年第1期。

② 王振主编《长江经济带发展报告（2019-2020）》，社会科学文献出版社，2021。

2. 草地资源修复保护

长江经济带退耕（牧）还草工程自2003年实施以来，四川、云南、贵州依次被列入退耕（牧）还草工程实施范围，区域内草地植被盖度与水源涵养能力得到明显提升。2003～2017年，三省共完成草原围栏建设963.87万hm^2、人工饲草地建设5.55万hm^2、岩溶地区草地治理面积52.53万hm^2，毒害草和黑土滩治理0.6万hm^2。“十三五”期间，四川省实施退化草原人工种草修复13.03万hm^2，其中人工种草退化草地治理2.36万hm^2、天然草原改良10.67万hm^2；退牧还草工程12.07万hm^2，飞播种草试点0.8万hm^2，草原综合植被盖度提高1.3个百分点。云南省退化草原修复27.33万hm^2，退牧还草15.88万hm^2，草原综合植被盖度达到87.9%。① 草地资源的修复保护，有效地改善了长江经济带农业农村生态环境，有效地提高了区域内生态功能水平。

3. 湿地生态修复

长江经济带是我国河湖、沼泽等湿地资源密集分布区，全国40%的可利用淡水资源汇聚于此，是4亿人的饮用水来源地。据第二次全国湿地资源调查统计，长江经济带11省（市）湿地面积1154.23万hm^2（见表6-4），湿地率5.63%，超过全国湿地总面积的1/5（全国湿地面积5360.26万hm^2）。长江经济带中上游地区相继进行了退耕还湿工程；长江中下游是我国及世界同纬度地带水网密度最高的地区，又是长江分、蓄洪区的主要地域，开展对湿地的禁止围垦工程意义重大。长江经济带各省市在湿地修复过程中，积极探索，多措并举恢复湿地生态系统健康②，2020年底，重要江河湖泊水功能区水质达标率提高到80%以上，作为国际最重要的湿地和候鸟越冬地之一，鄱阳湖流域水质达标率超过90%，每年吸引全球98%的白鹤、80%以上的东方白鹳、70%以上的白枕鹤前来越冬。

---

① 李世玉、赵晓迪：《长江经济带退耕还林还草还湿现状、问题及对策》，《林业科技通讯》2022年第1期。

② 《国务院办公厅关于印发湿地保护修复制度方案的通知》（国办发〔2016〕89号），2016年12月。

表 6-4　长江经济带 11 个省（市）湿地面积

单位：万 hm^2

省市	湿地总面积	河流湿地	湖泊湿地	沼泽湿地	近海与海岸湿地	人工湿地
上海	46.46	0.73	0.58	0.93	38.66	5.56
江苏	282.28	29.66	53.67	2.8	108.75	87.4
浙江	111.01	14.12	0.89	0.07	69.25	26.68
安徽	104.18	30.96	36.11	4.29	—	32.82
江西	91.01	31.08	37.41	2.58	—	19.94
湖北	144.5	45.04	27.69	3.69	—	68.08
湖南	101.97	39.84	38.58	2.93	—	20.62
重庆	20.72	8.73	0.03	0.01	—	11.95
四川	174.78	45.23	3.74	117.59	—	8.22
云南	20.97	13.81	0.25	1.1	—	5.81
贵州	56.35	24.18	11.85	3.22	—	17.1
合计	1154.23	283.38	210.8	139.21	216.66	304.18

4. 水环境保护的进展①

（1）水质断面达标状况。目前，长江经济带地表水环境质量呈现逐步提升的趋势，总体质量高于全国平均水平。2018 年Ⅰ~Ⅲ类水质断面占比 87.5%，劣Ⅴ类占 1.8%。2019 年Ⅰ~Ⅲ类水质断面提高至 91.7%，较 2018 年上升 4.2 个百分点；劣Ⅴ类占 0.6%，比 2018 年下降 1.2 个百分点。2020 年Ⅰ~Ⅲ类水质断面占 96.7%（见表 6-5），比 2019 年再提升 5 个百分点，较全国平均水平高 9.3 个百分点；无劣Ⅴ类水质。

表 6-5　长江流域水质状况

年份	水体	断面数（个）	比例（%）			
			Ⅰ~Ⅲ类	Ⅳ类	Ⅴ类	劣Ⅴ类
2018 年	流域	510	87.5	9.0	1.8	1.8
	干流	59	100.0	0.0	0.0	0.0
	主要支流	451	85.8	10.2	2.0	2.0
	省界断面	60	95.0	5.0	0.0	0.0

① 李群、于法稳主编《中国生态治理发展报告（2020~2021）》，社会科学文献出版社，2021。

续表

年份	水体	断面数（个）	比例（%）			
			Ⅰ～Ⅲ类	Ⅳ类	Ⅴ类	劣Ⅴ类
2019 年	流域	509	91.7	6.7	1.0	0.6
	干流	59	100.0	0.0	0.0	0.0
	主要支流	450	90.7	7.6	1.1	0.7
	省界断面	60	98.3	1.7	0.0	0.0
2020 年	流域	510	96.7	2.9	0.4	0.0
	干流	59	100.0	0.0	0.0	0.0
	主要支流	451	96.3	3.3	0.4	0.0
	省界断面	60	99.9	0.1	0.0	0.0

资料来源：2018 年、2019 年数据来自《2018 中国生态环境状况公报》《2019 中国生态环境状况公报》《2020 中国生态环境状况公报》。

（2）黑臭水体消除比例。截至 2019 年底，全国 295 个地级及以上城市（不含州、盟）建成区共有黑臭水体 2899 个，消除比例达到 86.7%。其中，36 个重点城市（直辖市、省会城市、计划单列市）有黑臭水体 1063 个，消除比例为 96.2%；259 个地级城市有黑臭水体 1836 个，消除比例为 81.2%。长江经济带 110 个地级及以上城市，共有黑臭水体 1372 个，消除比例为 87.0%，与全国进度基本相同。

5. *矿山废弃地土地复垦与生态修复*

2019 年 4 月，《自然资源部办公厅关于开展长江经济带废弃露天矿山生态修复工作的通知》发布，明确提出要对长江干流及主要支流沿岸废弃露天矿山（含采矿点）生态环境破坏问题进行综合整治，并结合沿江上中下游各省市的矿山废弃地类型提出修复的重点任务，这为长江经济带废弃矿山修复明确了方向。[①] 近年来，伴随矿山修复的有序推进，长江经济带等重点地区露天矿山生态修复工作正在持续推进中，各相关省份及单位相继开展摸底核查、编制实施方案。其中，江苏已全面完成废弃露天矿山摸底核查；江

① 《自然资源部办公厅关于开展长江经济带废弃露天矿山生态修复工作的通知》（自然资办发〔2019〕33 号），2019 年 4 月。

西对有条件的地方进行景观建设；湖北“一矿一策”建立台账，明确了责任主体、治理任务、资金来源、治理时间等；湖南共计排查矿山滥采导致生态问题的矿山（矿点）308个，重点开展废渣治理、防治污染和修复植被；四川各地市自然资源局针对长江干流及主要支流沿岸矿山，与技术协作单位研讨疑问图斑、纳入标准、占地类型及产权，加快编制国土空间生态修复专项规划。

二　长江保护修复攻坚战进展①

1. 生态环境空间管控趋严

自然资源部在长江经济带开展了国土空间用途管制和纠错机制试点，涉及沿线8省市18个地区。试点地区展开长江岸线及外围国土空间用途管制现状调查，梳理存在的规划冲突问题并分析成因；针对长江岸线及外围空间开发利用的历史遗留问题，探索制定纠错机制并进行分类处理；在长江岸线及外围划定一定管制范围，设定不同的空间准入条件，设置严格的准入负面清单，从而加强对空间开发利用的管控。

在加强长江经济带的生态空间保护方面，生态环境部指导支持长江经济带11省（市）初步划定了生态保护红线，共划定生态保护红线面积54.42万平方公里，占长江经济带国土面积的25.47%；并指导11省（市）完成了“三线一单”编制，基本建成“三线一单”数据共享系统。

2. 入河排污口排查顺利完成

长江入河排污口排查整治行动自2019年1月全面启动，排查范围以长江干流（四川省宜宾市至入海口江段）、主要支流（岷江、沱江、赤水河、嘉陵江、乌江、清江、湘江、汉江、赣江）及太湖为重点，共涉及上海、重庆两个直辖市，以及其他9个省的58个地市和3个省直管县级市。专项行动的主要任务为“查、测、溯、治”4项，即摸清入海、入河排污口底数；开展入海、入河排污口监测；进行入海、入河排污口污水溯源；整治入

① 毛显强、高玉冰：《长江保护修复攻坚战取得的成就、存在的问题与对策研究》，载李群、于法稳主编《中国生态治理发展报告（2020~2021）》，社会科学文献出版社，2021。

海、入河排污口问题。截至 2020 年初，涉及 11 个省（市），覆盖长江干流、9 条主要支流、2.4 万公里岸线及沿岸 2 公里区域的入河排污口排查工作已经顺利结束。

表 6-6　长江入河排污口排查整治专项行动时间进度

时间	阶段	行动区域
2019.2.15	试点阶段	生态环境部召开了“长江入河排污口排查整治专项行动暨试点工作启动会”，并将重庆市渝北区、两江新区和江苏省泰州市作为试点率先开展
2019.9	第一批长江入河排污口现场排查	江苏、浙江、重庆、贵州和云南等 5 省市“1+16”城市，合计岸线长度约 7000 公里，包括入江河沟 986 条、江（湖）心洲 103 座、沿江工业园区 79 个，以及各类沿江城镇村庄、港口码头、滩涂湿地、农田渔业等，初步建立入河排污口台账
2019.11	第二批长江入河排污口现场排查	上海、湖北、安徽，合计岸线长度约 8000 公里
2019.12	第三批长江入河排污口现场排查	江西、湖南、四川，合计岸线长度约 9000 公里

资料来源：《生态环境部今年底前将完成长江入河排污口现场排查》，中央人民政府网，http：//www.gov.cn/xinwen/2019-10/29/content_ 5446379.htm，2019-10-29。

3. 污染治理工程进展良好

（1）城镇污水垃圾处理机制不断完善。2020 年 4 月，国家发展改革委等五部委联合印发《关于完善长江经济带污水处理收费机制有关政策的指导意见》（发改价格〔2020〕561 号），指导沿江省市完善污水处理成本分担机制、激励约束机制和收费标准动态调整机制。目前长江经济带 11 省（市）设市城市已有约 90%将污水处理收费标准调整至国家指导最低收费标准以上。江苏、安徽、贵州等 6 省市完成城市及建制镇建立生活垃圾处理收费制度。三峡集团作为央企，在长江经济带城镇污水处理项目上发挥了带头作用，目前已投资 589 亿元，中国节能环保集团以固废处理项目为重点累计投资 195 亿元。长江经济带地级及以上城市城镇污水垃圾处理设施建设有了显著改进，2019 年污水收集管网长度较

2018 年增加了 3976 公里；2019 年城市和县城生活垃圾日处理能力较 2018 年增加了 3.5 万吨。

（2）化工污染治理初见成效。针对工业园区污水管网不完善、污水集中处理设施无法稳定达标运行等问题，开展污水处理设施专项整治行动，特别是《长江经济带发展负面清单指南（试行）》明确禁止在长江干支流 1 公里范围内新建、扩建化工园区和化工项目。中央安排预算内投资 6.5 亿元，支持危险化学品生产企业搬迁改造。2019 年沿江 11 省市共有 963 家重污染化工企业实行"搬改关转"，其中有 44 家化工企业位于长江干流、重要支流岸线 1 公里范围内①。

（3）农业面源污染治理有序实施。加快畜禽养殖废弃物处理配套设施建设，积极推进粪污资源化利用。中央安排预算内投资 11 亿元，支持长江经济带中西部省份每县建成 1~3 个治理示范区。2019 年长江经济带畜禽粪污综合利用率达到 74%，部分省份已提前实现农作物化肥农药使用量负增长，共有 744 个水产养殖主产县完成养殖水域滩涂规划编制工作，搬出和转移禁养区内的水产养殖规模达 178.9 万亩。

（4）船舶污染治理加快推进。针对船舶污水垃圾处理设施的运行监管进一步加强，逐步建立健全船舶污水垃圾"收集—接收—转运处理"一体化链条体系，推进港口码头岸电设施建设。交通运输部办公厅、国家发展改革委办公厅发布《关于严格管控长江干线港口岸线资源利用的通知》（交办规划〔2019〕62 号）等文件，进一步增强了船舶污染治理绿色发展岸线保障。450 家港航企业签订船舶污染治理自律倡议书。推动长江经济带发展领导小组办公室组织开展了长江干线船舶污染暗访暗查，向沿江省市移交了 101 项暗访发现的问题并督促整改。三峡坝区岸电试验区全面投运。2019 年长江经济带港口接收船舶垃圾总量 8.3 万吨，岸电使用量 2.8 亿度，相当于替代燃油 9.8 万吨。

---

① 王晓涛：《破解"化工围江"只为碧水东流》，《中国经济导报》2021 年 1 月 5 日。

第三节　长江经济带保护修复存在的问题分析

一　开发与保护的矛盾有待协调破解

长江经济带横跨我国东中西三大地理阶梯，贯穿联结长三角、中部、成渝等多个城市群，各地区之间在资源禀赋、工业化、城镇化、产业基础、交通条件等方面存在较大的差异，具有资源中心偏西，生产能力、经济要素偏东的特点。由于地区间发展不平衡，存在明显的发展差距，部分经济落后地区牺牲生态环境、追求短期经济增长的冲动依然存在。虽然近年来中央政府加大了对长江上游生态补偿和财政转移支付的力度，但长江上游地区“绿水青山”基底强、生态资本产出弱的境况依然未有改观，各类重点生态功能区转移支付金额与生态环境保护支出仍处于失调状态，生态补偿的规模、转移支付的强度并没有真正体现上游地区尤其是广大山区维护生态功能的机会成本。中上游地区为加快发展，积极承接产业转移，存在重污染密集产业向中上游地区转移趋势较为明显的态势，开发与保护难协调下的污染形势依然严峻。

二　巩固污染治理成效的长效机制有待健全

1. 污染治理成效仍需巩固

长江经济带各省份开发强度依然较大，除上海外，其他 11 个省（市）的污水排放量仍然在不断增长（见表 6-7）。2019 年江苏、浙江、安徽、江西、湖北、湖南、重庆、四川、贵州、云南较 2018 年分别增加了 8.1%、6.32%、10.48%、4.34%、9.73%、8.92%、7.94%、5.31%、4.75%、1.84%。长江主要支流水质优良率依然偏低，长江经济带污染治理成效并不稳固，存在治理效果反复的风险。

表 6-7　长江经济带各省（市）近年污水排放量

单位：亿立方米

省份	2014 年	2015 年	2016 年	2017 年	2018 年	2019 年	2019 年较上年增加
上海	23.17	23.04	23.62	22.95	22.98	22.36	-0.62
江苏	39.63	41.23	42.76	42.77	43.70	47.26	3.56
浙江	25.01	26.94	27.71	30.38	32.19	34.11	1.92
安徽	14.42	15.06	15.93	15.30	17.17	18.97	1.80
江西	8.13	8.89	8.88	9.20	9.97	10.37	0.40
湖北	19.29	20.34	20.96	22.19	23.85	26.01	2.16
湖南	16.18	16.50	17.51	18.91	20.85	22.71	1.86
重庆	9.35	9.70	10.41	11.21	12.56	13.45	0.89
四川	17.29	18.63	19.96	21.39	22.42	23.61	1.19
贵州	4.50	4.91	5.41	5.86	7.16	7.50	0.34
云南	7.82	8.54	8.83	9.04	9.09	10.76	1.67

资料来源：历年《中国城乡建设统计年鉴》。

2. 污水处理设施建设短板尚未补齐

尽管近年来长江经济带各省市在国家和地方政策的引导下，持续推进污水处理设施建设，污水处理水平不断提高，但基于自然禀赋差异、区域发展不平衡、历史欠账多等原因，各地污水处理仍然是当前的突出短板。

污水收集管网建设滞后，部分城区截污纳管不到位，厂网不配套，未做到污水全收集、全处理。老城区、城中村、城郊接合部等地区，老旧管网错接、漏接、断头管网现象普遍，管网改造难度大，建设质量参差不齐，管网漏损问题多，雨污合流管网普遍存在。乡镇、农村地区污水处理设施与收集管网建设更加滞后，而且缺乏稳定的运营和维护。

资金投入缺口大。国家和省级财政补助力度有限，特别是经济欠发达地区财政配套资金能力较弱，财政支出压力大。在严控地方债务的背景下，PPP 模式吸引社会资本的能力有限，面临较大资金缺口，管网建设成本高昂、缺乏稳定运营收益的项目，投资缺口更大。县城、村镇等规模较小的污水处理厂，由于运行成本高、后期收益差等，难以吸引社会资金参与，地方财政难以长期承担建设及运营费用。

三 水生态系统退化的遏制机制有待构建

近几十年来，长江流域范围内各类水利开发工程呈现暴发式增长，典型的如岷江、青衣江、大渡河等河流。水利开发工程的建设导致大量减水河段的产生，使得河流的生态流量得不到有效保障，而且阻隔了河流的生物通道，并影响下游水、沙、水温、营养物质变化，进而影响鱼类产卵场和适宜的栖息生境。

沿岸大规模围垦开发活动使得流域湖泊湿地面积大幅减少，进而严重影响整个流域的水生态功能。宜昌至大通的长江中游地区湖泊面积就由20世纪50年代的17198平方公里减少到现在的6600平方公里左右，减少了约2/3；长江中下游地区消失的面积1平方公里以上湖泊数量占全国44.4%；五大淡水湖面积均显著减少，洞庭湖、鄱阳湖和太湖面积分别减少了1725平方公里、2267平方公里和172平方公里，直接引起湖泊调蓄能力大幅下降。

近年来，长江流域水生生物资源量和生物多样性显著降低，长江水生生物多样性指数持续下降。根据研究，长江流域“白鳍豚等珍稀物种基本灭绝，长江江豚数量近20年减少了80%，仅存1000头左右；约30%的鱼类和部分鸟类、贝类等动物濒危；四大家鱼的卵苗量大幅减少，江湖捕鱼产量近50年约下降80%；长江上游受威胁鱼类种类占全国总数的40%，两栖类濒危物种占21%，爬行类濒危物种占17%；长江流域鱼类资源趋于小型化，表现为渔获物中小型鱼类比例上升、种群年龄结构低龄化和个体小型化”①。

四 环境风险隐患消除的管控机制有待完善

1.“化工围江”现象明显

长江经济带分布有1.4万多家化工企业，主要集中在158家省级以上化工园区和上千家市级园区。化工园区遍布全流域，主要分布在云贵、川渝、湖北和

---

① 徐德毅：《长江流域水生态保护与修复状况及建议》，《长江技术经济》2018年第2期。

苏浙沪等地区，其排放量占全国化工业排放总量的比例高达37.7%。另外，这些化工企业大多沿江沿河分布，企业排污口与取水口交错布局，加之长江沿线城市水源结构单一，饮用水源安全保障压力大。据调查，流域内30%的环境风险企业位于饮用水水源地周边5公里范围内，且集中了众多大型石化企业。

2. 航运污染事故风险较大

长江水路通畅，航运发达，航运承担货运量达26.9亿吨，支撑了沿江11省市经济社会发展所需85%的铁矿石、83%的电煤和85%的外贸货物运输量。干线港口危险化学品种类超过250种，年吞吐量已达1.7亿吨，生产和运输点多、线路长，泄漏风险大；长江沿线港口特别是中上游港口码头投产年份长，设施老旧，风险防控能力较弱。虽然港口码头环保管理逐步规范，但仍存在污染物接收设施地区分布不均衡，含油污水船与岸衔接不畅通，及洗舱水化学品种类复杂、处理难度大等问题，也存在一定环境风险。

3. 尾矿库存在较大的环境隐患

长江上游汇水区遍布众多尾矿库，存在巨大的环境风险。如我国“三磷”企业主要分布在长江经济带四川、云南、贵州、重庆、湖南、湖北、江苏等7省市，受技术、经济瓶颈限制，磷化工产生的大量磷石膏未得到有效利用，大量的磷石膏堆场临河而建，雨水冲刷之后直接入河。贵州省内铝土矿资源丰富，其中70%分布在乌江流域，采矿产生的矿渣、废水等污染物给乌江流域水环境安全防治造成较大的风险隐患。嘉陵江是四川省、重庆市10余座城市的重要饮用水源，但其上游布局了大量采矿冶炼企业，形成了200余座尾矿库，大多数依嘉陵江支流而建，一旦泄漏极易造成水体污染。

第四节　构建长江经济带生态修复机制的建议

一　健全区域绿色协调发展机制，筑牢长江生态安全屏障

1. 加强流域空间管控，实施差别化分区管治、精准治理

推进“三线一单”管控策略在流域和区域的落实，强化空间差异化分

级管控：首先，通过开展生态重要性、脆弱性、敏感性等评估，识别出优先保护区域，进行重点保护。其次，通过开展国土空间开发适宜性评估，识别出重点开发区域，并且根据城市、农村、矿区、工业区等不同的发展定位，制定差别化的保护策略与管理措施，实施精准治理；最后，根据生态环境问题严重程度、涉及范围广度等因素，识别出优先修复区域，进行重点修复。

2. 探索创新生态产品价值转换机制，加快培育生态产业

面对上游地区生态环境保护和经济发展双重压力，坚持走生态优先、绿色发展之路。在确保生态系统服务功能不受损、生态服务供给能力不下降的前提下，依托长江经济带的生物多样性、丰富多样的自然景观、民族融合的文化多样性等独特的资源，发展生态旅游、健康医疗养老、文化创意、教育体验、休闲娱乐等生态产业，创新体制机制和经营模式，促进生态价值向经济价值转化，使“绿水青山”真正变成“金山银山”。

3. 加大转移支付力度，完善流域横向生态补偿机制

加大对上游重点生态功能区的转移支付力度，尽快建立和完善流域横向生态补偿机制，发挥生态保护补偿的激励作用。首先要综合考虑流域生态环境现状、上游生态系统建设和保护的机会成本，下游因良好的生态环境所获得的收益以及实际支付能力，科学确定生态补偿标准，形成一套规范可行的制度。其次要实行以“造血型”补偿为主的多样化补偿方式，构建合作共赢、互惠互利的产业发展机制，可行的方法包括项目合作、投资引导、技术援助、提供就业等。最后是联合流域上下游建立联席会议制度，上下游协商开展流域保护与治理，联合查处跨界违法行为。

二 完善流域污染治理长效机制，改善水环境质量

1. 优化沿江工业产业布局，提高企业准入门槛

立足长江全流域，制定科学合理的产业发展规划，推动化工产业布局优化与产业升级，强化区域协同合作，整合规划现有的沿江港口群和工业园；进一步推动沿江重污染企业转型升级、结构调整和搬迁改造；在长江干流及

重要支流沿岸一定范围内严格执行产业准入负面清单制度，提高行业准入门槛。

2. 补齐环境基础设施建设和运维短板

重心下移，加强县城、乡镇污水处理、污水收集、污泥无害化设施建设。目前，城市的污水处理设施能力已基本满足要求，关键是要进一步提高纳管率，做到全收集、全处理，保证污水处理厂正常运行。而县城尤其是乡镇仍有较大缺口，应重点实施，而且要重点支持污水管网和污泥无害化处理设施等短板的建设，进一步提高污水处理系统的处理水平。此外，还需进一步加强对工业企业、园区污水处理设施运行和排污监管，全面实现工业废水达标排放。

创新建设运营机制，吸引多元化资金参与。坚持"政府引导，市场运作"原则，充分发挥经济杠杆作用，发挥市场主导作用，鼓励各类投资主体参与建设和运营，完善特许经营制度，灵活运营 PPP 模式，培育发展专业化、规模化的污水处理企业；推进污水处理产业第三方治理和运营，鼓励政府购买服务，提高污水治理专业化水平；通过完善收费机制、设立专项基金等，支持配套污水管网、老旧管网问题排查与修复改造，污泥无害化处置工程及尾水再生利用工程等。

3. 精准施策，有效治理农业面源污染

继续推进化肥农药减量化。科学实施测土配方施肥，有效减少化肥使用量。大力推广农作物病虫综合防治技术，建立安全用药制度，推广高效低毒低残留农药，开展以虫治虫、以菌治菌等生物防治示范，采取诱杀等农业防治措施，尽量减少农药使用量。促进畜禽粪污资源化利用。积极推广种养平衡、立体种养、农牧结合等生态健康养殖模式，应用干湿分离、雨污分流、生物降解等新型畜禽粪污处理方式，并配套建设沼气工程、有机肥厂，生产沼液、有机肥以替代化肥。

4. 加大航运污染治理力度

严格执行船舶强制报废制度，继续推进老旧化学品船舶和油船淘汰。加强对载运危险货物船舶的动态监控，对载运散装毒害性危险货物船舶通过重点水域实施重点监控。进一步提高港口码头污水垃圾收集转运处理能力，加强与城市公共转运处置设施之间的衔接，保障船舶污染物可送岸接收处置。提升船舶污染应急处置能力。各级海事管理机构继续编制完善船舶污染应急预案，组织开展专项演习。地方政府积极推动水上危险化学品泄漏事故应急处置能力建设，开展应急联动，不断提高应对危险化学品泄漏事故的能力。

三 构建生物多样性保护机制，修复生态系统功能

1. *加强重点物种保护及其生境空间修复*

坚持"山水林田湖草"的系统理念，统筹制定流域尺度的重点生物物种及其生境空间的保护详细规划，强化上中下游、干流—支流—湖泊—湿地、河流—岸上、陆生—水生生物的整体性保护。识别重点物种和优先区域，建立规模较大的国家森林公园、国家湿地公园和自然保护区，完善相应的保护条例，实行长期保护。

逐步修复水生生物的生境空间。实施富营养化湖泊修复、重要湿地生态修复、重要水生生物栖息地抢救性修复等重大工程；继续推进退耕还湖、退养还湖，腾退被人类挤占的水生态空间；逐步修复长江干流、支流与主要湖泊的连通性，拆除部分小水电和节制闸，打通水生生物的洄游线路，修复长江水生态系统的整体性和连通性。

2. *加强生物多样性监测网络和生态安全防范体系建设*

以县域为单位定期开展长江流域生物多样性本底情况调查，及时掌握指示物种、群落和生态系统的变化情况，明确亟须保护的物种、群落和生态系统。针对长江江豚、中华鲟、达氏鲟等珍稀、濒危、特有物种，建立重点物种保护监测网络体系，通过设立永久性监测点、遥感监测等方式，施行定点、定期及实时监测。结合大数据、互联网、遥感、物联网等技术手段，建立生物多样性数据库，对生物多样性安全状况进行全面评估，定期发布长江生物多样性状况公报。根据生物多样性与生态安全风险变化情况，建立长江流域生态安全风险预警系统，为科学规划和决策提供支持。

四　完善流域环境风险隐患排查整治机制，提升风险防范能力

针对化工园区、企业、水上运输、尾矿库等风险源，进一步摸清底数，掌握有毒有害污染物生产、贮存、利用、转运、处置情况，评估风险管控能力及其对周边敏感目标的影响，加快推动风险隐患问题排查整治，强化全过程监管。根据长江经济带生态环境承载能力和约束情况，合理测算长江的航运能力，并对航运的危化产品要加强污染防范措施；建立健全沿江上中下游水污染防治联防联控机制，通过以水定人、以水定产等举措，合理确定沿江城市取水结构、取水布局和取水方式等，确保长江经济带水环境的有度利用和合理保护。

第七章 长江经济带生态环境治理科技创新与政策机制

2020 年 11 月，习近平总书记在全面推动长江经济带发展座谈会上强调，要“加快突破一批关键核心技术”“提升原始创新能力和水平”，推动长江经济带科技创新能力整体提升。长江经济带生态环保一体化保护的复杂性和艰巨性，需求发挥科技创新在生态环保中的支撑性、前瞻性和引领性作用。本章重点梳理了科技创新在促进水污染治理、水生态修复、水环境改善等方面的功能作用，针对长江经济带生态环境保护中科技创新作用发挥存在的不足之处提出建议，以切实发挥科技创新在长江经济带一体化生态环境保护和生态文明建设中的支撑与引领作用，加快提升长江经济带生态环境保护治理体系与治理能力现代化水平。

第一节 科技创新促进水资源水环境保护治理的现状

保障水安全和全流域经济社会可持续发展，是长江大保护的重要内容和目标任务。根据《国务院关于依托黄金水道推动长江经济带发展的指导意见》《长江经济带发展规划纲要》的战略部署，新时期长江经济带发展应实施“六大”战略，重点任务中的首要任务就是保护长江生态环境，明确了保护和改善水环境、保护和修复水生态、有效保护和合理利用水资源、有序利用长江岸线资源、加强生态环境协同保护等工作重点。当前，长江流域探求科学治水路径、努力保障水生态安全，取得了较好的成绩，但仍面临诸多问题，特别是重大技术问题亟待解决。

一　科技创新在水资源水环境保护治理中的意义

科技创新是破解水资源供需矛盾的现实需求。长江流域以水为纽带，水资源总量占全国的35%，在推动长江经济带发展过程中，无论是生产还是生活，都涉及水资源利用这一关键问题。然而水资源分布不均、重点地区水资源保障不足、局部地区开发利用过度和用水过量等历史性老问题始终未能得到根本解决，亟须运用科学方法统筹分析不同区域内的用水需求、环境承载量等因素，因地制宜地合理分配水资源量，有效增强长江经济带经济社会的可持续发展能力。

科技创新是提升水环境治理能力的支撑保障。长江经济带水环境污染问题都是污染物长期积累、由量变转为质变的结果，且随着经济社会的高速发展，工业、农业、生活各类污染物的排放在迅速增加的同时又呈现多样化的特征，亟须运用科学的治理、监测方法，准确治污，评估和预测长江经济带水环境的特征及风险，并为有效应对提供科学的决策方案。

科技创新是促进水生态和谐发展的指导依据。长江经济带水生态系统早已不只是纯粹的自然生态系统，更是集成了人类活动、水利工程、治理及修复设施等一系列复合系统的综合生态系统。这就要求在开发利用的同时，运用高新技术手段，充分考量环境工程对自然生态的影响，科学指导“以水定城、以水定地、以水定人、以水定产”，将人类生产生活活动对水生生物、自然格局、生态服务功能等的影响降到最小甚至为零。

科技创新是补齐水灾害防治短板的关键抓手。长江流域每年洪涝灾害都给长江经济带沿线人民生活、社会发展造成巨大危害和损失，特别是近年来，传统意义上罕见的极端天气频繁显现，可以预见未来“十年一遇”“几十年一遇”直至“百年一遇”的灾害还会不时出现，也就意味着长江中下游百姓生产生活还将面临巨大威胁。随着长江经济带城镇化和工业化水平的不断提高，人口和社会财富也在日益集聚，这都对长江沿线防洪减灾体系、分蓄洪区建设、病险水库加固等水灾害防治技术提出了新的更高要求。

二　科技支持水资源水环境保护治理的研究现状

1. 国内外研究现状

在水资源保护方面，穆宏强通过梳理科技创新在长江流域水资源保护中涉及监测技术、水利工程建设、技术评价体系等的运用，提出长江流域水资源保护应在构建水生态文明支撑体系、加强污染物总量控制、引进新技术等方面加大力度等建议①。许继军等对标新时期长江大保护和长江经济带高质量发展的新要求，认为长江经济带在水资源利用方面还存在用水方式粗放、废污水排放严重、水生生物多样性降低等严重的问题，并基于流域水系的整体性和系统性，提出针对水环境恶化、水生态损害、水资源短缺和水旱灾害治理的“四水共治”构想②。殷婀娜等设计构建了水生态环境与经济、社会协同发展的创新模型，有效测算京津冀水生态环境绿色发展效率③。Solmes提出节水管理的资源需求侧目标和供给侧目标，以提高用水效率④。Hussain等为当地水资源开发利用设计了节水灌溉模型⑤。

在水环境治理方面，杨桂山等在系统分析长江经济带面临的水环境和大气污染基础上，建议率先实行水质目标管理，持续实施绿色生态保障工程⑥。席北斗等提出，通过法律保障、科学支撑、多方协作、市场驱动等多

---

① 穆宏强：《长江流域水资源保护科学研究之管见》，《长江科学院院报》2018 年第 4 期。

② 许继军、吴志广：《新时代长江水资源开发保护思路与对策探讨》，《人民长江》2020 年第 1 期。

③ 殷婀娜、邓思远：《京津冀绿色创新协同度评估及影响因素分析》，《工业技术经济》2017 年第 5 期。

④ Solmes L. A., Energy Efficiency: *Real Time Energy Infrastructure Investment and Risk Management*. Springer Science, Business Media B. V.: 2009, 121-143.

⑤ Hussain, Letey J., Hoffman G. J., et al. 2017. Evaluation of Soil Salinity Learching Requirement. Guidelines. *Agricultural Water Management*, 98 (4): 502-506.

⑥ 杨桂山、徐昔保：《长江经济带“共抓大保护、不搞大开发”的基础与策略》，《中国科学院院刊》2020 年第 8 期。

举措合力从根本上解决长江经济带水污染问题[①]。成长春等基于协调性均衡发展理论，从城市群协同联动的角度提出促进长江经济带绿色发展的相关建议[②]。高复阳等提出建立完善长江水生态环境保护“五统一”机制，即通过统一规划、标准、监测、执法、调度来预防并且治理长江经济带水污染问题[③]。Christian 等总结了美国流域开发治理存在的问题，并探索了解决问题的途径与对策[④]。Oitabi 等提出针对科威特等世界干旱地区，可以采取淡水回灌技术来有效缓解季节性缺水问题[⑤]。也有学者通过设计可视化框架，使现有水安全管理平台的自动化水平和应急响应效率有效提高[⑥]。

在水生态环境修复方面，王金南认为，应当采取差异化的保护修复措施，运用大数据、云计算等技术手段，进一步明确长江干流、重要支流和湖泊的水源涵养区域范围，规划珍稀濒危水生生物的休养生息周期[⑦]。杨冕、王银运用地理学时空分析与 GIS 可视化方法，模拟不同省份地区生态修复规划计划[⑧]。李芹等运用 MCR 模型测算江西赣南地区涉及废弃稀土尾矿的生态现状，并为构建生态安全格局提出有益建议[⑨]。谢莹基于 CLUE-S 模型模拟了重庆市渝北区土地利用情况，并提出优化发展方案[⑩]。有学者对

---

① 席北斗、李鸣晓、叶美瀛：《“水土固共治”助推长江经济带生态保护与绿色发展》，《环境与可持续发展》2019 年第 4 期。

② 成长春等：《“十四五”时期全面推进长江经济带协调性均衡发展的思考》，《区域经济评论》2021 年第 4 期。

③ 高复阳、方晓萌：《建立完善长江经济带水资源管理体制机制》，《中国国土资源经济》2019 年第 12 期。

④ Christian, M. , Measuring Its Impact on Imitation and Growth [J] . *Journal of Development Economics*. 2016, 18 (5): 31-55.

⑤ Oitabi, Ramzi, T. , et al. The Determinants of Innovation Capacity in the Less Innovative Countries [J]. *Journal of the Knowledge Economy*. 2017, 23 (2): 526-543.

⑥ Liu, Sohn, S. Y. , Evaluation of Global Innovation Index Based on a Structural Equation Model [J]. *Technology Analysis Management*. 2018, 28 (4): 492-505.

⑦ 王金南：《以生态补偿推动共抓长江大保护》，《人民日报》2018 年 9 月 17 日。

⑧ 杨冕、王银：《FDI 对中国环境全要素生产率的影响——基于省际层面的实证研究》，《经济问题探索》2016 年第 5 期。

⑨ 李芹等：《土壤改良剂对赣南废弃稀土尾矿的改良效应》，《应用化工》2018 年第 2 期。

⑩ 谢莹：《基于 CLUE-S 模型和景观安全格局的重庆市渝北区土地利用情景模拟和优化配置研究》，西南大学硕士学位论文，2017。

德国西部河流流域进行生态经济研究，建立地理信息的计量模型以及流域空间决策系统[①]。D. Benson 等研究了流域经济发展与资源利用的可持续性[②]。

在水灾害防治方面，孙磊峰以上海黄浦江为研究对象，模拟黄浦江防汛墙溃堤情况，并利用 Prob-2b 模型构建黄浦江汛期洪水危险性评价模型[③]。张正涛等通过构建评价指标体系，对长江流域水文站 30 年实测数据进行测算，重新演示洪水灾害风险[④]。陈曜基于四川省近 30 年洪水灾害数据资料，构建了洪水灾区损害预估模型[⑤]。李德宝等以 GIS、GDP、PS 为基础，构建水灾害事件防控系统[⑥]。吴兴征等采用 Monte Carlo 法设计斜墙式堤防[⑦]。Hollie 等以华盛顿州金县绿河堤防工程为研究对象，设计了堤防快速评价方法，并对当时的防汛指导系统提出了更新建议[⑧]。Pinter 等构建了堤防残余风险分析系统，并设计了堤防防护漫滩区二维栅格洪水模型[⑨]。

2. 国内外研究综述

综上可知，现有文献研究成果丰富，为本章的撰写提供了大量有价值的参考与借鉴，但是仍可从以下两个方面进行深入探讨。

一是在研究内容上可以更丰富，目前国内外学术界相关研究大多是基于跨区域综合治理理论进行案例分析，或基于生态环保协同治理理论探讨政府

---

① Martin, Pinto, H., Regional Planning and Latent Dimensions: The Case of the Algarve Region [J]. *The Annals of Regional Science*. 2008, 23 (2): 315-329.

② Benson D., Dalton J. B. J., Transnational Water Resource Management and Environmental Security [J]. 2012.

③ 孙磊峰：《上海市黄浦江防汛墙的安全性评价及洪水危险性分析》，华东师范大学硕士学位论文，2020。

④ 张正涛等：《不同重现期下淮河流域暴雨洪涝灾害风险评价》，《地理研究》2014 年第 7 期。

⑤ 陈曜：《基于层次分析法的生态影响评价方法研究》，《资源节约与环保》2018 年第 8 期。

⑥ 李德宝：《浅议地质勘察技术在房屋建筑中的应用》，《城市地理》2016 年第 24 期。

⑦ 吴兴征等：《特定场地下土工构筑物荷载变形曲线的概率密度分布》，《工程质量》2017 年第 9 期。

⑧ Hollie, et al. Improved Dynamic Programming for Reservoir Flood Control Operation [J]. *Water Resources Management*. 2017, 31 (7): 2047-2063.

⑨ Pinter N., Huthoff F., Dierauer J., et al. Modeling Residual Flood Risk Behind Levees, Upper Mississippi River, USA [J]. *Environmental Science & Policy*, 2016, 58: 131-140.

协同治理的必要性及府际的事权划分等内容，专门针对长江经济带水科技创新的研究鲜见。

二是在研究视角上值得拓展，现有国内外研究大多是对某区域生态环境绩效产出和科技创新水平进行综合评价，缺少分别针对水资源保护、水环境治理、水生态修复和水灾害防治进行科技创新成效梳理和总结的实证研究。

因此，本章将借鉴国内外已有研究成果，创造性地分析长江经济带水资源、水环境、水生态、水灾害“四位一体”的科技创新现状和成效，并根据实证结果，提出促进长江经济带生态环境治理科技创新的优化机制与实现路径。

第二节　长江经济带“四位一体”水环境治理的科技创新现状

一　水资源保护与技术创新

1. 长江水资源利用现状

总量下降而用量上升。长江流域土地总面积约 180 万平方公里，涉及 19 个省（自治区、直辖市），分为金沙江石鼓以上、金沙江石鼓以下、岷沱江、嘉陵江、乌江、宜宾至宜昌、洞庭湖水系、汉江、鄱阳湖水系、宜昌至湖口、湖口以下干流以及太湖水系共 12 个水资源区。水资源总量呈下降趋势，截至 2018 年底，长江流域水资源总量达 9373.6 亿立方米，较 2017 年总量下降 1242.4 亿立方米，降幅达 11.7%（见图 7-1）。水资源用量持续加大，截至 2018 年底，长江流域用水总量达 2071.7 亿立方米，较 2017 年总量上升 12.0 亿立方米（见图 7-2）；其中，农业用水量 995.1 亿立方米，占总用水量的 48.0%；工业用水量 722.0 亿立方米，占总用水量的 34.9%；生活用水量 328.3 亿立方米，占总用水量的 15.8%；生态环境补水量 26.3 亿立方米，占总用水量的 1.3%（见图 7-3）。

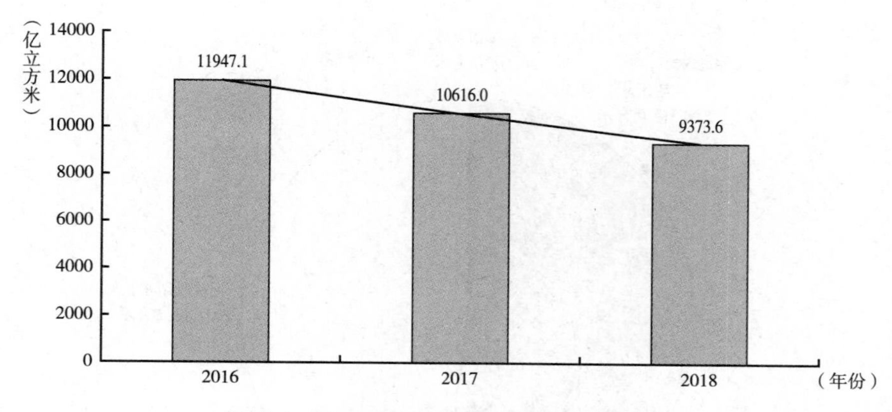

图 7-1　2016~2018 年长江流域水资源总量

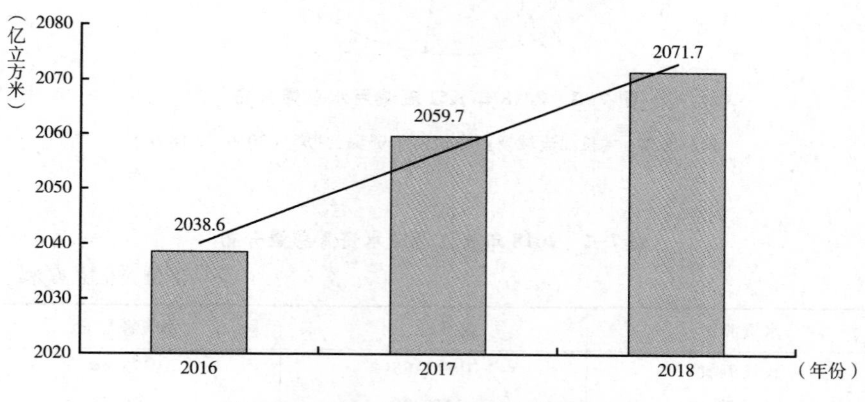

图 7-2　2016~2018 年长江流域用水总量

地区分布差异明显。长江委发布的 2018 年《长江流域及西南诸河水资源公报》显示，受降水空间分布不均匀影响，长江流域水资源总量分布也存在差异。2018 年，长江流域中、下游地区，特别是岷沱江、金沙江石鼓以下、洞庭湖水系和鄱阳湖水系降水总量都超过 1900 亿立方米，水资源总量也较大，占长江流域水资源总量的 57.06%；金沙江石鼓以上、汉江、太湖水系降水量相对较少，水资源总量也相对较少，仅占长江流域水资源总量的 15.83%（见表 7-1）。

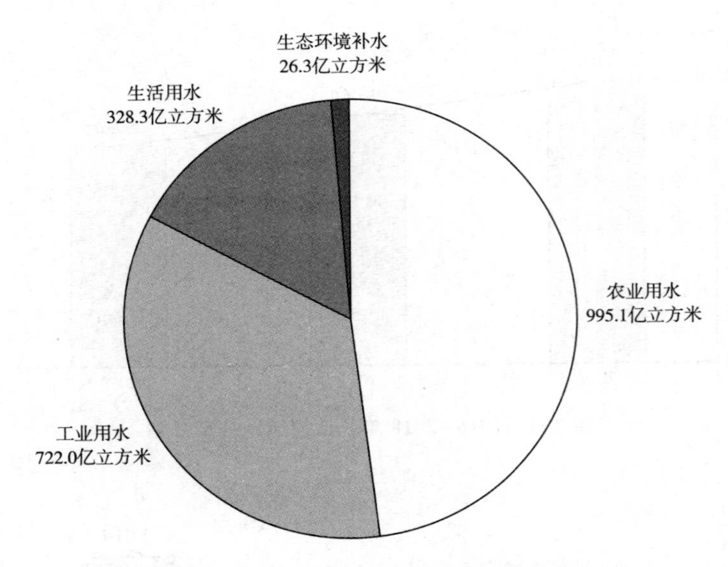

图 7-3　2018 年长江流域用水总量分布

资料来源：《长江流域及西南诸河水资源公报》（2016~2018 年）。

表 7-1　2018 年长江流域水资源总量分布

单位：亿立方米

水资源区	降水总量	水资源总量
长江流域	19367.85	9373.64
金沙江石鼓以上	1160.90	496.73
金沙江石鼓以下	2461.63	1224.31
岷沱江	1981.04	1304.27
嘉陵江	1571.17	737.75
乌江	1010.23	535.82
宜宾至宜昌	1074.09	547.74
洞庭湖水系	3553.82	1679.12
汉江	1304.64	458.31
鄱阳湖水系	2439.22	1140.48
宜昌至湖口	1112.71	488.57
湖口以下干流	1188.52	529.20
太湖水系	509.88	231.34

资料来源：2018 年《全国水利发展统计公报》。

开发利用成效显著。截至 2018 年底，流域内已建成水库 84672 座，水库总容量达 6944.3 亿立方米，除涝面积达 13440.5 千公顷，有效治理水土流失 83273.8 千公顷；年供水量达 2071.7 亿立方米，较 2017 年增加 11.7 亿立方米。在此基础上，2019 年长江流域进一步扩展建成包括 40 座控制性水库、46 处蓄滞洪区、10 座重点大型排涝泵站、4 座引调水工程等在内的 100 座水工程，水资源调度范围扩展至全流域。农村水利设施持续完善，截至 2018 年底，长江流域农村水电建设完成投资 94.9 亿元，年末设备容量达 7539.0 万千瓦，在建水电站规模 535.0 万千瓦。

2. 长江水资源保护面临的问题

供水保障能力不强。一是局部地区水资源供需矛盾突出。长江流域多年来年平均缺水 14 亿立方米，且有专家根据长江流域综合规划的供需平衡结果计算得出，在 50%、75%、90%保证率情况下长江全流域依然分别缺水 14 亿、38 亿和 101 亿立方米，这些缺水地区主要集中在四川盆地腹地、滇中高原、黔中、湘南湘中、赣南、唐白河、鄂北岗地等地区[①]。二是缺水成因多元化、复杂化。上游和河源的局部地区气候条件恶劣，生态环境脆弱，主要表现为资源性缺水；中、下游地区人类活动频繁，围湖造田、开垦耕地、排放污水等对长江流域生态环境造成严重破坏，主要表现为水质性缺水。

节水、用水效率不高。当前长江流域水资源利用方式和技术还较为粗放，用水浪费现象仍较严重。截至 2018 年底，长江流域人均综合用水量 449 立方米，万元国内生产总值（当年价）用水量 64 立方米，万元工业增加值（当年价）用水量 62.3 立方米，为全国平均水平的 1.5 倍[②]；城镇人均生活用水量 261 升/天，农村居民人均生活用水量 96 升/天，农田灌溉亩均用水量 418 立方米，超过全国平均水平 10%，长江流域整体的节水管理与节水技术还比较落后。

---

① 王俊：《长江流域水资源现状及其研究》，《水资源研究》2018 年第 1 期。

② 许继军、吴志广：《新时代长江水资源开发保护思路与对策探讨》，《人民长江》2020 年第 1 期。

3. 长江水资源保护科技创新实践

有效提升水功能区监管水平。明确提出水资源开发利用控制、用水效率控制和水功能区限制纳污“三条红线”的主要目标；组织完成了长江流域重要水功能区划分，成果已列入《全国重要江河湖泊水功能区划（2011-2030年）》；充分利用南水北调工程，发挥工业用水、城市用水和生态用水的战略作用。

大力提高水资源利用效率。以提高用水效率为核心，主推节约用水技术，大力推进长江流域节水型社会建设。持续加快水利工程现代化建设，逐步建立起以防渗渠道和管道为主的输水工程体系；改造传统农业灌溉过程，结合当地灌溉情况调整节水措施，优化灌溉方式，有效缓解当地水资源短缺；加强工业领域节水，促进重点行业用水达到先进定额标准，淘汰高耗水工艺、技术和设备等（见表7-2）。

表7-2　2016~2018年长江流域水资源保护科技创新成果

序号	名称	年度	技术说明	应用领域
1	汉江流域水资源统一调度技术	2016	建立基于NAM模型的汉江流域水资源预测模型，对统筹协调全流域水资源利用、制定应急调度方案提供技术支撑	提高流域和区域水资源管理的科学化、信息化和现代化水平，支持南水北调中线工程、引汉济渭等调水工程的调度
2	长江口供水安全水资源调配技术	2016	以大通断面、宜昌断面流量为目标，对枯水期三峡单库调度方案、干支流联合调度方案及应急预案、枯水期中下游沿江取（调）水方案等进行研究，并探索协调长江口水资源问题和长江口地区污染防治综合技术	在长江口地区平原水库等水源工程、防治咸潮倒灌综合整治工程、水污染防治工程的规划设计中有广泛应用
3	水资源红线管理基础和监测统计考核体系	2016	基于二元水循环理论构建最严格的水资源管理制度体系，制定“三条红线”管理指标	为水资源司实施最严格水资源管理制度考核提供了方法和技术支撑
4	用水效率驱动因子分析及动态调控技术	2016	针对用水效率关键驱动因子诊断和调控问题，打通了用水效率影响机理、因素、评价指标、模型技术、动态调控方面的技术瓶颈	通过水利部国际合作与科技司组织的科技成果鉴定，在用水效率关键驱动因子诊断、用水效率函数构建方面居国际先进水平

续表

序号	名称	年度	技术说明	应用领域
5	地下水资源综合检测与模拟管理技术	2017	引进3个国家（荷兰、加拿大、美国）生产的设备和软件，形成地下水资源监测与模拟管理的成套技术	监测手段先进，信息传输及时，实效性优越，满足经济社会发展对地下水管理的要求
6	时差法流量监测技术	2017	在江苏双沟水文站进行应用验证，攻克换能器、无线时钟同步及信号处理等关键技术，形成具有自主知识产权的国产化时差法流量监测装置	有利于提高我国河流、湖泊流量在线监测能力，有效保障水文测量数据完整性和连续性
7	太湖流域综合调度及河湖有序流动技术	2018	建立太湖与出入河湖道水体有序的联动模式、典型片区水体有序流动模式，完成基于水体有序流动相应机制的典型区域工程调度	应对太湖流域大洪水、保障太浦河水源地供水安全等综合调度
8	云南高原湖泊水资源遥感监测技术	2018	对云南九大高原湖泊的水量水质现状分析、水资源动态监测系统开发	应用于云南省九大湖泊水环境监测、滇池环境治理，为九湖水源精细化管理和保护等提供决策依据

资料来源：水利部。

二　水环境治理与技术创新

1. 长江水环境治理现状

“大保护”总体布局基本完成。在中共中央、国务院的高位推动下，2016年5月《长江经济带发展规划纲要》（以下简称《规划纲要》）正式出台，这是推动长江经济带发展的纲领性文件。《重点流域水污染防治规划（2016—2020年）》《长江经济带生态环境保护规划》《长江保护修复攻坚战行动计划》等文件相继印发实施，为长江大保护提供了总体方向与思路。围绕相关文件的具体落实，长江流域沿江各级党委、政府纷纷配套出台了一系列专项规划、政策文件和实施方案，包括长江经济带生态环境保护在内的

10个专项规划，11个沿江省市《规划纲要》实施方案，以及城镇污水垃圾处理、化工污染治理、农业面源污染治理、船舶污染治理、尾矿库污染治理、省际协商合作机制等一系列支持政策。至此，基本形成了以《规划纲要》为统领，相关专项规划、地方实施方案和支持政策为支撑的“大保护”规划政策体系。

水环境质量稳步提高。河流水质逐年提升。截至2018年底，长江流域全年期评价河长85842.9公里，其中，Ⅰ～Ⅱ类水的河长为58459.0公里，占评价河长的68.1%，较2017年上升5.2个百分点；Ⅳ类、Ⅴ类、劣Ⅴ类水的河长为10129.5公里，占评价河长的11.8%，较2017年下降0.1个百分点（见图7-4）。达标水功能区不断增多。截至2018年底，1261个长江流域水功能区中，达标水功能区1008个，占评价水功能区总数的79.9%，较2017年上升了1.9个百分点（见表7-3）。其中，达标的一级水功能区（不含开发利用区）占81.2%，二级水功能区占78.6%。饮用水水源地水质有效保障。截至2018年底，长江流域评价水源地544个，较2017年增加29

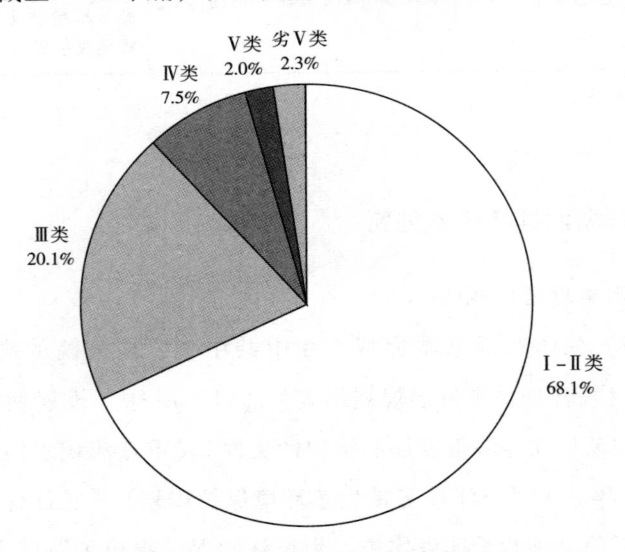

图7-4 2018年长江流域河流水质类别组成

资料来源：2016～2018年《长江流域及西南诸河水资源公报》。

个；全年水质均合格的水源地占评价水源地的71.9%；水质合格率在80%以上的水源地占评价水源地的85.3%。与2017年相比，水源地水质合格率上升的占16.0%。

表7-3　2016~2018年长江水环境质量情况

年份	2016年	2017年	2018年
达标水功能区数(个)	882	983	1008
达标水功能区占比(%)	73.8	78.0	79.9
水源地总数(个)	481	515	544
合格水源地占比(%)	70.3	73.2	71.9

资料来源：2016~2018年《长江流域及西南诸河水资源公报》。

污染防治成效显著。采用清洁生产工艺技术，从源头控制工业污染产生，主要化工污染物排放强度持续下降。根据《中国统计年鉴》统计，2013~2017年，长江流域COD、氨氮、总氮、总磷排放量分别下降了45.81%、39.92%、35.08%和66.75%，且已越过库兹涅茨曲线拐点进入下行期（见图7-5）。

发展绿色、生态、循环农业技术，农业面源污染得到有效遏制。推动主

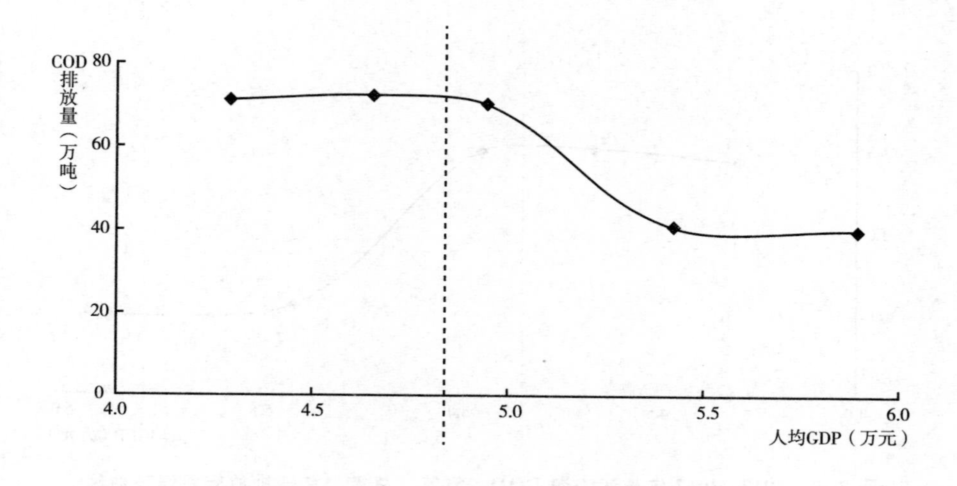

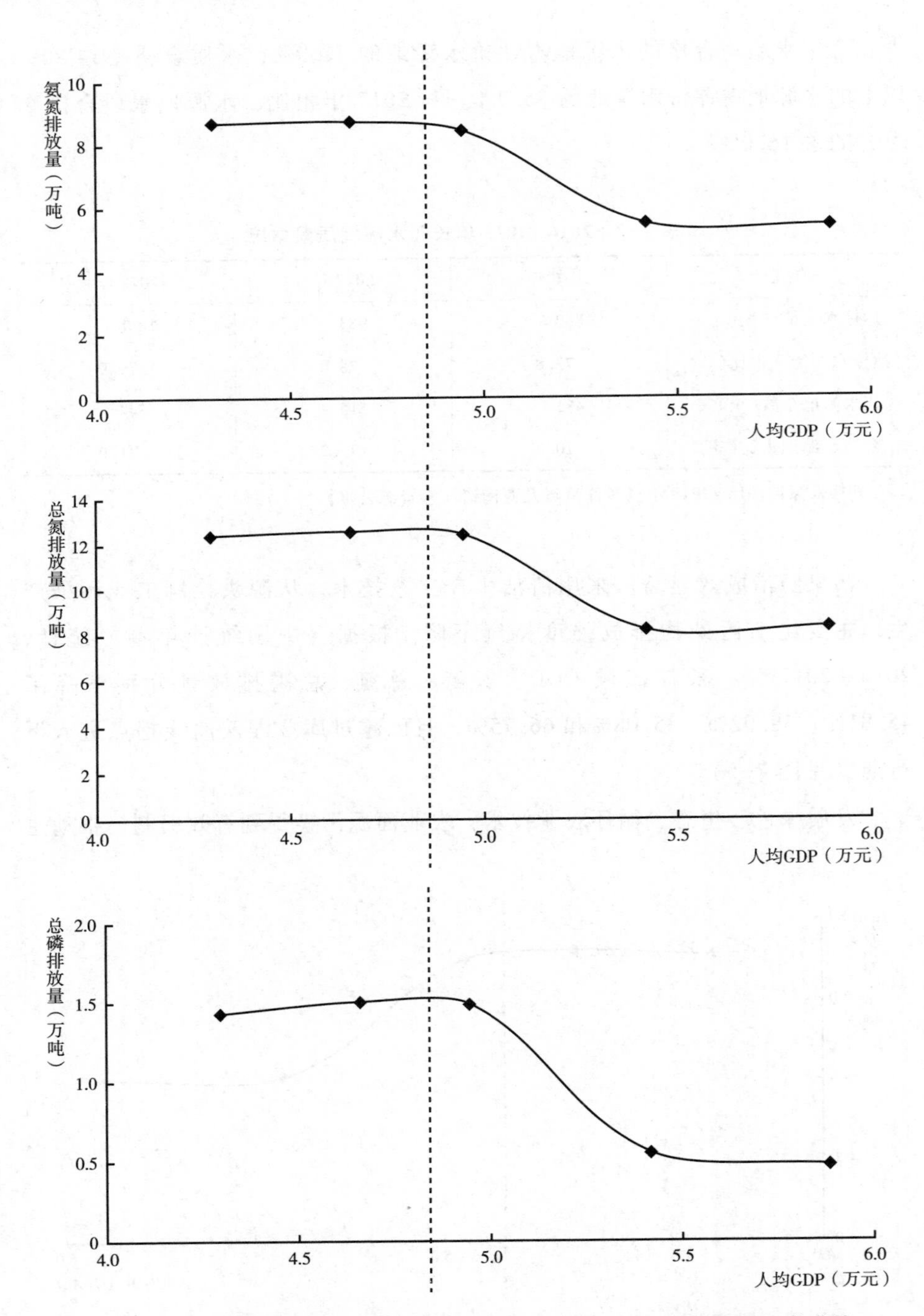

图 7-5　2013~2017 年长江流域 COD、氨氮、总氮、总磷排放库兹涅茨曲线

要农作物测土配方施肥，2015~2018年，长江流域农药化肥使用量实现双降（见图7-6），累计分别减少农药使用量183129.84吨和化肥施用量（折纯量）245.39万吨，农药使用强度和化肥施用强度分别下降15.20%和6.38%。加强畜禽养殖污染物处理，截至2019年底，长江经济带畜禽粪污综合利用率达到74%，共有744个水产养殖主产县完成养殖水域滩涂规划编制工作，搬出和转移禁养区内的水产养殖规模达178.9万亩；创新出江西省新余市"N2N"畜禽养殖污染治理、浙江省龙游县第三方治理、湖南省桃源县区域综合治理等治理模式与技术。

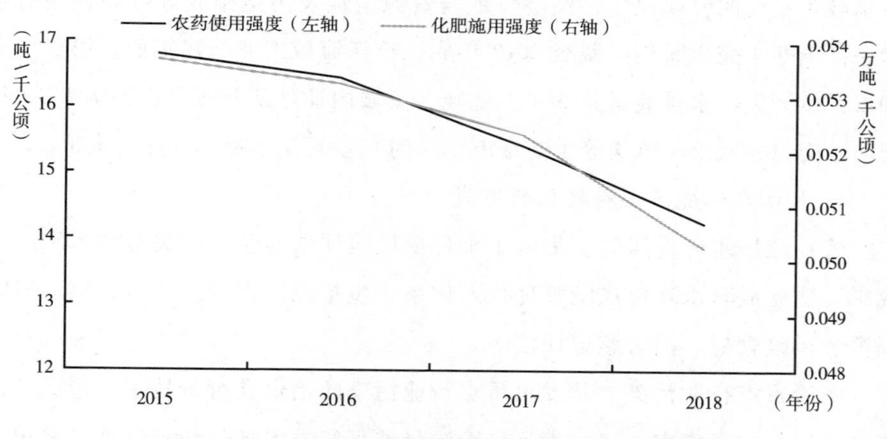

图7-6　2015~2018年长江流域农药和化肥使用强度

提高码头污水处理能力，有效治理船舶污染。截至2019年底，长江干线1361座非法码头已彻底完成整改。创新尾矿综合治理模式，持续推动矿山修复。运用"互联网+"技术在线监测矿区环境状况，建立尾矿库环境风险档案，中央预算投资3亿元支持长江经济带各省市尾矿库治理项目建设；截至2019年底，沿江11省市已有579座尾矿库完成闭库，沿江两岸造林绿化1318万亩，基本建成长江两岸绿色生态廊道，长江生态屏障得到进一步巩固。

2. 长江水环境治理面临的问题

有毒有害污染物处理技术存在短板。近年来，虽然长江流域水质环境得到有效改善，首要超标污染物总磷的浓度下降明显，但水华现象并未彻底根治，且水体中仍有大量未被列入水质评价体系的非常规指标物质，对于这类物质的处理技术尚不成熟，其对饮用水安全、水生生物保护依然存在巨大潜在威胁。相关调查显示，长江流域内化学品生产的六大行业主要涉及230种有毒有害污染物，包括内分泌干扰物（约60种）、持久性生物累积性有毒污染物（PBT）、强持久性高生物累积性有毒污染物（vPvB）（约90种）、突发环境事件高发类化学品（30多种）和重金属（30种）[①]。

产业绿色转型关键领域仍待突破。改革开放40年来，高强度开发建设和高密度人口产业布局给长江流域产业绿色发展带来了巨大干扰，部分传统产业承载了重要的就业民生，经济发展与资源消耗及污染排放等行为在现有技术条件下并未完全脱钩。截至2018年底，长江流域工业、建筑业、第三产业和城镇生活废污水排放量达344.1亿吨，流域内Ⅲ类以上河段占比为88.2%；上海、南京、武汉、重庆等主要城市江（河）段近岸水域仍存在污染带。

3. 长江水环境治理科技创新实践

管控流域水环境风险。集成了水环境风险评估与预警的关键技术和应用成果，建立成套水环境风险管理技术体系，包括风险识别、风险评估、风险预警、风险管控、损害鉴定评估等。

防治重点行业污染。开发出重点行业污染防治最佳可行技术，形成了污染防治可行技术指南。建立水污染防治最佳可行技术评估指标体系，提出了重点行业污染防治BAT评估、验证与集成方法和技术体系。

表7-4　2016~2018年长江流域水环境治理科技创新成果

序号	名称	年度	技术说明	应用领域
1	南方水稻灌区节水防污技术	2016	针对南方水稻灌区面源污染问题，提出综合考虑节水、增产、防污的水稻田间水肥综合调控示范推广模式与沟渠塘堰湿地净化协同防污模式	在湖北漳河灌区、江西赣抚平原灌区、浙江杨溪灌区建设了3处沟渠塘堰湿地治污示范工程。项目示范区亩均增产5%，节水14.5%，灌溉水分生产率提高24.2%，累计节水增产经济效益1.4亿元

① 卢少勇等：《湖泊有毒有害化学品调查刍议》，《环境科学研究》2017年第2期。

续表

序号	名称	年度	技术说明	应用领域
2	湖库水华生态风险发生机制与适应性调控技术	2016	研究水华暴发影响因素及其驱动机制，建立了三维湖库生态动力学模型和水华时空动态预测系统，形成库湾水华控制水利调度、快速除藻协同底泥原位修复等水华控制技术	该研究成果已在太湖、滇池、三峡水库等湖库应用，效果显著
3	基于水文实验流域的污染物迁移规律研究	2016	基于水文要素构建氮磷输出负荷预测模型	该技术已在江淮丘陵地区开展水文实验，设计出的流域水量水质同步监测体系对非点源污染监测具有指导意义，有效支撑了我国最严格的水资源保护“三条红线”的政策落实
4	重点流域典型水源地风险污染物筛查和评价	2017	选择我国流域中的典型水源地，系统调查水源水体中具有生态和健康风险的有毒有害污染物和致病微生物现状浓度和风险水平，研究了水源地优先污染物及致病微生物的筛查和优先排序技术方法	系统评价了包括长江流域在内的多个国内水源水质现状，建立了85种VOCs、62种SVOCs和131种PPCPs的定性和定量分析方法，供中国科学院、国家生态环境部等决策参考
5	农田水肥微生物调控技术	2017	确立了制约农田水肥利用率的关键因素以及提高经济作物水肥利用效率的水肥管理技术和措施，在水—氮—微生物耦合交互作用方面取得了创新和突破	该技术为进一步提升作物对水肥的有效利用和控制农业面源污染提供了理论和依据，分别在江苏省南京市、东台市、苏州市、徐州市和山东省日照市等地建设了5个项目示范推广基地
6	河湖连通工程水环境改善综合调控技术	2017	对太湖流域河网80个关键调控节点以及太湖受水湖区20个点位的水量与水质进行了跟踪，系统性地提出了规避风险的分级应急调控方案，开创性地提出了河湖连通工程体系联合运行水环境改善综合调控技术与策略	已应用于太湖流域河湖连通工程体系完善、骨干工程水量水质综合调控、突发性灾害应对管理等实践中，技术方法已成功应用于苏州古城区等城市水环境改善实践，连续4年累计直接经济收益超过10亿元

续表

序号	名称	年度	技术说明	应用领域
7	矿井废水综合生态治理示范技术	2017	形成高浓度悬浮物矿井废水高效处理及综合利用示范技术与工艺	在江苏省徐州市煤矿地区广泛应用，在我国采煤塌陷区水环境综合治理、煤矿矿井废水处理后回用、闭坑矿井地下水补给方面具有广泛应用前景
8	珠湖蓄滞洪区与鄱阳湖国家湿地公园协同技术	2018	构建了湿地公园生态环境承载力和生态系统健康评价指标体系，综合评估了湿地公园生态环境承载力和生态系统健康状况，提出了湿地公园的敏感性分区及合理开发、保护与管理的对策措施	已在鄱阳湖国家湿地公园得到应用，取得了显著的社会、经济和生态效益，为我国类似蓄洪区的防洪安全与湿地资源合理开发利用提供新的思路和借鉴
9	江西省水生态文明建设与评价关键技术	2018	该项目结合江西省开展水生态文明建设需求，提出了江西省"县、乡(镇)、村"水生态文明总体思路、建设体系与主要内容，构建了评价指标、评价模型和评价方法，形成了"县、乡(镇)、村"水生态文明建设的应用技术模式	已由江西省水利厅在全省范围内推广应用，为我国南方类似地区开展水生态文明建设提供参考和借鉴

资料来源：水利部。

三　水生态修复与技术创新

1. 长江水生态系统现状

生态服务价值极高。长江多年平均径流量达 9.6×10^{11} 立方米，约占全国淡水资源总量的36%，不仅满足了全国约42%人口生活、38%粮食生产和44%国民生产总值（GDP）产出的生产生活用水需要，而且还通过南水北调中线和东线等跨流域调水，缓解了华北地区城乡水资源短缺问题，是国家未来水资源安全的重要依靠。

天然物种资源丰富。长江流域共有重要保护物种 1034 种，包括植物 568 种、哺乳动物 142 种、鸟类 168 种、两栖动物 57 种、爬行动物 85 种、鱼类 14 种。此外，长江还是我国众多珍稀濒危水生野生动物的重要栖息繁衍场所，共有包括中华鲟、白鲟和长江鲟在内的国家一、二级重点保护水生野生动物 14 种。

发挥重要生态功能。全国重要生态功能区有 25 个处于长江经济带，占全国重要生态功能区总数的 47.1%。其中，全国重要水源涵养生态服务功能区 8 个。建有各类自然保护区 1066 个，其中，国家级自然保护区总数达 165 个。

2. 长江水生态系统面临的问题

水利工程改变流域生境。一方面，随着水利和水电工程的大规模投入，长江全流域被大坝阻隔成许多片段，严重影响鱼类洄游，导致其产卵生境受损。另一方面，水电梯级开发造成激流生境锐减，流水性鱼类栖息生境消失，产卵期延迟，如“四大家鱼”的自然繁殖期就推迟 20 多天，且繁殖规模锐减。

部分水生态系统退化严重。以鄱阳湖为例，枯水期水位迅速下降，水面缩小、洲滩出露面积增加，洲滩较高处湿地退化为草甸；湖区鱼类资源量较 20 世纪 80 年代以前剧减 70% 以上，经济鱼类种群呈现低龄化、小型化等现象。

3. 长江水生态修复科技创新实践

强化受扰水域生境保护与修复。采取国土整治、植被恢复、岸线修复等措施，实施综合修复治理，逐步恢复相应生态系统功能。

针对关键物种进行栖息地保护。主要通过修建生态廊道、建设生物岛、对生物栖息地进行特殊保护等技术手段，营造良好的生物栖息环境；结合重要生态系统保护修复工程对珍稀濒危动植物进行封育保护，带动生态空间整体保护修复。

表 7-5　2016~2018 年长江流域水生态修复科技创新成果

序号	名称	年度	技术说明	应用领域
1	鄱阳湖水利枢纽工程对流域水环境调控技术	2016	开发出一维河网和二、三维多个水质指标的水质模型和枢纽调度模型	在江西省南昌县向塘镇高田村建立 300 亩核心示范点，辐射面积 800 亩，取得良好社会经济效益

续表

序号	名称	年度	技术说明	应用领域
2	中低水头水利枢纽船闸过鱼能力及其改进措施	2016	以葛洲坝水利枢纽为研究对象,测定鱼类的感应流速和喜好流速,得到鱼类行为对水流的响应关系	有力提高船闸过鱼能力,对已建或新建水利枢纽提供经济、高效的生物过坝技术措施
3	水库速生桉树人工林技术	2017	建立了桉树人工林对水库生态环境影响机制以及试验林区与受纳水库整体耦合输血模型	为广西壮族自治区、南宁市以及钦州市等地开展速生桉地方立法等方面提供重要支持
4	长江上游水电开发生态制约及适应性研究	2017	基于GIS技术和层次分析法,构建了一套适用于水电开发的生态敏感度评价指标体系及模型,为水电开发生态环境保护提供了重要技术支撑	已在金沙江、岷江、雅砻江、赤水河和嘉陵江等流域综合规划、规划环境影响评价和长江经济带生态保护规划中得到了应用
5	湖北省湖泊水生态自动监测技术	2017	引进美国YSI公司全自动水下生态层析影像仪,提高了对湖泊水生态系统监测评价的机动性和工作效率	在典型湖泊武汉市江夏区鲁湖开展了全湖水生态水环境参数监测示范应用,在荆州市监利县湖泊开展了水下水生物探测及地形测量推广应用,提高了湖北省对湖泊生态系统分析研究能力

资料来源：水利部。

四　水灾害防治与技术创新

1. 长江水灾害防治现状

防洪减灾体系基本形成。长江流域是我国洪灾的多发地区，特别是中下游平原地区，洪灾频繁且严重。新中国成立以来，经过70多年艰苦卓绝的治理，长江流域防洪水平有了显著的提高。当前，长江流域已基本形成以堤防为基础、上游控制性水库为骨干，其他干支流水库、蓄滞洪区、河道整治工程及防洪非工程措施相配套的综合防洪技术体系[①]。

---

① 胡春宏、张双虎：《论长江开发与保护策略》，《人民长江》2020年第1期。

供水灌溉能力逐步提高。长江流域已建成地表水蓄、引、提、调水工程设施520余万座（处），其中各类水库5.2万多座，总兴利库容超2000亿立方米，地下水取水井3300多万眼，有效灌溉面积2.73亿亩①。

水土保持成效显著。《长江流域水土保持公报（2006-2015年）》和《长江流域水土保持公报（2018年）》显示，2002~2018年长江流域水土流失面积减少了34.68%，强烈及以上水土流失面积占比下降了5.3个百分点（见表7-6）。

表7-6　长江经济带水土流失情况

单位：万平方公里

数据来源	水土流失面积	轻度	中度	强烈	极强烈	剧烈
全国第二次水土流失遥感调查（2002年公布）	53.08	20.76	21.32	8.56	1.92	0.52
第一次全国水利普查（2013年公布）	38.46	18.67	10.55	5.25	2.84	1.15
全国水土流失动态监测（2018年公布）	34.68	24.72	4.61	2.52	2.00	0.82

资料来源：水利部长江水利委员会统计公报。

2. *长江水灾害防治面临的问题*

支流及湖泊堤防防洪能力不足。长江流域片中小河流数量众多，分布面广，防洪基础设施十分薄弱，大部分流域面积200平方公里以下的农村河流尚未得到有效治理，多处仍面临“大雨大灾、小雨小灾”的局面。

城市防洪和圩区排涝问题突出。2020年6月，长江流域内城市洪涝灾害直接经济损失已达241亿元，多个大中城市生产生活受到严重影响。此外，由于长江中下游圩区地势低洼，排涝能力严重不足，“关门淹”情况十分突出。

---

① 《第一次全国水利普查成果丛书》编委会编《全国水利普查综合报告》，中国水利水电出版社，2017。

防洪社会化管理薄弱环节依然突出。一是河道崩岸综合治理不足。据不完全统计[①]，长江干流河道有约840公里崩岸险段，迫切需要进行除险加固、综合治理。二是病险水库影响防洪安全。目前，长江流域仍有一定数量的水库带病运行，多地防洪设施正经受严峻汛情的考验。三是基层防汛预警系统不健全。受财力、人力等限制，许多县乡级的防汛预报预警体系和信息平台建设并不健全，对于流域洪涝灾害预报预警的及时性、准确性仍然不足。

3. 长江水灾害防治科技创新实践

提升支流和两湖防洪排涝水平。完善岷江、嘉陵江、汉江、湘资沅澧四水、赣抚信饶修五河等主要支流及洞庭湖、鄱阳湖区重点圩垸堤防的建设，完善洞庭湖区、江汉平原区、鄱阳湖区等重点涝区排涝、蓄涝工程建设。

提高崩岸及河道系统治理能力。推进长江中下游崩岸治理，加强长江中下游重点河段及重要险工段的巡查、监测及研究；推进河道治理，不断完善荆江、岳阳、武汉、铜陵、芜裕、南京等重点河段的系统治理技术。

完善重点工程建设。实施山洪灾害调查评价，加强山洪灾害监测预警、风险评估、治理技术等工作。优化重点中小河流治理，使治理河段基本达到国家防洪标准。完善蓄滞洪区生态补偿机制，探索建立长江流域洪水保险制度。开展长江流域水工程综合调度系统建设，强化流域联合调度管理水平。

表7-7　2016~2018年长江流域水灾害防治科技创新成果

序号	名称	年度	技术说明	应用领域
1	中小河流突发性洪水监测预警关键技术	2016	研制了水文应急监测设备，集成研发了实用预报模型库，构建了预警指标体系，实现了天地一体化应急监测、无资料地区洪水预报、中小河流洪水雨量预警指标确定等关键技术的突破	已在国家和地方中小河流洪水管理、突发水事件应急处置、山洪灾害风险预警等工作中发挥了重要作用

① 陈敏：《2016年长江防洪成效与流域防洪减灾工作思考》，《人民长江》2017年第4期。

续表

序号	名称	年度	技术说明	应用领域
2	治涝标准及关键技术	2016	提出了治涝区划划分和涝区分类方法，建立了治涝区划框架体系；界定了水利除涝和市政排水计算方法的应用范围	已在浙江、江苏、江西等省区的涝区治理和治涝工程设计中广泛应用
3	城市防洪排涝系统管理软件开发	2016	自主研发了城市防洪排涝系统管理软件，具有模拟方案管理、空间编辑、模拟结果表达、数据查询、资料管理等功能模块，以二维或三维的形式展示城市水淹状况，为城市防洪排涝提供辅助决策依据	以山东省济南市城区排水系统为研究对象，开发了济南市城区马路洪水与交通安全分析查询系统
4	小流域山洪地质灾害预测预报关键技术	2017	针对小流域山洪地质灾害预测预报前沿科学问题，以灾害群发和频发机理研究为核心，形成了山洪滑坡预警预测理论和方法	研究成果已应用于河南栾川、福建德化等小流域地质灾害防治，建立了监测及预测预报系统
5	珠江三角洲水文情势变化及防洪对策研究	2017	通过分析珠江三角洲上游洪水、网河区及河口主要潮位站的水文情势变化规律与演变趋势，进行非一致性水文频率计算；构建水动力数值模型，对比不同方案的网河区控制断面水位变化差异性	通过该项目的实施，指出珠江三角洲地区水文情势的变化趋势，得出珠江三角洲地区在非平稳条件下的水文频率分析计算成果及设计水面线成果，最终给出珠江三角洲区域的防洪建议
6	水利工程组合影响下的实时洪水预报新技术	2017	研究工程组合影响下的洪水过程演变规律，研究多元信息可靠性及融合与抗差技术、基于气象预报的实时洪水预报精度与预见期协同技术、无资料与区间流域的水文相似性分析技术、水利工程影响下的洪水实时校正技术，并研制了相应软件	以嘉陵江为典型研究区域，以涪江和渠江流域为研究区典型小流域，在长江水利委员会水文局的实时洪水预报系统中得到集成应用，有效提高了洪水预报精度和预见期
7	长江中下游实时洪水应急响应关键技术	2017	在预测新时期长江中下游水沙关系、江湖关系变化的基础上，建立长江中下游集洪水预报、防洪调度于一体的整体模拟模型，融合了 GIS/RS 技术、软件开发技术、网络技术等，开发了基于 WEBGIS 的应急响应系统	已在长江委防汛抗旱办公室投入应用，为长江中下游防汛应急调度决策提供技术支撑

续表

序号	名称	年度	技术说明	应用领域
8	水闸工程安全评价及除险加固关键技术	2018	围绕影响三四类水闸判别的主要因素，对主要病害的形成与发展机理、检测与监测、评价与修复技术及配套政策进行系统研究，提出对现行水闸除险加固管理办法、安全评价导则修改的建议	已在荆北长江干堤新滩口闸、潮州水闸等工程中得到了示范运用
9	三峡水库运用后荆江河道再造过程及影响研究	2018	利用长江防洪实体模型，结合河网水流数学模型，预测了现状和河道再造地形下荆江典型河段的洪、枯水位，流速变化等，阐明了河道再造过程对防洪形式和取水工程运用的影响	已应用于荆江河段的河道治理和航道整治方案的制定、设计和工程实施，为三峡及上游控制性水库优化调度方案的制定和长江防洪调度方案的制定提供科学依据

资料来源：水利部。

第三节　促进长江经济带水环境治理的科技与机制创新建议

长江水生态环境健康状况事关中华民族永续发展的大局，必须坚持以问题为导向，坚持全国一盘棋，从总体上进行谋划，紧密围绕提升流域水资源保障水平、水治理现代化程度、水生态环境健康状况、水灾害防治能力，构建“四位一体”的长江大保护与水安全科技与机制创新体系。

一　加大水环境领域前沿基础研究力度

一是以新时期长江大保护和水安全重大科技需求为导向谋划顶层设计。从国家层面明确目标和任务，找准突破口和发力点，提前谋划重大问题研究。以长江水质目标为例，《长江经济带发展规划纲要》和《长江保护修复攻坚战行动计划》分别对2020年长江流域水质优良率（达到或优于Ⅲ类）提出了目标要求，应在此基础上，结合长江流域水安全工作实际情况，尽快出台“十四五”时期长江流域水质发展目标，为切实提高长江治理的精准性和有效性提供科学基础。二是加强对长江流域区域性环境问题成因的研究，并总结其时空演变规律。从流域整体的角度，综合生态系统、污染物、物质交换等多要素、多介质、多过程的相互影响，构建科学合理、可操作的调控机制。三是针对当前长江流域科研工作系统性、整体性、实用性不强，各自为政、缺乏协同攻关等弊病，加大科技资源整合力度，开展多领域、多学科、多层次联合攻关，进行重大变革性、颠覆性生态环境保护技术原理研究，强化长江流域科技创新的有效供给。

二　强化水环境领域关键核心技术攻关

系统梳理长江大保护和水安全“卡脖子”技术短板，聚焦水资源节约利用与优化配置、水生态环境保护、流域综合管理、环境污染监测、控制性工程联合调度、防洪抗旱减灾等领域，广泛拓展研究渠道，强化模型、设备、装备等核心元器件自主研发，突破在设计、生产、应用等环节的技术瓶颈；加强重大科技成果梳理与提炼，组织“水利部公益性行业科研专项”“水利部‘948’计划项目”“水利部科技推广项目”“科技部支持项目”等成果推广和应用；在“十四五”国家科技创新规划中，设立国家重点研发计划“长江大保护和水安全重点专项”，鼓励申报“流域水安全”国家重大科技专项、长江水科学研究联合基金、水利部专项等重大项目，出管用实用的硬核成果。

三　构建水环境领域科技创新供给机制

一是不断完善科技创新平台体系。围绕长江流域科技创新能力提升，加强流域内国家级创新平台、省部级创新平台、大数据平台等建设与布局优化，鼓励大数据、5G 网络、人工智能等高新技术在水环境治理、水生态保护与修复、生态水道等长江大保护重点领域的应用。

二是充分发挥国家制度和治理体系优势。坚持全国一盘棋，充分发挥“集中力量办大事”的国家制度和治理体系优势，加强统筹协调，集中力量抓重大、尖端、高新技术攻关，加快形成以国家战略需求为导向、以重大产出为目标、职责权利清晰的科技资源配置模式，实现科技资源优化配置。

三是持续加大科技创新支持力度。依托国家重大生态环保行动，加大“十四五”期间针对长江大保护和水安全相关的重大科技项目设立。如依托蓝天碧水净土保卫战，设立长江流域水生态环境保护与修复重大科技项目；依托饮用水水源地排查整治行动，设立长江流域重点水源地土壤与地下水污染风险管控与修复重大科技项目；依托农业农村污染治理攻坚战，设立长江流域农村环境综合治理和农业面源污染防治重大科技项目等。根据长江流域生态环境治理能力现代化要求，建立长江大保护和水安全科技示范区。如为提升生态安全和生物多样性保护水平，建立长江流域生态系统保护修复与生态空间智慧监管示范区、生态环境与预警智慧工程示范区等。此外，还应优化财政科技投入结构，每年按一定比例划拨支持长江大保护和水安全科技创新，并逐渐增加。

四　鼓励水环境领域科技成果转移转化

企业是科技和经济紧密结合的重要力量，应该成为技术创新决策、研发投入、科研组织、成果转化的主体。要制定和落实鼓励企业在长江大保护和水安全领域技术创新的各项政策，强化企业创新倒逼机制，引导企业加快发展研发力量。要加快完善水生态相关科技成果使用、处置、收益管理制度，发挥市场在资源配置中的决定性作用，形成推动长江大保护和水安全科技创新强大合力。要培育壮大流域生态环保产业，支持依托生态环保企业建设国家技术创新中心，培育有国际影响力的行业领军企业。

五　培育壮大水环境领域科研人才队伍

一是加强青年人才培养。鼓励优秀青年人才在水生态安全相关领域勇于实践，加大对青年科研人员资助力度，健全与青年人才岗位、能力、贡献相适应的激励机制，构建完备的人才梯次结构。二是发挥学术带头人作用。充分发挥领军人才、骨干人才的作用，构建具有较强攻关能力和核心竞争力的科研创新团队。三是加强“高精尖”人才吸引。着力优化引才结构，面向全球引进和使用各类水生态安全领域人才资源，特别是顶尖人才和高层次人才的引进，不断强化高水平创新团队建设，把各方面优秀人才集聚到长江大保护和水安全建设的宏伟事业中。

第八章
长江经济带城镇化与产业集聚协调机制

统筹推进长江经济带经济共同体与生态共同体建设，真正走“生态优先、绿色发展”之路，根本出路在于提升长江沿线地区产城绿色化水平。本章从多个视角研究长江经济带城镇化与产业集聚协调关系，分析长江经济带城镇化与产业集聚关系的特色特点，深入剖析长江经济带绿色城镇化与产业集聚存在的突出问题，并提出优化长江经济带绿色城镇化与产业集聚协调机制的建议，以促进长江经济带生态环保一体化。[①]

第一节　绿色城镇化与产业集聚研究[②]

一　研究综述

由于城镇化和产业集聚的典型特征在于工商业经济活动集聚集群带来的规模报酬递增，而经济活动集聚集群则形成不同类型、不同层级的城市和城

① 李恩平：《“十四五”时期长江经济带城镇化与产业集聚协调、优化》，《企业经济》2020年第8期。

② 李恩平：《城镇化驱动力与绩效逻辑——以内陆省江西经济转型发展为例》，《江西社会科学》2020年第7期。

市群，所以，工商业经济活动集聚集群并不必然带来规模报酬递增。只有产（产业类型、产业层级）城（城市、城市群的集聚集群模式）高度耦合协调，报酬递增的集聚集群效应才能源源不断地产生。不耦合、不协调的产城关系不仅不能产生集聚集群效应，而且会提升拥堵效应，并导致经济发展放缓、停滞甚至衰退。

经济学把城镇化与产业集聚经济关系归纳为两种效应：一是由 Marshall[①]、Arrow[②]、Romer[③] 等提出的相同相似产业间集聚效应，被称为产业地方化效应或者 MRA 效应；二是由 Jacobs[④] 提出城市多样化的产业集聚带来递增的外部性利益，这种基于产业间的集聚外部性，后来被称为城市化效应或 Jacobs 效应。

大量的实证文献就两种经济效应所对应的城镇化与产业集聚经济关系进行了研究，多数研究表明，在较大的区域或国家内，制造业更倾向于分散而服务业更倾向于集中[⑤⑥]，高技术制造业往往会在高密度区域集群以利用知识外溢效应[⑦⑧]。在较小的区域或城市群内部，城市相对专业化，越是高度专业性生产部门越倾向于城市群内的小型城市，而综合性的服务，如商业和金融，更倾向于分布于较大的综合性城市，大型企业总部更偏好较大的服务

---

① Marshall A., *Principles of Economics* [M]. London: Macmillan, 1920.

② Arrow, K. J., Economic Welfare and the Allocation of Resources for Invention [A], in R. R. Nelson, ed., *The Rate and Direction of Inventive Activity* [C], Princeton: Princeton University Press, 1962, 609-626.

③ Romer, P., Increasing Returns and Long Run Growth [J], *Journal of Political Economy* 94: 1986, 1002-1037.

④ Jacobs, J., *The Economy of Cities* [M]. New York: Vintage, 1969.

⑤ Desmet Klaus and Marcel Fafchamps, Employment Concentration Across U. S. Counties [J]. *Regional Sci. Urban Econ.* Vol. 36, 2006, 482-509.

⑥ Desmet K. and E. Rossi-Hansberg, Spatial Growth and Industry Age [J]. *Journal Economic Theory*. Vol. 144, 2009, 2477-2502.

⑦ Duranton, G. and D. Puga, From Sectoral to Functional Urban Specialisation [J]. *Journal Urban Economics*. Vol. 57, 2005, 343-370.

⑧ Desmet K. and V. Henderson, The Geography of Development within Countries [A], in J. Duranton et al. ed. *Handbook of Regional and Urban Economics*. Vol. 5B [C], Elsevier, 2015, 1457-1518.

型城市。

但既有文献多聚焦于产业类型层级与城市类型层级的关系研究，较少涉及区域间的城镇化与产业集聚关系差异。实际上城镇化与产业集聚在经济区域间的不协调，必然导致并加剧区域内、城市群内的不协调，区域城市群内的不协调也必然恶化区域间的协调关系，城镇化与产业集聚经济关系优化，则需要从区域间和区域内两层面同时进行。

长江经济带覆盖 11 省市，面积约 205 万平方公里，横跨东中西三大区域，存在明显的下游、中游、上游沿海内陆梯度推进三大次级流域发展区和三大梯度层级分布城市群。沿海内陆梯度推进的层级流域发展区和层级分布城市群，使得长江经济带产城关系更加复杂、产城协调更加困难。既存在次级发展区和城市群内部的城镇化与产业集聚协调问题，又存在次级发展区和城市群之间的城镇化与产业集聚协调问题。近年来长江经济带成为热点课题，积累了不少研究文献，长江经济带城镇化与产业集聚的相关文献也不少，如靖学青[①]、李强等[②]对长江经济带城镇化与产业升级优化的研究，章屹祯等[③]、唐承丽等[④]对长江经济带下游—中上游产业转移的研究。但既有文献往往把城镇化与产业集聚变化的现状结果看作是市场选择的绩效表现，而忽视了国家和各级政府的强力干预，更没能关注发展转型驱动力变化可能导致的发展绩效逻辑变化。

经历了改革开放 40 多年的高速经济增长和快速城镇化，进入由中等发展到中等发达的转型跨越期，“十四五”时期是转型跨越的关键阶段。由中等发展到中等发达的转型跨越，这意味着产业结构的重大升

① 靖学青：《城镇化、环境规制与产业结构优化——基于长江经济带面板数据的实证研究》，《湖南师范大学社会科学学报》2020 年第 3 期。

② 李强、王琰：《城市蔓延与长江经济带产业升级》，《重庆大学学报》（社会科学版）2021 年第 1 期。

③ 章屹祯、曹卫东、张宇等：《协同视角下长江经济带制造业转移及区域合作研究》，《长江流域资源与环境》2020 年第 1 期。

④ 唐承丽、陈伟杨、吴佳敏等：《长江经济带开发区空间分布与产业集聚特征研究》，《地理科学》2020 年第 4 期。

级、产业集聚空间格局的重大重构，也意味着城镇化和城市群发展绩效逻辑的相应变化，并赋予城镇化与产业集聚协调新内涵。长江经济带是“十四五”时期国家发展转型跨越的主战场，长江经济带发展转型对城镇化与产业集聚协调的影响更加突出，需要从国家战略层面来进行优化调整。

二　绿色城镇化与产业集聚对长江经济带生态环保的重要性

长江经济带生态环境问题在水里、根子在岸上，并且根子的主体在城镇与产业。城镇是聚集资源要素的重要场域，也是生产生活的重要场域，其绿色化整体水平指数直接关乎城镇生态环境的好坏。长江经济带沿线布局有长三角、长江中游、成渝双城经济圈等重要城市群，这些城市群聚集了主要的人流、物流、信息流和资金流等，为辐射带动长江沿线发展发挥了重要作用。2019年，长江经济带沿线11个省市常住人口城镇化率分别为上海（88.30%）、江苏（70.61%）、浙江（70.00%）、安徽（55.81%）、江西（57.42%）、湖北（61.00%）、湖南（57.22%）、重庆（66.80%）、四川（53.79%）、云南（48.91%）、贵州（49.02%），尚有安徽、江西、湖南、四川、贵州、云南6个省的城镇化率低于全国平均水平（60.60%）。因此，推动长江经济带“生态优先、绿色发展”，需要逐步改变过去粗放型城镇化的发展模式，走新型的绿色城镇化之路，并且长江因连绵不绝的水而串成一个整体，因此，局部的绿色城镇化难以实现长江经济带全流域的生态环境一体化保护，必须从全流域的角度推进绿色城镇化发展。

产业是区域经济发展的关键支撑，长江经济带之所以能够成为全国最具活力的流域，关键是产业聚集水平较高和产业发展的综合竞争力较强。为此，推动产业绿色发展是长江经济带“生态优先、绿色发展”的核心关键。较长时间以来，因能源重化产业具有投资大、产值高、利税多、带动发展效应强等特点，发展重化工业成为长江经济带沿江地区政府发展经济的首选。依托长江水运优势，长江经济带各省市在沿江地区集中了一批耗水多、耗能大的工业行业和特大型龙头骨干企业，形成了一批煤炭、化工、医药、冶金、机械、电力等高耗能、高耗水和高污染以及对资源依赖较强的产业[①]，虽然自2016年以来产业绿色发展水平明显提升，但沿江产业结构相对偏重的格局仍有待改变。因此，立足长江经济带全流域视角优化产业布局，以绿色发展为导向来提升产业集聚水平，推进产业生态化，是搞好长江经济带建设的重要前提，是实现沿江经济社会可持续发展的重要保证。

因此，推进长江经济带生态环保一体化，需要基于全流域整体利益观，紧紧抓住绿色城镇化和产业绿色化转型的"牛鼻子"，真正做到产城融合发展和绿色发展。

第二节　长江经济带城镇化与产业集聚关系特点

长江经济带覆盖11个省市，横跨东中西三大区域，存在明显的上中下游梯度推进发展条件和发展程度差异，形成了上中下游各自独立的城市群和经济发展体系，并且城镇化与产业集聚之间具有鲜明的特点特征。

一　上中下游发展条件存在明显差异

长江经济带存在明显的上中下游自然地理条件差异。从地理区位看，下游沿海省市具有大吨位廉价海运条件，有利于国内国际贸易和现代工商产业集聚，而中上游属于内陆地区，尽管长江通航能力较强，安徽铜陵以上港口均没有万吨泊位，水运吨位规模小，宜昌以上港口更需要经历三峡坝中转转运，水运成本并不低，多数商品运输依赖相对更高成本的陆上交通。从生态条件看，受海洋气候调节，下游省市降水更丰富，生态修复能力特别强，"春风吹又生"，地处"下风下水"也使得空气水体污染不会对其他区域产生外部性影响，即便有影响也很容易得到净化，中上游则反之。从城市和产业集聚条件看，下游沿海沿江口地区相对更加宜居，也有大都市集聚所需要

① 盛方富、李志萌：《创新一体化协调机制与长江经济带沿江地区绿色发展》，《鄱阳湖学刊》2017年第6期。

的本地市场蔬菜、水果、花卉等多样化农产品，中上游平原、盆地尽管也非常有利于人类集居，但与下游沿海沿江口条件还是有差距。

二　中上游、下游人口密度存在明显差异

受数千年农业文明的影响，长江中上游地区在一系列水利设施支撑下形成了非常发达的农业经济和高密度的人口承载，截至 2017 年[①]中上游 8 省市可开发用地（农用土地与建设用地）的人口密度为 259.28 人，属于全球人口最密集的内陆地区之一。我国改革开放初期，长江经济带中上游流域与下游流域的人口承载差异并不十分明显，改革开放以来可开发用地人口密度的下游/中游比率基本维持在 2 左右、中游/上游比率基本维持在 1.8 左右，是全球沿海内陆兼具地区人口承载差异最小的地区之一。

三　上中下游发展梯度存在明显差异

我国真正意义上的现代工商业经济发展腾飞，是从 1978 年的改革开放开始的。不过我国改革开放前期，开放开发政策重点基本上放在了更具开放开发条件的东部沿海地区，这使得改革开放前期长江经济带上中下游发展差距呈现不断拉大趋势，下游流域与中上游流域人均 GDP 比率在 2003 年达到最高值 3.696，至 2019 年仍达 2.084，呈现明显的下游—中上游的发达—欠发达梯度发展程度差异。

四　上中下游城镇化与产业集聚呈现融合互动性

梯度推进的发展程度差异，使得中上游内陆流域城镇化与产业集聚面临本地自发和沿海拉动的双轮驱动。改革开放中前期，下游沿海导向的劳动力输出驱动力较大，根据第六次人口普查抽样统计，截至 2010 年长江下游三省市户口登记在中上游八省市的人口达 1827 万，考虑不少移民在下游省区通过毕业生分配、户籍积分等方式获得下游城市所在地户籍，实际中上游—

① 根据《中国统计年鉴 2019》数据计算得到，该年度可开发用地数据只能提供到 2017 年。

下游移民人口规模应该在2500万~3000万左右。21世纪以来中上游承接沿海产业转移驱动力较大，下游—中上游产业转移非常明显，大约从2004年开始，规模以上工业企业单位数和主营业务收入的下游/中上游比率均出现了明显的下降趋势。下游—中上游产业转移也导致了近年来中上游不少省市出现了早期输出农民工回流。

五 上中下游产业链分工具有明显互补性

经历数十年高速经济增长，下游沿海发达城市存在强烈的产业升级需求，前期集聚的传统工业产业需要及时转移出去以实现“腾笼换鸟”。但沿海发达城市产业转移，既可以跨区转移至内陆省区市，也可以转移到沿海地区内的相对欠发达沿海城市，后者能在产业转移承接母子城之间较容易实现高中低端产业在沿海地区内短距离的产业链分工、延伸拓宽专业化服务；前者则可能因为跨区长距离的通勤运输成本大，产业转移承接母子城之间的产业分工合作联系相应会弱化。而因为发展梯度差较大，长江经济带上中下游之间存在产业链分工的显著差异，这种潜在的发展差异一定程度上能够覆盖产业链供应链半径扩大的成本。

第三节 长江经济带城镇化与产业发展存在的突出问题

21世纪以来，长江经济带城镇化与产业集聚均出现了加快发展趋势，但城镇化与产业集聚协调程度并不高，未能实现城镇化与产业集聚的良性联动，“十四五”时期还存在不少突出问题亟待解决。

一 上中下游流域间工业结构偏重制约产业优化升级

从区位条件看，下游沿海地区具有大吨位廉价水运条件，更有利于货运成本占比高、大进大出的重工业集聚。而中上游省区发展以农产品为原料的轻工业更加合理。然而。目前长江经济带上中下游流域间轻重工业产业结构却存在倒置现象，如图 8-1 所示。除了贵州省外，上游的重庆、四川、云南重工业比重普遍偏高，特别是重庆重工业比重高达 0.7959，成为长江经济带重工业比重最高的省市。而下游的浙江省则重工业比重仅仅高于贵州省，以重工业著称的江苏省重工业比重也只有 0.755。而且实际上，近年来中上游诸省市重工业比重一直呈现快速增长态势。随着中上游省市重工业化加速，其重型矿产资源进口快速增长，澳洲、巴西的铁矿石和中东的石油，通过上海、广东港口经由海运、河运-铁路-公路的多次聚散、长途跋涉转运至重庆、武汉等内陆城市。显然，这种与区位条件差异相背离的沿海内陆工业化梯度推进，加大了我国工业产业的运输成本，不利于我国工业产业参与国际市场分工竞争。

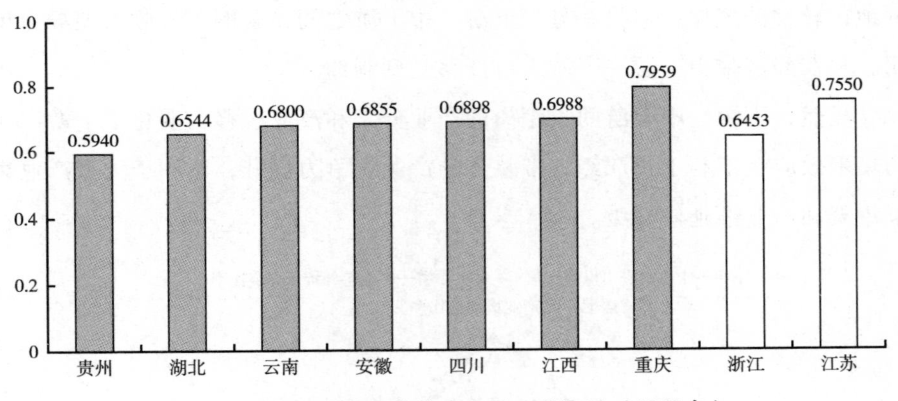

图 8-1　长江上中下游诸省市重工业比重（2018 年）

注：上海、湖南没有轻重工业统计。
资料来源：相关省市 2019 年统计年鉴。

二　下游—中上游流域间过度的产业转移承接制约大型产业集聚

下游沿海与中上游内陆间适度梯度产业转移，有利于区域均衡发展和区域产业分工。但显著的区位、生态等梯度发展条件差异，也决定了下游—中上游产业转移的规模和层级均不能过大，所需承接转移的产业应主要集中在农产品加工和基本满足本地市场的产业，大进大出的国际贸易型产业和运输成本占比高的产业则应主要布局于具有大吨位廉价运输条件的沿海沿江口地区。

但长江经济带产业转移并没有遵循这一规律，如图 8-2 所示。以“货运量/一二产业增加值”计算的下游—中上游比率、进出口额的下游—中上游比率和外贸依存度的下游—中上游比率均呈现明显的先升后降倒 U 形变化趋势。进出口额的下游—中上游比率和外贸依存度的下游—中上游比率均在 2005 年达到峰值，2005 年以后呈现明显下降趋势，货运量/一二产业增加值的下游—中上游比率 2007 年达峰值。这说明在长江经济带外贸格局中，运输成本更高的中上游地区正在逐渐取代运输成本更低的下游地区获得更大外贸份额。这一方面说明了长江经济带产业转移遵循了向劳动力要素成本更低地区转移的规律，但另一方面下游—中上游之间显著的工资收入差异也说明，长江经济带中上游—下游人口迁移受到制约。

显然，下游—中上游间长距离的产业分工和产业转移，弱化了下游产业的集聚效应，不利于长江经济带整体的产业竞争力提升，不利于大型产业集群集聚和产业链延伸升级。

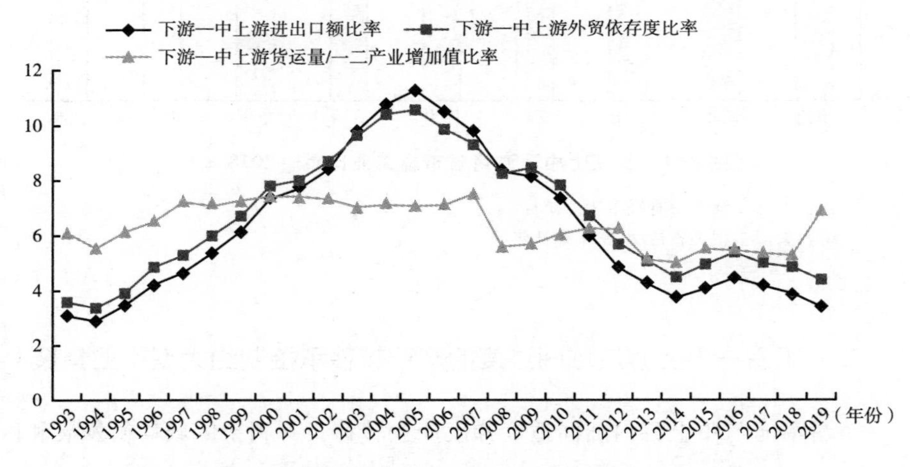

图 8-2　长江经济带下游—中上游外贸与货运关系变化

资料来源：国家统计局数据网，data. stats. gov. cn。该网相关数据自 1993 年开始提供。

三　下游-中上游流域间发展条件差异导致绩效差异呈拉大趋势

作为流域性经济区，以发展水平来衡量的区域均衡发展，既可以是下游沿海-中上游内陆产业转移，也可以是中上游内陆-下游沿海人口迁移。根据联合国[①]等文献，全球人口和经济活动存在明显的沿海化趋势，对大河流域性区域，一般应出现显著性的中上游—下游人口迁移和中上游内陆人口承载快速下降趋势。

但近年来长江经济带实际的人口分布格局变化表现出明显不同的特征。如图 8-3 所示，下游-中上游常住人口比率呈现大致以 2010 年为拐点的倒 U 形变化，2010 年以前，该比率呈上升趋势，但 2010 年以后该比率呈明显下降趋势。这表明相对于下游沿海地区，长江中上游内陆地区相对人口承载呈现不断加大趋势，下游沿海与中上游内陆间出现了人口逆流域迁移。

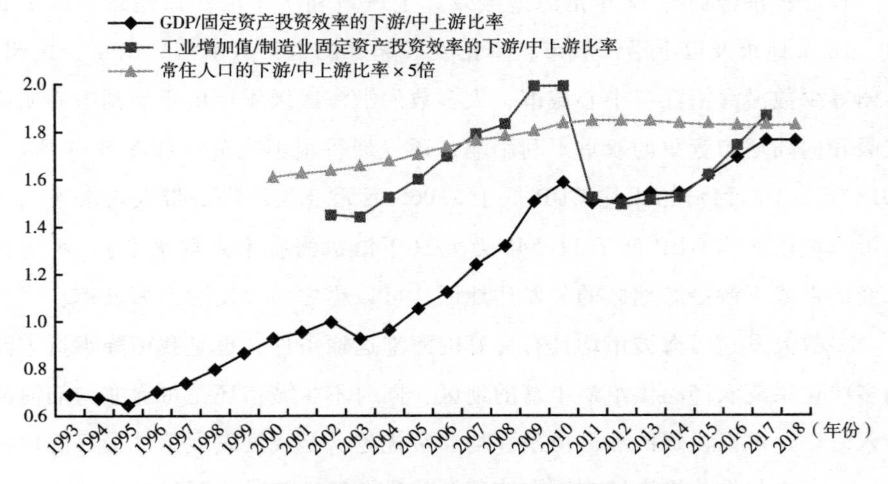

图 8-3　长江经济带下游-中上游投资效率与人口承载

资料来源：国家统计局数据网（data. stats. gov. cn）。该网分省 GDP 数据、常住人口数据和工业增加值数据分别从 1993 年、2000 年、2002 年开始提供。

① 联合国：《二十一世纪议程》（联合国网站电子文献），https：//www. un. org/chinese/events/wssd/agenda21. htm，1992。

下游-中上游逆流域的人口承载和迁移方向变化，伴随的是下游/中上游投资产出相对效率的逆转。如图 8-3 所示，以 GDP/固定资产投资计算的下游/中上游投资效率比自 2001 年开始高于 1，即下游沿海地区投资效率高于中上游地区。

考虑固定资产投资总量中包含了诸多基本公共服务均等化的基础设施投资，我们也计算了以工业增加值/制造业固定资产投资计算的下游/中上游投资效率比，从能够获取数据的 2002 年以来，该比率一直大于 1，说明下游投资效率一直高于中上游，尽管 2010~2012 年该比率有所下降，但从 2013 年开始该比率再次持续快速上升，说明下游与中上游之间的工业投资效率差距持续拉大。

四　城市发展不协调制约产业链优化升级

长江经济带拥有 11 个沿海地级及以上城市和 7 个沿江口地级及以上城市、18 个地级及以上沿海城市，真正发展起来的也只有上海、南京、杭州、苏州等少数沿海沿江口中心城市，大多数的沿海次级城市由于受到中心城市虹吸和内陆城市竞争的双重不利影响，还发展得很不充分。如图 8-4 所示，2018 年 2 个沿海城市人均 GDP 低于 7.065 万元（长江经济带人均水平），9 个沿海城市人均 GDP 低于 11.548 万元（下游沿海省市人均水平），沦为长江经济带或下游沿海地区的欠发达地区，可以称之为欠发达沿海城市。

多数欠发达沿海城市均具有良好的海港运输条件，也是我国降水量丰沛和多样化果蔬农产品供给最丰富的地区，同时不少城市还是可通航内陆河流的入海口，可以说资源和区位条件均非常优越，是我国发展条件最好的地区之一。不少欠发达沿海城市，在改革开放早期还一度成为明星城市，如温州市（人均 GDP6.5 万元）一度以民营经济温州模式而著称。但在过度强调的沿海内陆产业转移和过多限制内陆沿海人口迁移背景下，这些城市衰落了，有些甚至还没来得及发展。

下游沿海地区内次级城市发展不充分与下游-中上游产业转移并存，说明长江经济带正在以下游沿海-中上游内陆间跨区长距离的产业分散分布取代下游沿海地区内短距离的产业集群集聚，这既不利于下游沿海中心城市高端服务业市场效率的提升（数倍放大了商务服务通勤成本），也不利于产业链的分工、延伸和结构升级。

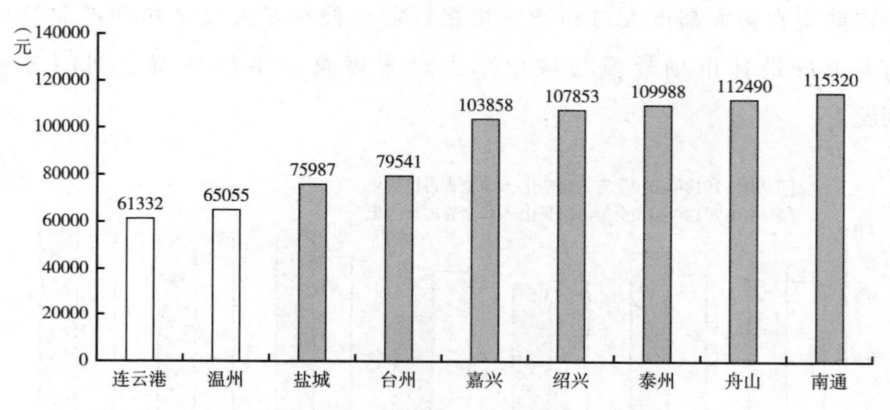

图 8-4 长江下游沿海沿江口相对欠发达城市人均 GDP（2018 年）

注：白柱为人均 GDP 低于长江经济带平均值，灰柱为人均 GDP 低于下游平均值，
资料来源：2019 年江苏统计年鉴和浙江统计年鉴。

五 中上游城市因缺乏产业支撑面临发展动能转型

近年来，长江经济带省会城市的首位效应持续放大，出现了一轮“强省会”趋势，几乎所有中上游省市的省会城市均出现了快速的人口增长和经济集聚，涌现出重庆、成都、武汉、合肥、长沙、昆明、南昌等一批中上游内陆大都市。

但中上游内陆型大都市集聚的绩效提升也受到内陆区位和省市相对欠发达条件约束。由于地处内陆，内陆型大都市无法像沿海城市一样分享大吨位水运的低成本利益，这使得城市对内对外运输通勤严重依赖陆上交通体系。随着城市规模扩大，单位道路运输通勤承载呈现几何级数增加，使得城市拥堵效应快速提升。

内陆型大都市集聚也受内陆省市相对欠发达的人口层级结构、消费结构和产业结构影响，人口和经济集聚带来的规模报酬递增效应难以抵消拥堵效应的上升。长江经济带所有省会城市 GDP 占比增长均低于人口占比的增长，这意味着这些省会大都市人口集聚并没有伴随相应的经济集聚，省会大都市人口集聚可能导致省域经济低效率。因此，这些中上游内陆型省会大都市人口和产业集聚还需要处理好人口结构和产业结构所要求的最佳市场规模与城市总人口规模及总市场规模之间的分流问题。

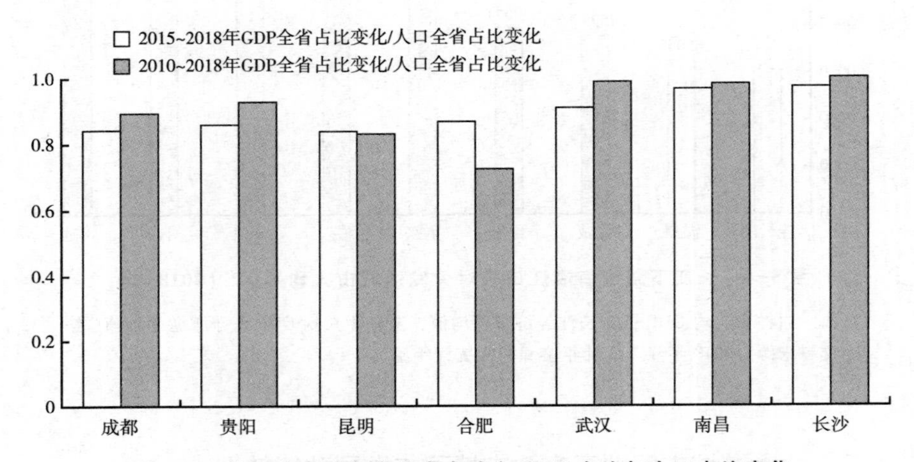

图 8-5　长江中上游各省份省会城市 GDP 占比与人口占比变化

资料来源：国家统计局数据网（data. stats. gov. cn）。

同时，由于深受省会首位城市和沿海发达城市双重虹吸效应，中上游内陆省市传统次级城市发展动能严重不足。在中上游省市的地级城市中，除了一些近距离承接沿海产业转移的近海内陆城市，如芜湖、赣州、郴州、衡阳、上饶以及因三峡水运改善运输条件的宜宾、宜昌等城市外，不少传统次级工业城市特别是一些资源枯竭型城市，如景德镇、萍乡、株洲、攀枝花等城市出现了较为严重的经济停滞衰退。

农村腹地的县域经济和小城镇传统工业化发展动能快速耗竭。在早期发展过程中，一些农村腹地县乡小城镇依赖劳动力丰富和临近农产资源，建设发展了一批“小而全”的小型工业园区，壮大了所在县域经济。随着经济发展水平的快速提升，内陆省市也出现了快速的产业升级要求。农村腹地的小城镇无论是生产集聚还是消费集聚都因为市场规模狭小导致共享、匹配和扩散创新严重不足，小而全的传统工业化发展动能耗尽。

六　产城融合发展不充分制约城市发展和产业集聚

大规模产业园经济功能区建设，是我国改革开放中前期经济成功的重要经验，但也成为我国经济进一步提升的重要障碍。改革开放前期，以就业收入利益为主导的农民工在其就业所在地维持最简单的生活消费，可以维持与迁出地家庭之间的两地分居生活模式，使得企业和园区能够摆脱职工家庭住房、生活服务等社会功能，轻装上阵，形成最强的产业竞争力。而随着收入消费水平提升，包括农民工在内的就业移民家庭存在消费结构升级需求，合居消费利益大大增强，意味着就业移民需要在就业城市选择居住生活空间，需要产生居住地与就业地之间的日常上下班通勤。而大规模产业园经济功能区内，因为缺乏居住服务功能，就业移民被迫选择更远距离的居住生活空间，形成远距离的低效日常通勤模式。

无效、低效通勤的重要表现就是城市各组团、各区县间就业—居住—服务发展不平衡。这种由大规模产业园经济功能区导致的通勤低效率以及就业—居住—服务发展不平衡几乎在所有城市都存在，但大都市更甚。我们以社会消费品零售表示服务、人口表示居住、GDP 表示就业生产，以大都市区县间社会消费品零售额/GDP、人均社会消费品零售额、人均 GDP 三个指标的变异系数（标准差/均值）来表示城市就业—居住—服务平衡程度，变异系数越大，表示城市区县间就业—居住—服务不平衡程度就越大。

表 8-1 给出了能找到数据的重庆、成都、南京 3 个大都市区县间三大指标变异系数。南京市有两个指标、重庆有一个指标的变异系数相对较小，其他变异系数基本上都在 0.5 以上，成都市人均社会消费品零售额的变异系数甚至达 1.1434。这表明长江经济带大都市内均存在较为严重的就业—居住—服务不平衡发展。

大都市内部各区县、各组团功能区间就业—居住—服务的不均衡，必然导致大都市内部就业人口居住地到就业地之间的长距离跨区上下班通勤，居住与产业、服务不均衡。长距离跨区县、跨组团通勤，既增加了单次上下班和单次服务的通勤时间和通勤距离，大大降低了生产生活效率，更增加了城市公共交通载体和道路的人流承载，导致城市拥堵加剧、降低了产业集聚效率，特别不利于高端产业和高端人才集聚。

表 8-1　长江经济带部分地区区县间就业—居住—服务平衡发展程度（2018 年）

城市	区县社会消费品零售额/GDP 的变异系数	区县人均社会消费品零售额的变异系数	区县人均 GDP 的变异系数
重庆	0.3203	0.8198	0.4797
成都	0.6560	1.1434	0.5591
南京	0.5557	0.4652	0.1669

资料来源：2019 年各市统计年鉴。

第四节　优化长江经济带城镇化与产业集聚机制的建议

长江经济带传统模式的城镇化与产业集聚效率低，不利于城镇化与产业集聚协调发展，必须走新型城镇化和高质量发展道路。“十四五”时期长江经济带与全国发展形势相似，既面临从中等收入向中等发达的转型，也面临以移动互联网为代表的新技术革命和极端不利外部发展环境的严重冲击，更需要城镇化与产业集聚的高度协调，以最高效的人口和产业集聚格局发展转型迎接外部冲击所带来的挑战。为此，提出以下优化政策建议。

一　健全下游—中上游流域间协调发展关系

以发展水平而不是经济总量作为上中下流域均衡发展衡量标准，促进城镇化、产业集聚与生态、区位条件相适应，实现长江经济带人口迁徙、资源流动与生态影响的高效分工和产业结构的联动升级。

（1）中上游产业集聚应体现其区位条件和生态风险及外部性影响的差异化。遵循地理区位分工规律，中上游产业集聚应以满足本地市场为主，国际贸易和跨区贸易产业应以轻型绿色产业为主导，高污染产业、大进大出的国际贸易产业和高度依赖进口矿产、高运输成本的重工业应主要布局于下游沿海地区。

（2）长江经济带城镇化的主战场，应该放在生态承载修复能力强、生态影响外部性小、区位条件优越且发展还很不充分的下游沿海地区。下游—中上游流域间的均衡发展应更多体现为中上游—下游人口迁移而不是下游—中上游产业和人口逆流域转移。

二　重构面向国际市场的下游沿海城市群

打造低成本、高效率、产业链短距离充分延伸、高度分工专业化的长江经济带沿海发展地带，促进下游沿海地区城镇化与产业结构升级耦合、联动。

（1）高度重视下游次级欠发达沿海沿江口城市发展，促进下游沿海地区内的产业、服务、人流高效循环。大力支持下游次级欠发达沿海沿江口城市对下游中心城市产业转移的承接，促进下游沿海地区内短距离的产业分工和产业链延伸，在下游沿海地区形成全球最大的多层级一体化产业集群；大力支持中上游内陆跨区就业移民家庭举家迁移城镇化，使之成为中上游农村人口城镇化迁移的主要集聚地。

（2）大力推进下游沿海沿江口城市间的一体化进程，促进下游沿海沿江口城市群的连绵扩展。淡化中心城市与次级欠发达沿海城市间的行政边界和市民福利差异，一些主要服务于本地市民的非经常性高端服务机构，逐渐向用地成本较低的次级欠发达沿海城市转移，改变高端人口和产业的单向虹吸格局。

三　建设中上游内陆特色城市群

高度重视中上游以省会为中心的都市圈和城市群发展，大力推进有发展条件的次级城市和县域经济发展转型。

（1）重构中上游以省会为中心的都市圈、城市群的经济结构和空间格局。大力发展就业—居住—服务一体的组团城市群和小城镇，防止片面的超级中心城区建设。强化分产业类型的组团功能区分工，大力发展就业—居住—服务一体的次级综合型新城和小城镇，组团内部大力推进产城融合发展，将居民区与产业区临近布局，最大化地减少日常生产生活通勤，联动优化都市圈，以城市群经济结构与空间格局破解内陆大都市规模绩效约束。

（2）促进有发展条件的中上游次级城市和县域经济转型发展。对一些交通改善、临近沿海省区或者具有良好生态条件的次级城市和县域经济，应紧抓新一轮沿海产业转移和消费结构升级机遇，加快转型发展。一些具有优越生态条件的县域小城镇，积极发展养生、养老经济，发展生态休闲旅游产业，大力发展现代农业、绿色生态农业。

（3）一些发展条件不充分的中上游农村腹地适度收缩发展，加快人口输出，促进生态恢复和发展现代农业、生态农业，促进农业产业结构升级。

第九章
长江经济带创新绿色金融政策机制

在全面深化供给侧结构性改革背景下，绿色金融作为绿色经济发展的核心和利器，是推动长江经济带绿色化转型和增长的重要支撑力量[①]。近年来，长江经济带绿色金融发展取得长足进步，但就整体而言，仍存在政府引导机制不健全、市场运作体系不成熟、省际绿色金融发展不平衡等一系列问题。本章立足长江经济带全流域视角，探索设计符合长江经济带可持续发展要求的绿色金融体系总体政策框架，提出长江经济带绿色金融政策改革需把握的主要准则导向，为推动长江经济带绿色金融创新发展提供探索性的思路，[②] 为一体化推进长江经济带绿色转型发展提供有力的资金支撑。

第一节　绿色金融研究综述

一　国外研究情况

从国外研究情况来看，西方国家早在 20 世纪 80 年代就有了绿色金融的

---

① 王波、郑联盛：《新常态下我国绿色金融发展的长效机制研究》，《技术经济与管理研究》2018 年第 8 期。

② 龙晓柏：《绿色金融政策机制与创新发展研究——基于长江经济带视角》，《新金融》2021 年第 4 期。

萌芽。国外把“绿色金融”也称为“环境金融”。Jose Salazar① 认为，绿色金融是寻求环境保护路径的必要金融创新，是连接金融产业和环境产业的重要桥梁。Cowan② 认为，绿色金融应围绕发展绿色经济的资金融通问题展开，属于绿色经济与金融学的交叉学科。绿色金融在《美国传统词典》(2000，第四版）中被定义为“环境金融”或“可持续融资”，即致力于从金融角度研究如何通过多样化的金融工具实现环境保护的学科领域。客观而言，绿色金融政策是指通过信贷、基金、发债、发行股票、保险等金融服务将社会资金引导到支持环保、节能、清洁能源等绿色产业发展的一系列具正外部效应的政策和制度安排。

国外学者对绿色金融政策的演变路径及作用机制研究较早。Grzegorz Peszko & Tomasz-ylicz③ 对欧洲转型期经济体的环境困境进行了分析，并注意到环境融资的需求受到环境政策措施（如外部性的内部化）的影响。在中东欧许多国家，政府一般通过特殊用途的“环境基金”提供一定的经济补贴，但促进环境基金发挥建设性作用是关键。Jeucken④ 基于银行等金融机构开展绿色金融服务的状况，提出了绿色金融发展的四阶段理论。S. Labatt 等⑤认为环境金融是一种旨在规避环境风险、促进环境保护的融资行为。Jeucken⑥ 提出发展绿色金融是实现金融机构可持续发展的客观要求。B. Scholtens 等⑦认为，绿色金融是在环境变迁的严峻形势下，金融业促进生态

---

① Jose Salazar. Environmental Finance：Linking Two World [R] . Bratislava，Slovakia ，1998.

② Cowan E. Topical Issues in Environmental Finance [Z] . Research Paper Was Commissioned by the Asia Branch of the Canadian International Development Agency (CIDA)，1999，(1)：1-20.

③ Grzegorz Peszko & Tomasz-ylicz. Environmental Financing in European Economies in Transition，[J] . *Environmental & Resource Economics*，Vol. 11 (3)：521-538.

④ Jeucken，M.，*Sustainable Finance and Banking*：*The Financial Sector and the Future of the Planet* [M] . The Earthscan Publication Ltd.，2001.

⑤ Labatt S.，White R.，*Environmental Finance*：*A Guide to Environmental Risk Assessment and Financial Products* [M] . Canada：John Wiley &Sons. Inc，2002. pp：15-31.

⑥ Jeucken，M.，*Sustainable Finance and Banking* [M] . USA：The Earthscan Publication，2006.

⑦ Scholtens，B. Lammertjan Dam. Banking on the Equator. Are Banks That Adopted the Equator Principles Different from Non-Adopters [J] . *World Development*，2007，35 (8)：1307-1328.

经济发展的重要创新手段。Christopher Wright[①] 评估了"赤道原则"框架对贷款政策和实践以及金融机构的环境和社会责任的影响，研究发现，"赤道原则"和国际金融公司 IFC（世界银行集团的私营融资部门）之间的直接联系增强了"赤道原则"的影响。Popeanga Vasile & Alina Georgiana Holt[②] 强调只有在政府明确的规章制度和强有力的执行措施的支持下，制定绿色金融目标和选择最佳的执行工具及创新筹资机制组合才能有效。Zerbib[③] 提出政府监管和财政措施有助于为增加绿色债券发行量创造更多灵活渠道。

二　国内研究状况

在国内，学者们分析了长江经济带绿色金融政策现状及问题、绿色金融与长江经济带绿色发展的促进关系。[④] 李树[⑤]、何建奎等[⑥]、任辉[⑦]等提出绿色金融对于促进环境保护与经济协调发展具有重要意义。张宇、钱水土[⑧]对绿色金融内涵、绿色金融评价、市场主体的影响及绿色金融与经济可持续发展的关系等进行了梳理与评述，彭智敏等[⑨]基于长江经济带 100 个地级以上城市 2003~2015 年的面板数据，研究认为金融效率提升有利于长江经济带流域地区的碳减排。陈林心等[⑩]实证检验了 2005~2017 年长江经济带金融集聚和

---

① Christopher Wright. Global Banks, the Environment, and Human Rights: The Impact of the Equator Principles on Lending Policies and Practices [J]. *Global Environmental Politics*, MIT Press, 2012, Vol. 12 (1): 56-77.

② Popeanga Vasile & Alina Georgiana Holt, 2014. The Strategy of Financing the Environmental Projects Through the National Action Plan for Environment in Romania [J]. *Annals-Economy Series*, *Constantin Brancusi University*, *Faculty of Economics*, Vol. 3: 70-73.

③ Olivier David Zerbib. The Effect of Pro-environmental Preferences on Bond Prices: Evidence from Green Bonds [J]. *Journal of Banking and Finance*, 2019, Vol. 98: 39-60.

④ 张宇、钱水土：《绿色金融理论：一个文献综述》，《金融理论与实践》2017 年第 9 期。

⑤ 李树：《金融业的"绿色革命"及其实施的策略选择》，《商业研究》2002 年第 6 期。

⑥ 何建奎、江通、王稳利：《"绿色金融"与经济的可持续发展》，《生态经济》2006 年第 7 期。

⑦ 任辉：《环境保护、可持续发展与绿色金融体系构建》，《现代经济探讨》2009 年第 10 期。

⑧ 张宇、钱水土：《绿色金融理论：一个文献综述》，《金融理论与实践》2017 年第 9 期。

⑨ 彭智敏、向念、夏克郁：《长江经济带地级城市金融发展与碳排放关系研究》，《湖北社会科学》2018 年第 11 期。

⑩ 陈林心、舒长江、吴强：《长江经济带生态效率的金融集聚与经济增长门槛效应检验》，《浙江金融》2019 年第 11 期。

经济增长对生态效率的阈值效应，结果表明绿色金融集聚能够促进经济增长和生态效率提升。

长江经济带绿色金融的战略作用与政策现状。冯玥、成春林①认为长江经济带产业发展存在结构比例不合理、环境负荷严重等问题，绿色金融是支持长江经济带产业结构转型升级的主要着力点。冯俊②阐述了长江经济带发展绿色金融的必要性。黄剑辉、李岩玉等③认为长江经济带存在大量金融需求，但现有金融政策供给难以有效满足这些需求。周五七、朱亚男④测算了长江经济带 11 省（市）的绿色全要素生产率，研究发现长江经济带下游地区的金融供给效率提升对绿色全要素生产率的提升效应显著高于中上游地区。

长江经济带绿色金融政策的创新建议。冯俊⑤从完善制度供给、加强跨区域合作和构建多层次市场等方面提出了长江经济带绿色金融发展的相关建议。黄剑辉、李岩玉等⑥认为商业银行应把握历史机遇，加大金融供给侧结构性改革力度，积极支持长江经济带建设。周五七、朱亚男建议进一步完善绿色金融体系，建立长江经济带金融合作框架⑦。瞿佳慧等认为政府应加强对银行绿色信贷政策执行情况的监管，同时鼓励绿色金融工具创新，构建多层次的绿色金融体系⑧。

综观现有长江经济带绿色金融政策研究成果，主要集中于长江经济带绿色金融政策体系的建设现状分析及绿色金融政策实践效果梳理，以及绿色金

① 冯玥、成春林：《长江经济带产业转型升级的绿色金融支持研究》，《金融发展评论》2017 年第 6 期。

② 冯俊：《绿色金融助力长江经济带国家战略的对策思考》，《金融与经济》2017 年第 6 期。

③ 黄剑辉、李岩玉、徐继峰等：《金融供给新模式助力长江经济带新发展》，《中国经济报告》2017 年第 7 期。

④ 周五七、朱亚男：《金融发展对绿色全要素生产率增长的影响研究——以长江经济带 11 省（市）为例》，《宏观质量研究》2018 年第 3 期。

⑤ 冯俊：《绿色金融助力长江经济带国家战略的对策思考》，《金融与经济》2017 年第 6 期。

⑥ 黄剑辉、李岩玉、徐继峰等：《金融供给新模式助力长江经济带新发展》，《中国经济报告》2017 年第 7 期。

⑦ 周五七、朱亚男：《金融发展对绿色全要素生产率增长的影响研究——以长江经济带 11 省（市）为例》，《宏观质量研究》2018 年第 3 期。

⑧ 瞿佳慧、王露、江红莉等：《绿色信贷促进绿色经济发展的实证研究——基于长江经济带》，《现代商贸工业》2019 年第 33 期。

融对长江经济带环境效应的实证研究，同时针对长江经济带各省市的地方绿色金融发展案例研究较多。当然，我们注意到，科学解析长江经济带绿色金融政策作用机理的文献较少，且缺乏基于跨长江经济带视域探索绿色金融政策创新的研究文献。本文基于长江经济带绿色金融政策创新面临的禀赋性挑战，提出创新打造符合长江经济带可持续发展实际需求的绿色金融体系的建议。

第二节 长江经济带绿色金融政策现状分析

为落实习近平总书记“对长江沿线共抓大保护，不搞大开发”的指示，长江经济带各省（市）贯彻中央工作精神，牢固树立绿色发展理念，坚持加快发展绿色金融以助力长江经济带绿色经济发展。

一 长江经济带绿色金融发展现状

1. 绿色金融规模不断扩大，市场逐步拓展

近年来长江经济带绿色信贷、绿色股票、绿色基金和中国境内“贴标”绿色债券规模持续增长，成为全国绿色金融产品发行量最大的流域经济带。如截至2019年9月末，国开行累计发放长江大保护及绿色发展贷款3053亿元，在长江生态保护和修复领域投放贷款336亿元，为发行可持续发展债券提供了良好的条件和充足的项目[①]。

2. 碳排放交易权交易活跃

2013年开始，我国在7个省市开启碳交易试点，其中长江经济带有上海、重庆、湖北进入碳交易试点。此外，2016年四川联合环境交易所成功获得国家碳交易机构备案，四川成为全国非试点地区首个拥有国家备案碳交易机构的省份。

---

① 周萃:《国开行发行首单可持续发展专题“债券通”绿色金融债券》,《金融时报》2019年11月8日。

表 9-1 长江经济带 CDM（清洁发展机制）项目开展情况

省(市)		签发项目(个)	估计年减排量(单位:tCO_2e)
长江下游	上海	6	3793806
	江苏	46	33630129
	浙江	30	33179946
	安徽	34	5213210
长江中游	江西	25	2109781
	湖北	49	6865459
	湖南	65	8756657
长江上游	重庆	23	5689385
	四川	117	27983295
	贵州	56	8126340
	云南	157	21238978
长江经济带占全国比重(%)		39.05	43.74

资料来源：中国清洁机制网（数据统计截至 2017 年 8 月 31 日）。

二　长江经济带绿色金融政策发展特征

近年来，长江经济带各省（市）牢固树立绿色发展理念，先后出台《关于推进绿色金融支持绿色发展的指导意见》等一系列政策实施意见。目前长江经济带流域内各省（市）加快完善绿色信贷制度，完善绿色金融信贷机制。

1. 牢固树立绿色发展理念，发挥政策性金融规制机构的“指导窗口”作用

近年来长江经济带各省（市）遵循“对长江沿线共抓大保护，不搞大开发”的绿色发展理念，坚持长江经济带经济社会全面绿色转型的可持续发展模式。在绿色金融领域，长江经济带各省（市）先后出台关于推进绿色金融发展等一系列战略规划及政策实施意见，发挥各地经济发展的实际禀赋特点，探索各具特色的发展路径。如上海作为长江经济带的国际化桥头

堡，正探索国际金融中心建设的低碳路径，率先构建长三角绿色金融体系；而长江上游的川滇黔依托绿色优势，坚持实施绿色金融与生态资源可持续发展联动战略。

2. 完善绿色金融信贷机制，探索创新绿色金融产品

近年来长江经济带绿色信贷机制在不断创新，坚持严控绿色信贷考核中的环保标准，同时信贷规模持续增长，成为全国绿色金融产品发行量最大的经济带。如截至2019年末，国开行累计发放长江大保护及绿色发展贷款3849亿元，重点投向长江生态保护和修复领域[①]，推动苏州常熟长江大保护、武汉青山北湖生态试验区水生态综合治理、江西九江中心城区水环境系统综合治理、重庆江津长江经济带发展暨城乡融合建设等项目落地。

创新绿色金融产品，市场逐步拓展。目前长江经济带各省（市）正加快创新发展绿色股票、绿色基金和中国境内“贴标”绿色债券，大多成功首发绿色债券和设立绿色基金，安徽甚至开始探索设立跨省（市）流域绿色基金。此外，长江经济带碳排放交易权交易活跃，上海、重庆、湖北进入我国首批碳交易试点，四川也成为全国非试点地区首个拥有国家备案碳交易机构的省份（见表9-2）。

表9-2　长江经济带各省（市）绿色金融政策发展特征

省(市)		政策指导意见	特色举措
长江下游	上海	《上海证券交易所服务绿色发展　推进绿色金融愿景与行动计划(2018-2020)》	1. 探索国际金融中心建设的低碳路径,率先构建长三角绿色金融体系; 2. 创新建设上海绿色技术银行; 3. 浦发银行上海分行形成业内产品线最全、最长、最具领先性的覆盖产业链上下游的绿色信贷产品体系

① 周萃：《国开行发行首单可持续发展专题“债券通”绿色金融债券》，《金融时报》2019年11月8日。

续表

省(市)		政策指导意见	特色举措
长江下游	浙江	《浙江省湖州市、衢州市建设绿色金融改革创新试验区总体方案》	1. 定期开展绿色项目遴选、认定和推荐工作，在省重点、省重大、“411”等项目计划编制中，向绿色项目倾斜，形成绿色发展“万亿项目库”； 2. 中国农业银行在湖州设立该行首家绿色金融事业部。中国人保财险集团在湖州、衢州开展绿色保险全国试点； 3. 加快抵质押融资创新，推出“光能贷”、“富竹贷”等一批绿色信贷产品。积极推广安全生产和环境污染综合责任保险、生猪保险与无害化处理联动机制、电动自行车综合保险等绿色保险创新做法。深入推进绿色资源有偿使用和交易流转试点，实施“一点碳汇点绿成金”专项计划
	江苏	《绿色债券贴息政策实施细则(试行)》等	1. 设立800亿元环保专项贷款额度； 2. 省生态环境厅、省财政厅与三家合作银行提供80亿元环保专项贷款额度； 3. 省生态环境厅与国家开发银行江苏省分行签订了开发性金融合作备忘录，共同编制长江保护修复融资规划
	安徽	《安徽省绿色金融体系实施方案》(合银发〔2016〕284号)；《安徽省企业环境信用评价实施方案》;《安徽省健全生态保护补偿机制的实施意见》;《安徽省银行业存款类法人金融机构绿色信贷业绩评价实施细则(试行)》等政策性文件	1. 截至2019年1季度末，全省金融机构绿色信贷余额逾1900亿元，同比增长23%； 2. 截至本章写作，安徽省各类市场主体已成功发行绿色金融债券50亿元、绿色企业债券17.5亿元和绿色公司债券6亿元； 3. 黄山市推动建立了国内首个跨省(市)流域绿色基金； 4. 安徽铜陵获准发行全国首只绿色创投债券
长江中游	江西	《江西省“十三五”建设绿色金融体系规划》等	全省绿色金融呈现“体系门类全、市场活力足、产品首创多、辐射效果好”的鲜明特点，2019年全省绿色信贷余额达2075.6亿元
	湖南	《关于促进绿色金融发展的实施意见》(湘政金发〔2017〕78号)	1. 2010年湖南与国家开发银行共同编制了全国第一个区域性融资规划——《长株潭城市群两型社会建设系统性融资规划(2010-2020年)》； 2. 完善“三农”金融服务组织体系，以长株潭两型社会建设试验区为重点，加大对绿色城镇建设金融支持力度，建立绿色城镇金融改革机制

续表

省(市)		政策指导意见	特色举措
长江中游	湖北	湖北长江经济带绿色发展"十大战略性举措"	1. 到 2019 年 6 月湖北长江经济带 91 个重大项目已有 28 个单体项目获得了绿色信贷授信，绿色债券发行已经超过 94.3 亿元，环境污染责任保险为 254 家企业提供 18.33 亿元风险保障； 2. 长江新城提出打造长江国际低碳产业园； 3. 探索建设全国的绿色金融中心，利用省碳排放中心打造碳金融中心和碳交易中心
长江上游	重庆	《重庆市绿色金融发展规划（2017-2020）》和《加快推进全市绿色金融发展行动计划（2017-2018）》	1. 2017 年首只规模为 40.4 亿元的绿色企业债成功发行；碳配额抵押贷款实现零突破，首笔融资 5000 万元。 2. 2018 年首笔绿色公司债券成功发行，融资 4 亿元；首只绿色金融债成功发行，融资 30 亿元。 3. 2018 年重庆人行在两江新区开展金融支持绿色产业园示范基地试点
	贵州	2016 年出台了《关于加快贵州绿色金融发展的意见》；《贵州省绿色金融项目标准及评估办法（试行）》	探索建立一个汇集"贵州省绿色项目+国内外资金"的"绿色金融大市场"
	四川	《四川省关于推进绿色金融支持绿色发展的指导意见》等	四川省绿色板块上市企业 33 家、"新三板"挂牌企业 92 家
	云南	云南省深入实施"生态立省"战略，着力推进"森林云南"建设，2016 年出台《关于贯彻落实生态文明体制改革总体方案的实施意见》	1. 富滇银行成功发行云南首只绿色金融债 35 亿元； 2. 探索滇港两地绿色金融合作

资料来源：①《"绿色金融"和冬季"水晶蓝"》，http://news.eastday。
②刘新光、曹平萍：《湖南出台促进绿色金融发展实施意见》，《金融时报》2017 年 12 月 8 日。

三　长江经济带国家绿色金融改革创新试验区做法与成效

2017 年国务院选取浙江、江西、贵州等 5 省（区）建设绿色金融改革创新试验区[①]，探索可复制、可推广的经验，其中浙江作为发达省份，探索

① 陈姝含：《银企双助力　打造绿色金融新气象》，《中国经济时报》2017 年 8 月 14 日。

绿色金融如何促进经济绿色转型升级是其改革创新核心目标，江西、贵州作为经济发展相对滞后省份，生态资源丰富，打造绿色发展后发样板是两省绿色金融改革创新的重点。

目前，长江经济带的浙赣黔三省国家级绿色金融改革创新试验区实践和发展重点各有特色（见表9-3）。（1）浙江以产业链整合为切入点，通过创新成立绿色金融机构、创新金融产品和服务模式、探索发行绿色债券、积极开展排污权有偿使用和交易试点、完善配套机制等绿色金融发展方式，加快对传统产业的改造升级。（2）江西立足本地资源禀赋，探索以绿色金融引导欠发达地区转型发展的有效途径，抓好“五大行动”；赣江新区与工商银行合作设立50亿元的绿色发展引导基金，与九江银行、省财投合作设立87亿元的绿色产城建基金；打造基金特色小镇，基金规模近2000亿元，影响社会资本超过7000亿元；创新推广生态环境云平台，赣江新区首创了建筑工程绿色综合保险、绿色市政债、绿色园区债等多种绿色金融产品，打造江西绿色金融改革创新特色品牌；以金融支持赣江新区绿色产业发展和支柱产业绿色转型升级为主线，不断提升绿色金融服务覆盖率。（3）贵州致力于探索形成绿色、高效、集约的经济发展新路径，构建了贵安新区绿色金融组织体系，积极推动地方绿色金融支持体系建设，贵安新区绿色金融管委会设计包装并推出了超过1000亿元的绿色项目库，已有300亿元绿色项目实现融资成功出库，具体见表9-3。

表9-3　长江经济带国家级绿色金融改革创新试验区发展实践

类别	试验改革方向	典型举措
绿色金融机构	鼓励设立绿色金融机构	(1)2015年安吉农商行率先成立绿色金融事业部；2016年衢州市成立首个绿色银行；2017年湖州市成立全国银行业首家绿色金融专营机构——南浔银行练市绿色支行。(2)工商银行等多家银行在赣江新区已设立“绿色支行”。(3)设立农行贵安绿色金融支行等，贵安新区实施对绿色金融机构落户贵安最高奖2000万元政策

续表

类别	试验改革方向	典型举措
绿色信贷	开展绿色信贷试点，完善绿色信贷体制机制	(1)赣江新区提出信贷补贴等配套激励政策。推出“畜禽洁养贷”信贷产品；(2)贵安新区推进绿色信贷产品和抵质押担保模式创新，辅以货币政策工具引导金融机构加大绿色信贷投入
绿色保险	围绕环境污染责任保险试点工作，积极探索建立绿色保险制度	(1)浙江衢州在全国率先推出“险种综合、服务新颖、财政扶持”的安全生产和环境污染综合责任保险项目；(2)赣江新区首创建筑工程绿色综合保险。“气象+价格”综合收益保险走在全国前列；(3)贵安新区发挥绿色保险金融机构的作用，鼓励保险机构开发绿色金融产品
绿色证券	尝试运用绿色证券融资渠道，引导区域绿色发展	(1)浙江提出继续深化绿色证券方面的改革，2016年浙江嘉化能源化工在交易所公开发行全国首只绿色公司债券；(2)赣江新区首创绿色市政债、绿色园区债等绿色金融产品；(3)贵安新区发挥证券金融机构的作用，鼓励贵安新区内绿色企业通过上市融资、发行债券等方式融资
绿色金融政策目标与发展模式	依据各地区位禀赋条件，尝试建立各具特点的绿色金融中心	(1)湖州致力打造“经济金融融合样板”，衢州努力建设区域金融中心及绿色金融生态圈；(2)赣江新区大力打造绿色基金特色小镇，加快形成绿色金融改革创新的江西模式，助力美丽中国“江西样板”建设；(3)推进贵安新区成为西南地区绿色金融机构和服务的聚合中心，加快绿色金融港建设

资料来源：四川省金融学会课题组、梁勤星：《我国绿色金融发展路径探索——以四川省为例》，《西南金融》2018年第4期。

第三节 长江经济带绿色金融存在的问题与挑战

一 绿色金融发展战略创新意识不足

长江经济带各省（市）绿色金融改革已经从政策设计阶段过渡到了试点实践阶段。虽然长江经济带域内各省（市）已在有关政策内容中都明确提出了绿色金融发展概念，但是长江经济带各省（市）绿色金融发展战略理念缺乏共识，长江经济带绿色金融总体规划尚未出台，长江经济带绿色生产、绿色生活的重点改革创新领域也未明确。同时，长江经济带域内各省（市）大多数商业银行和非银行金融类机构由于顾虑绿色金融存在短期投资收益低、风险不确定性等特点，仍缺乏推进绿色金融政策工具创新的内在动力。

二　绿色信贷供给规模偏小

第一，目前长江经济带各省（市）绿色农业、绿色制造、环保产业等实体经济领域仍长期处于融资难境地。以江西为例，全省绿色信贷占全部贷款余额的比重不足7%。同时，大部分社会资本缺乏动力去投资低回报、周期长的绿色产业。此外，从江西绿色信贷投向领域看，投放于绿色交通运输项目等基础设施的占近50%；而投向绿色制造业、绿色农业、绿色林业、垃圾处理及污染防治等绿色实体领域的不足30%，实体绿色产业市场拓展的空间较大。

第二，长江经济带大多省（市）的绿色金融衍生创新品种相对单一，绿色融资仍以商业银行的绿色信贷为主，绿色保险、碳金融等新型产品覆盖率低，绿色发展基金与PPP模式缺乏，大金融支持长江经济带生态保护的局面尚未形成。

三　绿色金融内生性供给端保障仍显不足

1. 财政性绿色支出正向激励性供给不足

从供给端看，长江经济带各省（市）用于绿色发展领域的公共财政预算支出明显不足，不能充分发挥其正向激励性促进作用。2019年长江经济带公共财政投向节能环保支出2691.25亿元，占全国的38.62%，而长江经济带一般公共预算占全国的43.44%，显然长江经济带各省（市）用于绿色发展领域的公共财政预算支出还有很大的提升空间。同时，在长江经济带各省（市）内，财政支出存在非均衡性，江苏、安徽、湖北节能环保支出规模位居域内前三，重庆、上海、贵州支出规模居末三位；安徽、重庆、湖北节能环保支出占一般公共预算支出比重处于前三位，上海、四川、浙江则处于末三位。因此，依靠单个省（市）级政府力量难以满足长江经济带的绿色发展实际资金需求，亟待举长江经济带之力、调动广泛的社会资本、撬动金融市场来支持绿色投融资，以解决长江经济带绿色金融改革创新所面临的巨大资金缺口等问题。

表 9-4 长江经济带各省域节能环保领域的财政支出一览（2019 年）

省（市）		节能环保支出（亿元）	地方一般公共预算支出（亿元）	节能环保支出占本省域一般公共预算的比重（%）
长江下游	上海	184.07	8179.28	2.25
	江苏	372.77	12573.55	2.96
	浙江	269.55	10053.03	2.68
	安徽	312.12	7392.22	4.22
长江中游	江西	194.28	6386.80	3.04
	湖北	282.13	7970.21	3.54
	湖南	242.68	8034.42	3.02
长江上游	重庆	172.95	4847.68	3.57
	四川	267.01	10348.17	2.58
	贵州	188.53	5948.74	3.17
	云南	205.16	6770.09	3.03
长江经济带占全国比重（%）		38.62	43.44	

资料来源：《中国统计年鉴 2020》。

2. 绿色治理投资供给量呈波动下降趋势

从长江经济带各省（市）工业污染治理投资完成量看，长江下游地区明显要高于长江中、上游地区。2015 年、2019 年长江经济带工业污染治理投资额呈波动下降趋势，浙江、湖南、云南、四川工业污染治理投资完成额下降的幅度最大（见表 9-5）。

表 9-5 长江经济带各省域工业污染治理投资完成额一览

单位：亿元

省（直辖市）		2015 年	2019 年
长江下游	上海	21.17	29.94
	江苏	62.17	59.99
	浙江	58.60	34.06
	安徽	17.95	27.05
长江中游	江西	14.78	20.12
	湖北	15.80	42.48
	湖南	26.14	13.39
长江上游	重庆	5.99	5.48
	四川	11.83	3.75
	贵州	10.70	12.33
	云南	21.59	8.96
长江经济带合计		266.72	257.55
长江经济带占全国比重（%）		34.47	43.81

资料来源：《中国统计年鉴 2020》。

四　绿色金融改革创新的需求端压力突出

近年来，长江经济带各省（市）三废排放量虽然在部分排放量指标规模上有所控制，但是 2015 年、2017 年长江经济带三废排放量占全国比重却有不同程度的上升（见表 9-6）。在绿色经济规制标准不断强化背景下，这无疑加大了长江经济带绿色金融改革创新的需求端压力。

表 9-6 长江经济带各省域三废排放量一览

省（直辖市）		废水排放量（亿吨）		废气排放量 其中：氮氧化物（万吨）		一般工业固体废物产生量（万吨）	
		2015 年	2017 年	2015 年	2017 年	2015 年	2017 年
长江下游	上海	22.41	21.20	30.06	19.39	1868	1630
	江苏	62.13	57.52	106.76	90.72	10701	12002
	浙江	43.38	45.39	60.77	43.20	4486	4485
	安徽	28.06	23.38	72.10	49.00	13059	12002

续表

省（直辖市）		废水排放量（亿吨）		废气排放量 其中：氮氧化物（万吨）		一般工业固体废物产生量（万吨）	
		2015 年	2017 年	2015 年	2017 年	2015 年	2017 年
长江中游	江西	22.32	18.94	49.27	35.54	10777	12341
	湖北	31.38	27.27	51.45	37.67	7750	8112
	湖南	31.41	30.06	49.69	36.56	7126	4354
长江上游	重庆	14.98	20.07	32.07	20.40	2828	1943
	四川	34.16	36.24	52.59	45.76	12316	13756
	贵州	11.28	11.80	41.91	35.97	7055	9353
	云南	17.33	18.51	44.94	26.88	14109	13725
长江经济带占全国比重（%）		43.36	44.36	31.96	35.04	28.15	28.26

资料来源：《中国统计年鉴 2019》。

五 域内大部分省市绿色金融法制性规制体系不健全

目前，长江经济带域内大部分省（市）有关绿色金融的法制性规制功能薄弱。第一，在法制体系建设上，有关绿色金融运营和监管的法律法规体系层次低，法制性规制标准不完善，且权责归属不明，影响实际效果；第二，在法律规制性支持内容上，出台的一些促进绿色金融的法规措施在实践中缺乏针对性和可操作性，远不能满足实际需要。同时在规制手段上以惩罚、惩治污染环境为主，较少涉及新能源、节能环保企业的奖励性规制，引导绿色发展的规制功能有待加强。

六 绿色金融改革创新的公共服务保障不足

长江经济带绿色金融改革创新的公共服务支持性保障不足，主要表现在：第一，缺乏基于长江经济带绿色金融服务的中介机构群体，如绿色信用评级机构或第三方环境成本效益核算机构等，这大大降低了长江经济带绿色金融改革措施的落地效率，同时也会导致绿色金融改革创新效果的评估和反馈缺乏客观性。第二，长江经济带绿色金融信息共享平台缺失，目前尚未建立统一的长江经济带绿色金融项目管理机制，包括绿色制造评估、环境风险评级标准认定、环境成本核算系统和动态绿色项目数据库等，难以高起点支持长江经济带绿色金融改革创新。

第四节　长江经济带绿色金融政策创新导向与架构分析

绿色金融作为新型金融体系，其有效推行一定要依赖于制度体系的创新构建[①]。经济新常态下要以绿色金融改革创新发展推动供需两端结构性改革为总体要求，探索出一条具有长江经济带特色的绿色金融改革创新道路。

一　作用机理与框架设计

1. 绿色金融的作用机理

生态环境资源属于公共资源。企业是追求私人利益最大化的经济人，不会考虑污染带来的负外部性，由此导致环境污染治理的市场失灵。美国学者埃莉诺·奥斯特罗姆（Elinor Ostrom）针对“公共事务的治理这个世界性难题”在著作《公共事务的治理之道：集体行动制度的演进》中提出公共池塘治理理论模型。在其模型中，公共池塘资源是可再生的，这种资源同时又是相当稀缺的，而不是充足的，属于准公共物品。许多成功的公共池塘资源规制模式，冲破了固有的规制范式，能成功地在“存在着搭便车的环境”中，增进人们的公共福利效应。而在实现公共池塘资源有效治理的公共性规制行动中，埃莉诺·奥斯特罗姆教授认为需要解决的一大问题是：“新制度的供给”如何有效抑制“搭便车”的行为。因此，如何创新制度供给，成为公共池塘治理理论的首要问题，这也对如何高质量创新长江经济带绿色金融政策的机制设计具有很好的启发。

---

① 蓝虹：《绿色金融发展相对缓慢的思考》，《金融时报》2019 年 10 月 14 日。

2. 外部性

外部性也称外部效应，是指经济主体（企业或个人）的经济活动对他人和社会造成的非市场化影响①，而其成本和后果不完全由该行为人承担。外部性分为正外部性和负外部性。外部性的存在，使得利用市场机制只能实现资源的次优配置。当存在外部性问题时，政府或社会必须采取补救性措施（如优化准公共品金融资源、提高资源税赋或环境补贴等）来优化解决私人（企业或个人）边际净产值与社会边际净产值的差异。环境污染是一个典型的负外部性实例，如果缺乏抑制“搭便车”行为的约束或惩罚机制，私人（生产者与消费者）则会极力逃避为环境污染造成的外部性支付成本，这就可能导致私人对生态环境的过度使用直至边际效益为零，并且不会关心边际社会成本的增加。

3. 绿色金融公共生态资源治理的作用机理

绿色金融也具有外部性，而且是正外部性。绿色金融有别于传统的融资模式，它将环境风险纳入金融风险，将外部性的环境污染内在化，并借助完善的金融风险管理技术来管理包含环境风险在内的金融风险。金融机构基于对融资项目的环境风险的科学评估，对企业实施差异性的融资服务策略，具体而言：一方面可选择加强对环境友好型企业（项目）的融资支持，降低环保投入的成本，促其可持续运营；另一方面又可选择对非环境友好型企业（项目）进行融资限制，把污染成本内化于其生产成本，倒逼其主动防污治污，减少环境损害。

如图 9-1 所示，在存在负外部性的情景下，经济活动的社会边际成本大于私人边际成本，即 MSC（社会边际成本）>MPC（私人边际成本），二者之差为边际环境成本（MEC），MSC（社会边际成本）与 MB（边际收益）决定社会需求量 Q1，MPC（私人边际成本）与 MB（边际收益）决定私人生产量 Q0，Q0>Q1，若使 Q0 减少到 Q1，必须提升 MPC（私人边际成本），这时绿色金融可发挥引导和限制作用，即提高对污染型企业的融资利率或取消融资优惠，促使其生产经营成本上升。

---

① 张伟：《外部性、产权与绿色金融》，《光明日报》2017 年 12 月 26 日。

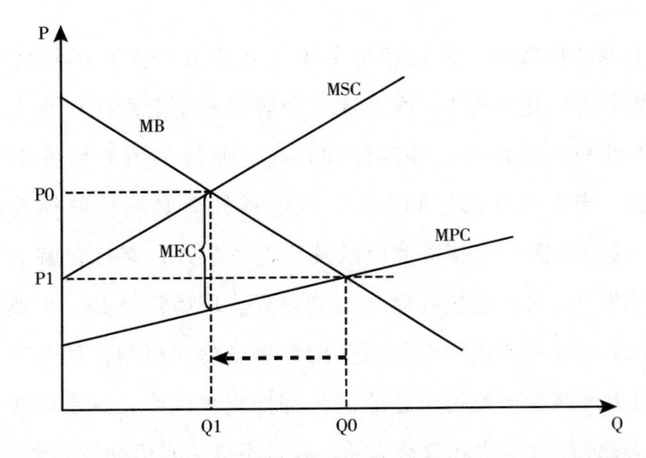

图 9-1　负生态外部性经济活动下绿色金融的弥补作用机制

注：P0 和 P1 分别代表社会经济活动供求的均衡价格和私人经济活动供求的均衡价格。

二　绿色金融改革原则

1. 坚持绿色金融政策与长江经济带生态文明建设目标的结合

长江经济带生态文明建设已上升为国家战略，绿色金融的核心职能就是为长江经济带生态文明建设服务，因此必须坚持绿色金融政策创新改革与长江经济带生态文明建设目标的高质量有机融合。同时，金融政策是自上而下垂直管理的，而生态文明建设的目标与任务却在长江经济带各地区差异性很大，采取的是横向管理。将绿色金融政策与生态文明建设目标相结合，是长江经济带绿色金融改革创新的重要准则①。

2. 坚持长江经济带绿色金融需求端和供给端精准对接

长江经济带绿色金融项目库的建设，绝不是简单地针对项目进行评审后入库，很多绿色公共服务项目，例如污水处理厂等，必须经由设计后才能与绿色金融的各种融资工具对接。为绿色项目设计最合适的融资组合，是长江

① 蓝虹：《绿色金融发展相对缓慢的思考》，《金融时报》2019 年 10 月 14 日。

经济带绿色金融需求端与供给端高质量衔接的关键。

3. 坚持“赤道原则”

“赤道原则”已经成为国际项目融资的一个新标准，在贷款和项目资助中强调企业的环境和社会责任，已经逐渐成为国际项目融资中的行业标准和国际惯例。在中国，2005 年兴业银行最早开展绿色金融业务，并于 2008 年成为我国第一家“赤道银行”。长江经济带特色的绿色金融改革应坚持以“赤道原则”为核心导向。

三 绿色金融政策系统的机制架构

绿色金融政策系统具有多层次性、开放性和关联性，尤其针对长江经济带而言，由于域内各地经济、人口、生态环境迥异，无论从地方还是中央来看，应形成一个上下结合跨地合作、顶层设计与地方试点探索相融合的生态—金融公共资源政策系统。这个系统应具备的支撑要素如下。

1. 需要政府的科学规制和大力支持

推行长江经济带绿色金融改革，既要通过中央政府“自上而下”大力推动，形成发展绿色金融的政策执行力；又要注重发挥长江经济带各地方政府“自下而上”的主观能动性，探索长江经济带区域绿色转型的有效途径，为全局性改革提供可复制可推广的经验①。只有在政府的引导和支持下，长江经济带才能形成自上而下的顶层设计与自下而上的区域探索相互推动、互为促进的格局。

2. 需要健全的法律法规约束体系

法律法规的强力约束使得金融机构和企业能够充分认识到自身在业务经营过程中应当承担的责任，只有建立健全了包括规范绿色金融操作及统计标准、明确相关主体责任、惩戒违法行为等在内的环保法律法规体系，长江经济带绿色金融的发展才有法可据、有章可循。

3. 需要发挥政策性机构的作用

政策性银行作为一种特殊的金融机构，具有生产准公共金融产品的功

---

① 李国辉：《做好四方面工作 推动绿色金融高质量发展》，《金融时报》2019 年 5 月 20 日。

能，与绿色金融正外部性的特质具有相适应性，这使得其在直接或间接发展绿色金融业务中具有普通金融机构无法比拟的优势，这是推动长江经济带绿色金融发展的重要渠道和工具[①]。

4. 培育绿色金融专业化团队，强化社会各界和独立第三方的监督机制

为保障绿色金融激励政策能真正落实在长江经济带国家的生态环保目标中，长江经济带地方政府必须设置专门的机构，培育专门的绿色金融专业团队，承接中央垂直而下的绿色金融政策，实现中央垂直政策和地方横向政策的精准交融（见图 9–2）。

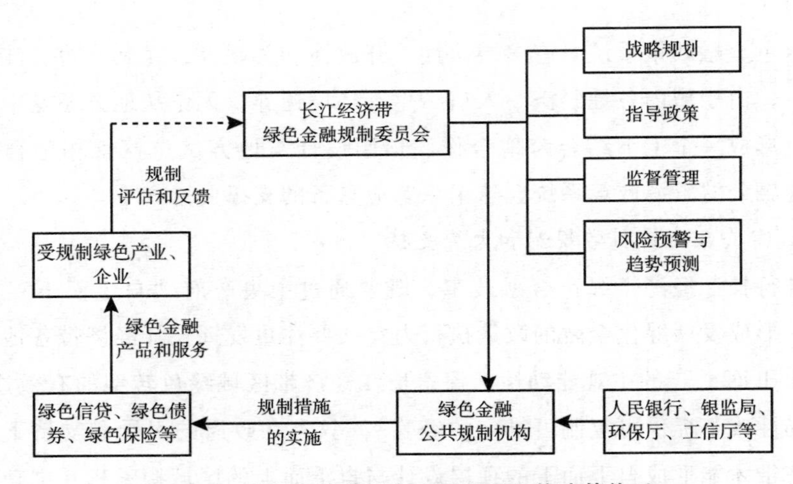

图 9–2　长江经济带绿色金融规制机构决策体系

第五节　长江经济带绿色金融发展政策建议

长远来看，在供给侧结构性改革的大背景下，长江经济带的绿色金融发展有着巨大的潜在优势，应通过科学的统筹设计，积极创新打造符合长江经济带可持续发展形势的绿色金融体系总体框架。

① 周中明：《完善我国绿色金融政策支持体系的探讨》，《华北金融》2017 年第 7 期。

一　建立健全法律法规约束体系

一是要以党的十九大提出的推进生态文明建设纲要为指导，遵循绿色金融发展的客观规律，立足长江经济带发展实际，借鉴国外优秀发展经验，从国家战略高度加强发展长江经济带绿色金融的顶层设计和统筹规划，建议在国家层面成立长江经济带绿色金融规制委员会。

二是要建立健全绿色金融法律法规约束体系，强化金融机构和企业的环保意识、法律意识，明确环境破坏者的法律责任，将企业环境信息纳入金融信用信息基础数据库；同时鼓励长江经济带沿线地方政府根据当地经济发展、资源环境等实际情况，制定有针对性的、可操作的、适用性强的绿色发展地方法规①。

二　设立国家级长江经济带生态绿色基金

建议设立国家级长江经济带生态绿色基金，积极引导社会资本参投。当前长江经济带生态项目的实施落地面临“超长回报周期”“投资预算巨大”等问题，设立国家级生态绿色基金可有效缓解这些“资金难题”。同时，支持长江经济带沿线省份设立省级生态绿色基金，探索不同于一般政府产业基金的管理模式，在纳税、项目融资、项目退出等方面，实施差别化的优惠政策，保障生态绿色基金的可持续运转。

三　完善长江经济带绿色金融市场体系

建设长江绿色投资银行等绿色金融机构，积极开发绿色金融产品，形成具标杆性的绿色金融产品体系；探索以抵押担保模式创新来推动绿色信贷产品的创新，积极开展绿色生产贷款、绿色新能源消费贷款等绿色信贷业务；成立绿色基金，支持绿色债券、股票的发行，碳金融等绿色资本市场积极探

---

① 王波、郑联盛：《新常态下我国绿色金融发展的长效机制研究》，《技术经济与管理研究》2018 年第 8 期。

索直接融资，加快长江经济带碳交易和碳金融市场的发展；探索推广强制性环境污染责任保险制度，形成以环责险为主体、多类创新险种并存的绿色保险体系。

四　成立长江经济带绿色金融协会

一是要鼓励长江经济带更多的金融机构加入长江经济带“赤道银行”俱乐部，成立专门的绿色金融事业部，按照“赤道原则”进行业务调整和规范，从组织结构、流程设计、能力建设、信息披露等方面提升开展长江经济带流域绿色金融业务的能力和专业化水平①。

二是要鼓励沿线省市金融机构、中介机构以及其他行业企业联合成立长江经济带绿色金融协会，建立起长江经济带沿线金融界和绿色产业界与地区监管部门的沟通机制，使其在推动支持性绿色金融政策的形成和落地方面发挥更大作用。

五　加强国际交流与合作

要鼓励长江经济带绿色金融与国际接轨，积极参与“一带一路”建设，利用上海合作组织、中国—东盟等区域合作机制，推动长江经济带绿色金融的区域性国际合作，同时充分利用双边和多边合作机制，引导国际资金投资长江经济带绿色金融资产，进而加快长江经济带金融机构对外绿色投资的步伐，以期在实现推动绿色金融全球化发展的同时积极传播绿色金融领域的长江经济带声音。

六　加快长江经济带地方绿色金融发展步伐

一是要建立长江经济带绿色发展业绩评价机制，加快绿色 GDP 核算体系的构建和地方自然资源资产负债表的编制，将“环境表现”列为地方政

---

①　邓玉琦：《论后疫情时期更应重视和加大绿色金融支持绿色经济的发展》，《北京金融评论》2020 年第 1 期。

府业绩评价的重要指标，并不断加大约束性环境指标在地方政府绩效考核中的权重。

二是要充分调动长江经济带地方政府和地方金融机构开展绿色金融的积极性，给予必要的政策指导和财政支持，加大绿色金融地方试点的力度，扩大绿色金融的覆盖范围，尽快创造可复制、可推广的长江经济带地方绿色金融发展经验。

七　建立长江经济带生态环境大数据平台和监测预警长效机制

进一步完善整个长江流域的生态环境监测体系，监测应将大气质量监测、水文水质监测、河湖形态监测、生物多样性监测等生态系统各要素监测都纳入进来。建议加快建立长江经济带生态环境大数据云平台，实现监测数据共享，使监测数据能为长江经济带生态环境质量评估和绿色生态金融项目评估服务[①]。

① 《全国人大代表何大春——大力发展生态绿色基金　打造长江经济带生态保护试验区》，《长江商报》2019年3月8日。

第十章
生物多样性与长江渔业资源保护的长效机制

生物多样性保护是长江经济带生态环境保护的重要内容，也是推动长江经济带一体化保护、建设绿色长江经济带的重要举措。渔业资源生物多样性是反映长江生物多样性状况的重要指标，也可反映长江经济带生态环境保护成效。为扭转长江生态环境恶化趋势，破解长江生物完整性指数最差的“无鱼”等级难题，守护长江生物系统安全，以习近平同志为核心的党中央立足为全局计、为子孙谋，提出长江“十年禁渔”的战略决策，并强调“实施长江十年禁渔计划，要让广大渔民愿意上岸、上得了岸，上岸后能够稳得住、能致富”。党的十九届五中全会将“实施好长江十年禁渔”作为“十四五”时期乃至更长一段时间推进长江经济带生态环境保护的一项重要任务予以明确，迫切需要构建常效长效政策机制。

第一节　生物多样性保护与天然渔业资源保护

天然渔业资源管控是学界长期关注的一个重要课题，伴随长江“十年禁渔”的正式实施，相关研究正逐步丰富起来。

一　天然渔业资源管控是世界性难题

天然渔业资源具有典型的“公地”特征，在缺乏有效管控的情况下极易产生“公地悲剧”，天然渔业资源的衰竭已成为全球性的共性问题[①]。联合国粮食及农业组织发布的《世界渔业和水产养殖状况（2020）》指出，目前约有34.2%的鱼类种群在生物不可持续水平下被捕捞，总体比例过高，并且就全球而言，这一趋势未见好转，由此带来的生态环境影响特别是水生态环境影响需要引起高度重视[②]。有学者对世界内陆渔业资源的状况进行了比较分析，认为天然渔业资源的捕捞问题往往和经济社会发展问题交织在一起。为应对渔业资源衰竭的困境，国外学者提出较多的建设性建议，如Mc Connell和Norton[③]的许可制度，Anderson[④]的渔业管理措施，Tierenberg[⑤]的分配渔获配额，Gulland[⑥]的限制性政策等；然而，Spagnolo[⑦]、Hannesson[⑧]和Cueff[⑨]的研究均认为减船政策没有达到管控天然渔业资源过度捕捞的预期效果。

长期以来，我国传统渔业的生产结构以捕捞为主，捕捞过度、不合理的资源开发利用方式，造成了渔业资源的衰退、经济效益下降[⑩⑪]。林光纪[⑫]以“公地悲剧”理论，讨论了渔业公共资源市场配置导致的悲剧现象，并从博

① 郭宇冈、胡振鹏等：《鄱阳湖渔业资源保护与天然捕捞渔民转产行为研究》，《求实》2014年第2期。

② 联合国粮食及农业组织：《世界渔业和水产养殖状况（2020）》（SOFIA 2020）。

③ Mc Connell, K. E. and Norton, V. J., 1978: *An Evaluation of Limited Entry and Alternative Fishery Management Schemes, in Limited Entry as a Fishery Management Tool*, Washington Sea Grant Publication, 188-201.

④ Anderson, L. G., 1986: *The Economics of Fisheries Management*, London: Johns Hopkis, 195.

⑤ Tierenberg, H. Thomas, 1992: *Envioronmental and Nature Resource Economics*, New York, Haiper Collins, 319-325.

⑥ Gulland. J. A. Fish Population Dynamics, New York: John Wiley, 1997, (3): 67-77.

⑦ Spagnolo, M., 2004: The Decommissioning Scheme for the Italian Clam Fishery: A Case of Success, International Workshop on Fishing Vessel and License Buy-Back Programs, March 22-24, La Jolla, CA.

⑧ Hannesson, R., 2004: Buy-back Programs for Fishing Vessels in Norway, International Workshop on Fishing Vessel and License Buy-Back Programs, March 22-24, La Jolla, CA.

⑨ Cueff, J., 2004: Fishing Vessel Capacity Management Public Buy-out Schemes: Community Experience through the Multi-Annual Guidance Programmes and Ways Forward, International Workshop on Fishing Vessel and License Buy-Back Programs. March 22-24, La Jolla, CA.

⑩ 邓景耀：《海洋渔业资源保护与可持续利用》，《中国渔业经济》2000年第6期。

⑪ 陈新军、周应祺：《论渔业资源的可持续利用》，《资源科学》2001年第2期。

⑫ 林光纪：《禁渔期管理的动态博弈分析》，《福建水产》2005年第1期。

弈论的视角提出了应对策略。为应对天然渔业资源过度捕捞的难题，我国最早在海洋领域对渔业资源进行管控，1995年开始实施海洋伏季休渔制度，然而，伏季休渔结束后，由于持续超高强度的捕捞，渔业资源前景依然不容乐观①。类似情况在长江流域同样存在，鱼类资源处于全面衰退的边缘。

二　长江生物完整性指数到了最差的“无鱼”等级

长江是我国生物多样性最具典型性的一条生态河流，在我国生态体系中占有举足轻重的地位，据不完全统计，长江流域的水生生物有4300多种，其中鱼类有400多种，特有鱼类有180多种②。长期以来，受拦河筑坝、水域污染、过度捕捞、航道整治等活动影响，长江水域生态功能明显退化，渔业资源加剧恶化，有的甚至濒临灭绝，《中国濒危动物红皮书》中长江流域濒危鱼类达到92种。长期以来，长江渔业资源类似于公共资源，陷入“一家一户”分散竞争性捕捞导致的“公地悲剧”困局。长江流域的渔业资源曾经极为丰富，最高峰时曾占到当时全国淡水捕捞总产量的60%，目前在每年超过6000万吨的全国水产品总量中，长江干流的天然捕捞量仅占其中的0.15%左右。③。长江生物完整性指数到了最差的“无鱼”等级，保护长江流域生态功能迫在眉睫。

其实早在2002年长江流域就试行为期3个月的春季禁渔制度，从2003年开始全流域实行每年3个月的禁渔制度，之后又将禁渔期调整为每年4个月。每年短期的禁渔制度实施，对长江渔业资源的恢复起到一定作用，但偷捕行为禁而不绝，使禁渔制度的初衷和效果大打折扣，特别是“迷魂阵”、电捕鱼等竭泽而渔的捕捞方式，在开捕后短时间内就把禁渔期积累的一点点“家底”消灭殆尽。野生种群数的减少，将使人类面临“无鱼可吃”的境地，长江里的珍稀水生生物也将因鱼类食物短缺而消亡，如长江江豚数量由2006年的1800头降至2018年的1012头，最主要的原因就是食物资源匮乏。

① 周井娟：《休渔期制度与东海渔业资源的保护和利用》，《渔业经济研究》2007年第2期。

② 周梦爽：《长江已到“无鱼”等级，全面禁渔迫在眉睫》，《光明日报》2019年10月15日。

③ 韩望：《长江十年禁渔为解“无鱼”之困》，《北京青年报》2020年1月3日。

长江“四大家鱼”通常4龄成熟繁殖，经过10年就有两个多世代的繁衍，种群数量就能显著增加①。鉴于长江是我国淡水渔业最重要的产区和鱼类种质资源库，并且面临日益严峻的渔业资源保护形势，曹文宣②建议长江禁渔10年，以让鱼类资源休养生息。

三 “公地悲剧”治理的管控机制

管控机制的缺失或不健全，是“公地悲剧”产生的重要原因，“公地悲剧”的治理，需要构建有效的管护机制。自从哈丁的《公地悲剧》③发表以来，“公共资源的竞争性过强，而排他性缺失或不足”将会导致“过度使用”的公地悲剧思想可谓深入人心④，“公地悲剧”成为描述资源和环境退化的一个代名词。世界上许多自然资源都存在过度利用的灾难，建立合理的管理机制，成为解决问题的关键⑤。只有资源使用的竞争受到约束，人类才可以生存，因为没有约束的竞争必然带来租值消散，导致灭绝人类。为此，公共品治理的实质就是建立、重新确立或改变解决资源环境多功能利用矛盾的机制，应关注结构和功能的内在关系，建立治理体系而不是单个的措施选择。

无论空气污染还是水资源污染问题，都与政府职能部门监管不到位及其制度设计有关⑥，作为一种区域公共物品，河流、湖泊、水库等水资源在一定限度内具有非竞争性和非排他性的特点，容易造成“公地悲剧”⑦，水资源涉及的地区和管理部门越多，共同协调的成本就越高，越容易陷入集体行

① 曹文宣：《如果长江能休息：长江鱼类保护纵横谈》，《中国三峡》2008年第12期。

② 曹文宣：《长江鱼类资源的现状与保护对策》，《江西水产科技》2011年第2期。

③ Hardin, G., 1968: The Tragedy of the Commons [J]. *Science*, 162 (5364): 1243-1248.

④ 阳晓伟、庞磊、闭明雄：《哈丁之前的“公地悲剧”思想研究》，《河北经贸大学学报》2015年第4期。

⑤ 杨理：《中国草原治理的困境：从“公地的悲剧”到“围栏的陷阱”》，《中国软科学》2010年第1期。

⑥ 严晓萍、戎福刚：《“公地悲剧”理论视角下的环境污染治理》，《经济论坛》2014年第7期。

⑦ 高翔：《跨行政区水污染治理中“公地的悲剧”——基于我国主要湖泊和水库的研究》，《中国经济问题》2014年第4期。

动的困境[①]，为此，环境问题的解决有赖于制度的改革[②]。保护环境制度或机制的确立与改革，带有较强的政府干预和引导特征，这种干预有助于解决市场失灵问题并引导向预设的方向发展，干预力量的渗透，必然会打破原有的利益格局，原有利益群体为维护现有利益必然会采取显性或隐性的反向举措，在反复博弈中要确保机制或制度作用的长期发挥，不可避免要依靠国家机器的行政力量、法治力量和全社会的协同力量。与此同时，长期的机制设计中，既要有堵的功效也要有疏的功效，既要有补短板的政策安排也要有强弱项的政策安排，既要有正向的奖励机制也要有反向的惩处机制，既要有管当前的制度设计也要有管长远的制度设计。因此，长江“十年禁渔”的机制设计，既要有效又要长效。

第二节　我国休禁渔政策的演进历程与主要特征

我国休禁渔政策始于1980年在黄海、东海区域实施的伏季休渔探索，伴随形势发展变化需要，休禁渔政策的内涵与外延不断拓展，大致经历了试点探索、全面深化到现代治理的演进脉络，具有实施路径从近海流域到内河流域、禁渔时间从短周期到长周期、禁渔区域从局部流域到全流域的演进特征。

一　休禁渔政策的演进历程

1. 逐步推开的探索阶段

局部试点是我国政策设计与政策实施的重要一环，无论是海洋伏季休渔政策还是内陆河湖禁渔政策同样如此。伏季休渔政策始于黄海和东海，之后随着探索的不断推进及效果的实践检验，在东海、黄海、渤海、南海实施伏季休渔政策时，在对作业类型的要求上，最开始针对的主要是集体拖网渔船，

---

① Olson M., 1966: *The Logic of Collective Action* [M]. Cambridge, Mass: Cambridge University Press.

② 陈廷榔：《环境治理攻坚需借力制度改革》，《中国环境报》2014年3月21日。

之后要求休渔作业类型是对所有底拖网，2018 年的《农业部关于调整海洋伏季休渔制度的通告》（农业部通告〔2018〕1 号）则进一步明确是“除钓具外的所有作业类型，以及为捕捞渔船配套服务的捕捞辅助船”，这样就在伏季休渔的范围和作业类型上作了明确规定。有了海洋伏季休渔的早期探索实践，禁渔制度最先于 2002 年在长江流域试行，并在 2003 年正式实施，之后拓展到珠江等流域，内陆河湖禁渔政策在禁渔内容上则是明确禁止所有捕捞作业。

2. 全面禁捕的深化阶段

随着我国生态文明建设的深入推进，特别是长江“共抓大保护、不搞大开发”的提出与实施，修复长江水环境、保护长江水生物、提升长江生态安全指数被提到前所未有的高度，2017 年原农业部下发《关于公布率先全面禁捕长江流域水生生物保护区名录的通告》（农业部通告〔2017〕6 号），提出从 2018 年 1 月 1 日起率先在长江 332 个水生生物保护区（包括水生动植物自然保护区和水产种质资源保护区）逐步施行全面禁捕，这是对长江禁渔制度的全面升级和深化，在我国休禁渔政策变迁历程中具有标志性意义。

3. 统筹联动的现代治理阶段

伴随我国进入现代化建设的新发展阶段，未来我国将致力于打造人与自然和谐共生的现代化，这也就意味着我国休禁渔政策的重心将主要是逐步探索构建人鱼共生的现代治理政策体系，以真正实现渔业资源的可持续利用和发展。《渔业法》《长江保护法》等法律法规的建立健全和有效实施，休禁渔政策设计同绿色航运、流域生态补偿、健康消费等诸多政策的统筹联动，都为休禁渔政策现代治理效能的提升提供重要保障。

二　休禁渔政策主要特征

1. 休禁渔区域从近海流域到内河流域

伏季休渔制度是我国实施时间较早、持续时间较长的一项海洋资源环境保护管理措施[①]，1980 年和 1981 年，原国家水产总局先后发布《关于集体

① 潘澎、李卫东：《我国伏季休渔制度的现状与发展研究》，《中国水产》2016 年第 10 期。

拖网渔船伏季休渔和联合检查国营渔轮幼鱼比例的通知》和《东、黄海区水产资源保护的几项暂行规定》，规定每年7~8月对黄海区集体拖网渔船实行为期两个月的休渔，7~10月对东海区集体拖网渔船实行为期四个月的休渔。1995年，经国务院同意，农业部向各沿海省（区、市）人民政府发布了《关于修改〈东、黄、渤海主要渔场渔汛生产安排和管理的规定〉的通知》，该文件的发布，标志着伏季休渔作为一项国家制度被正式确定了下来。在此之后，我国伏季休渔制度得到不断完善和发展。

长江作为我国横跨内陆东中西部10多个省市的河流，孕有丰富的渔业资源，然而，长期以来受到水域环境污染、水利工程建设、围湖造田、过度捕捞等因素影响，资源已处于严重衰退状态，为改善长江渔业资源，借鉴我国近海伏季休渔制度，2002年起在长江流域试行春季禁渔制度，禁渔期限为3个月。经国务院同意，从2003年开始，长江全流域实行每年3个月的禁渔制度。之后，禁渔制度又先后在赤水河流域、珠江、闽江、海南省内陆水域、海河、辽河、松花江和钱塘江等流域实施。

2. 休禁渔时间从短周期到长周期

我国近海区域实施伏季休渔的时间，《农业部关于在南海海域实行伏季休渔制度的通知》规定1999年起休渔时间为每年6月1日零时起至7月31日24时止，即休渔期为2个月，之后根据实际情况将伏季休渔的开始时间提前了1个月，调整后的休渔制度对各类作业方式休渔时间均进行了延长，最短休渔期为3个月。

参照我国伏季休渔制度的休渔时间，最初我国禁渔制度的休渔期基本上以3个月为主，但禁渔开始的时间有差异，根据《农业部关于实行长江禁渔期制度的通知》（农渔发〔2003〕1号），长江分为两个江段，每个江段禁渔时间为3个月，其中云南省德钦县以下至葛洲坝以上水域禁渔时间为每年的2月1日12时至4月30日12时；葛洲坝以下至长江河口水域，禁渔时间为每年的4月1日12时至6月30日12时。为提升禁渔效果，根据《农业部关于调整长江流域禁渔期制度的通告》（农业部通告〔2015〕1号），自2016年开始，长江流域禁渔期从每年3月1日0时至6月30日24

时，禁渔期变为 4 个月。

为有力有效改善水生态环境、推进生物多样性保护，《农业部关于赤水河流域全面禁渔的通告》（农业部通告 2016〔1 号〕）明确在赤水河流域实施全面禁渔，率先实施全面禁渔 10 年，即从 2017 年 1 月 1 日 0 时起至 2026 年 12 月 31 日 24 时止。2019 年 1 月，农业农村部等三部门公布《长江流域重点水域禁捕和建立补偿制度实施方案》（农长渔发〔2019〕1 号），要求 2020 年底以前，长江干流和重要支流除保护区以外水域完成渔民退捕，暂定实行 10 年的常年禁捕。

3. 休禁渔范围从局部流域到全流域

我国休禁渔范围经历了从局部到全流域的逐步拓展的发展历程。以伏季休渔为例，从 1980 年的东、黄海区域到 1987 年的东、黄、渤海主要渔场，再到 2017 年休渔海域范围包括渤海、黄海、东海及北纬 12 度以北的南海（含北部湾）海域，伏季休渔范围不断扩大。

与伏季休渔一样，禁渔制度的范围也不断扩大，禁渔范围从 2002 年的云南德钦县以下至长江河口（南汇嘴与启东嘴连线以内）的长江干流，汉江、岷江、嘉陵江、乌江、赤水河等一级通江支流以及鄱阳湖区和洞庭湖区；到 2016 年起禁渔期变为 4 个月的禁渔范围包括青海省曲麻莱县以下至长江河口（东经 122°）的长江干流江段，岷江、沱江、赤水河、嘉陵江、乌江、汉江等重要通江河流在甘肃省、陕西省、云南省、贵州省、四川省、重庆市、湖北省境内的干流江段，大渡河在青海省和四川省境内的干流河段；鄱阳湖、洞庭湖；淮河干流河段。根据《国务院办公厅关于切实做好长江流域禁捕有关工作的通知》（国办发明电〔2020〕21 号），长江十年禁渔范围包括长江上游珍稀特有鱼类国家级自然保护区等 332 个自然保护区和水产种质资源保护区，长江干流和重要支流，大型通江湖泊，与长江干流、重要支流、大型通江湖泊连通的其他天然水域等重点水域。

我国休禁渔制度的实施，加深了全社会对渔业资源保护的了解和认识，尤其是加速了渔民群众和基层渔业管理人员以往“重生产、轻管理”“重经济效益、轻生态效益”“重眼前利益、轻长远利益”的传统观念转变，取得的生态效益、经济效益和社会效益总体上是显著的，但其面临的局限性也依然存在，休禁渔效果仅体现为当年短期效应，没有产生实质性的长期效果。以长江为例，虽然实行了禁渔制度，但长江流域生态功能退化依然严重，渔业资源恶化形势不容乐观，因采取“电毒炸”“绝户网”等非法作业方式竭泽而渔，形成“资源越捕越少，生态越捕越糟，渔民越捕越穷”的恶性循环，长江生物完整性指数已经到了最差的“无鱼”等级，对长江渔业资源造成极大破坏、对长江流域水生生物是巨大侵害，严重损害了长江水域水生态平衡和生态安全。为此，实施长江十年禁捕，让长江休养生息，迫在眉睫。

第三节　长江“十年禁渔”现状及存在的问题

2016 年 1 月习近平总书记提出长江经济带要“共抓大保护、不搞大开发”以来，生态优先、绿色发展成为长江全流域的普遍共识与一致行动。2017 年、2018 年中央“一号文件”均将长江流域禁捕退捕作为落实长江经济带“共抓大保护、不搞大开发”的重要举措予以明确，2020 年 7 月国务院办公厅印发《关于切实做好长江流域禁捕有关工作的通知》，长江流域禁捕退捕成为推动长江经济带绿色发展和我国生态文明建设的重要举措。

一　长江“十年禁渔”禁捕退捕主要进展

长江流域禁渔政策经历了禁渔期限从短周期到长周期、禁渔范围从局部流域到全流域的演进特征，长江天然渔业资源保护恢复取得一定成效，但形势依然不容乐观。长江全流域退捕禁捕正是对前期禁渔政策的修正升级，实施中取得阶段性成效也面临不少现实困难。

1. 长江天然渔业资源保护现状

长江自 2002 年开始探索实施禁渔、2003 年开始正式全面实施禁渔，并且长江全面禁渔涉及沿江 10 个省市[①]，为此，这里分析 2009 年以来长江流

① 包括上海市、江苏省、安徽省、江西省、湖北省、湖南省、重庆市、四川省、贵州省、云南省。

域重点水域沿江 10 个省市天然渔业资源保护情况。一是长江流域 10 个省市水产品总产量占全国三成左右并且比较稳定，2009 年为 30.02%，自 2016 年实施长江“共抓大保护、不搞大开发”以来，长江 10 个省市水产品总产量占全国的比重呈回落态势，2018 年较 2016 年下降近 2 个百分点（见图 10-1）。二是长江流域 10 个省市水产品捕捞量占全国捕捞量的比重总体呈下降趋势，2018 年较 2009 年下降 1.48 个百分点（见图 10-2），表明长江重点流域捕捞的渔业资源整体在萎缩，一个重要的原因是长江沿江 10 个省市淡水捕捞量占全国淡水捕捞量的比重显著下降，2018 年较 2016 年下降了 9.48 个百分点（见图 10-3）。三是长江 10 省市淡水捕捞量占长江 10 个省市水产品总产量的比重呈明显下降趋势，2018 年较 2009 年下降了近 3 个百分点（见图 10-4），表明长江天然渔业资源呈持续萎缩态势，并且这种萎缩态势并未因禁渔政策的实施而得到根本扭转。

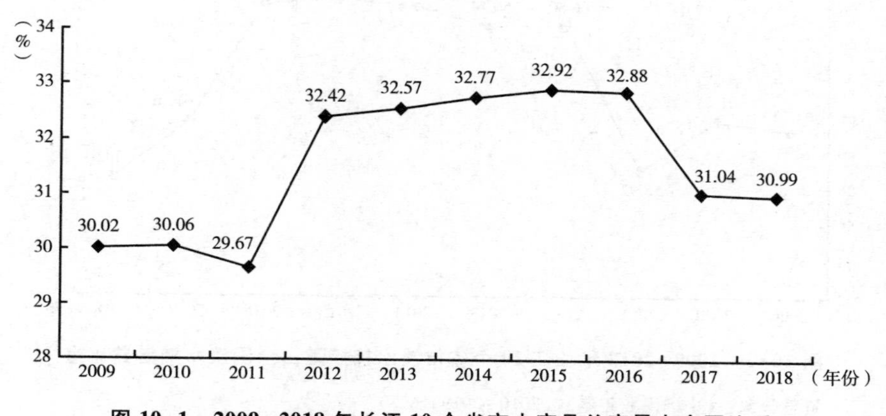

图 10-1　2009~2018 年长江 10 个省市水产品总产量占全国比重

资料来源：《中国渔业年鉴》（2010~2019）。

2. 长江退捕禁捕的实施进展

根据上面的分析，长江虽然较早实行了禁渔制度，但长江流域渔业资源保护形势不容乐观，为此，我国实施长江十年禁捕，让长江休养生息。自 2020 年禁捕工作开展以来，长江流域重点水域沿江 10 个省市共核定退捕渔船 11.1 万艘、渔民 23.1 万人。其中“一江两湖七河”和 332 个水生生物保

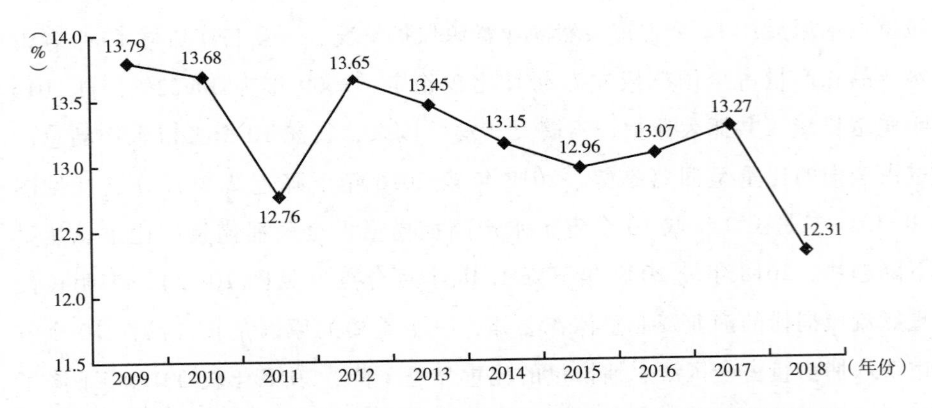

图 10-2　2009~2018 年长江 10 个省市水产品捕捞量占全国捕捞量比重

资料来源：《中国渔业年鉴》（2010~2019）。

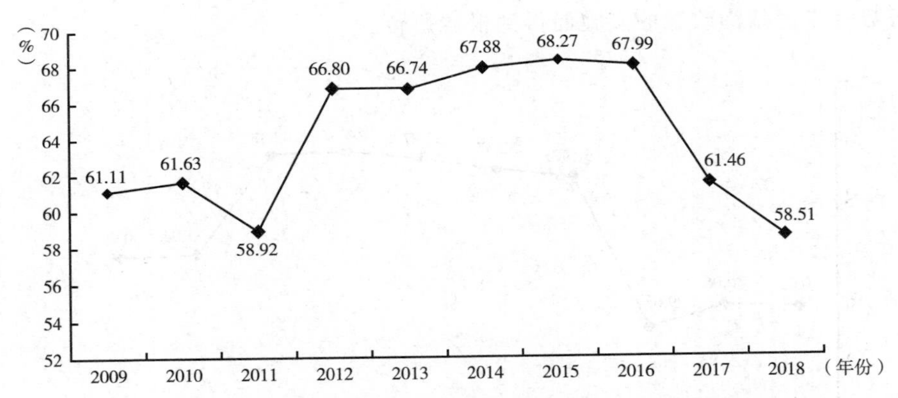

图 10-3　2009~2018 年长江 10 个省市淡水捕捞量占全国淡水捕捞量比重

资料来源：《中国渔业年鉴》（2010~2019）。

护区重点水域，共有建档立卡渔船 8.4 万艘、渔民 18 万人，已全部提前退捕上岸（见图 10-5）；各省（区、市）自主确定的其他水域，共有建档立卡渔船 2.7 万艘、渔民 5.1 万人，已提前完成 2020 年退捕任务。在全流域“一盘棋”基础上，各地创新实践形成了系列经验做法。

（1）“一盘棋”统筹推进。一是强化制度设计。国务院办公厅印发《关于切实做好长江流域禁捕有关工作的通知》，农业农村部、公安部、市场监

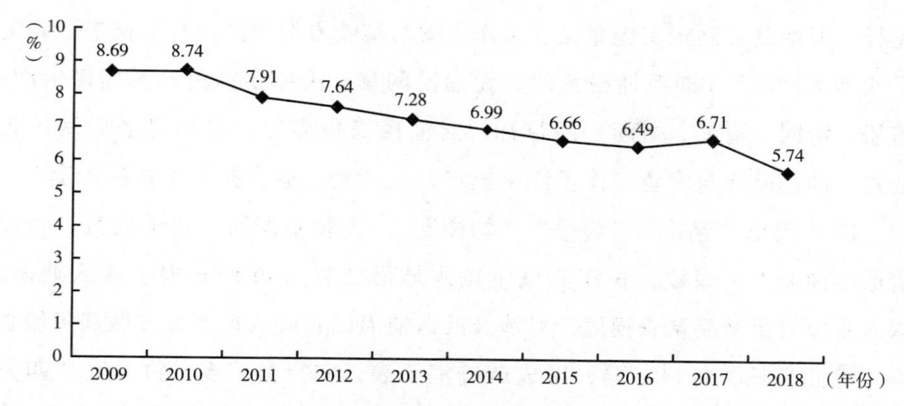

图 10-4　2009~2018 年长江 10 个省市淡水捕捞量占长江 10 个省市水产品总产量比重

资料来源：《中国渔业年鉴》（2010~2019）。

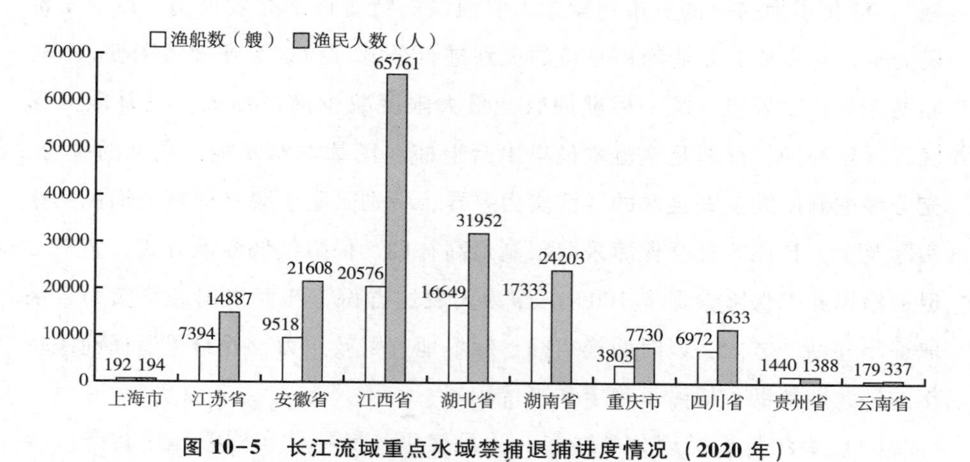

图 10-5　长江流域重点水域禁捕退捕进度情况（2020 年）

资料来源：根据江西省农业农村厅调研资料整理。

管总局等部门制订《进一步加强长江流域重点水域禁捕和退捕渔民安置保障工作实施方案》《打击长江流域非法捕捞专项整治行动方案》《打击市场销售长江流域非法捕捞渔获物专项行动方案》，人社部召开长江流域退捕渔民养老保险工作推进会等，国家各部委紧密协同联动、沿岸各省市坚决部署行动。二是因地制宜细化实化政策举措。长江流域重点水域沿江 10 个省（市）、市、县（区）站在讲政治的高度，成立了高规格的领导小组，试点先行，因地制宜制定实施意见、工作方案、实施方案等高位扎实推进，确定了“四无四清”（即无捕捞渔船、无捕捞网具、无捕捞渔民、无捕捞生产；清船、清网、清江、清湖）的目标，对渔民身份界定、禁捕退捕船网回收处置、渔民就业与安置等作了详尽规定，从“禁、退、扶”全过程配套。

（2）突出“精准”“公平”“均衡”。一是精细调研，摸清底数。为摸清退捕渔船渔民底数，长江流域重点水域沿江省（市）开展了深入调研，深入乡镇村组开展调查摸底，对涉及的退捕渔民开展入户调查，做到每船必查、每证必核、每户必验，形成调查汇总表，实行县、乡、村、组“四公示、四公开”制度，确保渔民登记准确无误。二是精准识别，公平公正。为精准建档立卡，各地创新举措做法，如鄱阳湖区渔民提出“要平不要赢”，淡化了捕捞证的货币化概念，使渔民的情绪得到有效控制，以事实渔民为基，对专业、兼业渔民身份的识别进行公开评议，公平享受补助待遇。船网工具回收处置，统一标准回收，最大限度减少渔民损失。三是限高保底，逐年补助。江西是全流域最早出台退捕渔民基本养老实施意见的省份，充分考虑鄱阳湖滨湖县区的经济实力差异，特别是刚刚脱贫摘帽的渔民家庭实际及个人自愿。社会保障采取限制最高补助、保障最低标准方式，实现了退捕渔民养老保险参保率100%。作为欠发达省份，江西根据经济实力，采取逐年补助的方式，以时间换空间，缓解地方财政压力，并给予退捕渔民一年的过渡期补助，保障了稳定和可持续。

（3）聚焦特点类型分类转产。一是聚焦渔民特性实施差异化转产。各地针对年龄、经济实力、技能等不同类型渔民，将集体土地、集体水面优先租种（养）给退捕渔民，农业农村部开展了长江退捕渔民免费培训考核申领海洋渔业船员证书，各地组织熟练捕捞渔民外出或在本地养殖行业从事专业捕捞，鼓励、动员年轻渔民外出务工，支持有实力渔民发展餐饮、民宿、渔家乐、特色种养殖等旅游业，对难以就业的特困渔民通过开发公益性岗位等措施予以安置。二是聚焦捕捞特长开展技能培训。长江流域重点水域沿江省（市）通过发展产业、务工就业、扶持创业和公益岗位安置等措施，实现90%渔民转产就业。江西开展了“1131”计划（为退捕渔民至少提供1次政策宣讲、1次就业指导和3次职业介绍，并确保退捕渔民至少可选择1门实用技能参加培训）和渔民“零就业”家庭动态清零帮扶项目。采取订单式培训，根据渔民特点，重点开展水产养殖、水产品加工、特色美食厨师等实用技术培训，以提升退捕渔民劳动技能和自我发展能力。

（4）推进立体法治强化监管。一是强化法治惩治保障。为坚决打击长江流域非法捕捞刑事犯罪，农业农村部会同公安部、市场监管总局和交通运输部等部门开展专项整治行动；各省市加大联合执法力度，如江西多部门联合驻守鄱阳湖中心的蛇山岛、长三岛执法，逐步建立完善水上、岸上、道路、市场全程无死角的联合执法监管体系，全省查办案件485起，起到强烈的震慑作用。二是打造智慧渔政。通过技术运用，通过联合执法、统一执法、协同执法、专项执法等多种执法手段形成高压态势。如江西监管形成了合力，运用高清探头、雷达，平行接入公安的视频探头，沿着禁捕水域设置600多台，实现禁捕水域“网格化”监管，形成电子围栏，通过手机定位进行轨迹电子化监控。三是斩断全产业的利益链。针对“野生江鲜”精准发力，对水生生物保护区等重点水域、水产品交易地、涉渔餐饮场所等重点区域，全面营造“不敢捕、不能捕、不想捕”的浓厚社会氛围。

二 长江实施十年禁捕面临的主要困难

长江“十年禁渔”具有长期性、艰巨性、复杂性，主要面临如下困难。

1. 转产稳定就业压力较重

捕捞渔民年龄大，文化水平低，要达小康需要下苦功夫。如鄱阳湖区渔民转产就业率达近100%，但很大一部分是灵活就业，稳定性差，45周岁以上渔民约占80%，这部分渔民专业技能单一、身体健康状况差，当地二、三产业发展相对滞后，就业容量有限；加之渔民捕鱼相对自由，难以适应外出打工的约束与规制，有渔民在企业工作十几天就放弃的现象，这些因素导致渔民转产就业难与频繁换工作并存。生态移民任务重。如鄱阳湖区都昌县的棠荫岛有400多户渔民，鄱阳县的长山岛有800多户渔民，还有新建的南矶乡、永修的吴城、鄱阳的莲湖也属于半湖心岛，渔民数量较多，在当地失去了生计，如南矶乡渔民希望与南矶山国家自然保护区通过“社区”合一体制创新及生态移民的方式推动保护与生计的可持续。

2. 资金缺口较大

禁捕退捕的渔民相关补贴资金和费用包括船网回收补贴、过渡安置费、退捕渔民社保资金、就业培训等，费用项目多，数额大，且有的需要连续发放，财政拨付压力大。如江西省是长江流域禁捕管护水域面积最大、涉及渔民人数最多、财政实力最弱的省份之一，退捕渔船数占整个长江流域的25%，退捕渔民占整个流域的37%，而处于禁捕退捕核心区域的余干、鄱阳、都昌3个县退捕渔民数超过江西的50%（见表10-1），作为国定贫困县或经济发展水平偏低县，县级财力非常有限，刚刚实现整体脱贫，筹集禁捕退捕资金十分吃力，配套转产转业、社保补助的资金存在很大缺口。

表10-1　鄱阳湖区三个重点县域禁捕退捕占全省份额

区域	经济发展水平	2019年人均GDP（元）	渔民户数（户）	渔民人数（万人）	渔船数（万艘）
鄱阳县	国定贫困县（2020年4月摘帽）	18078（全省倒数第一）	4742	1.48	0.38
余干县	国定贫困县（2019年4月摘帽）	21553.26（全省倒数第三）	2169	0.86	0.66
都昌县	省定贫困县（2020年4月摘帽）	28211.37（全省倒数第十二）	3077	0.96	0.32
江西			19490	6.58	2.06
三县占江西省比重（%）			51.25	50.15	66.02

注：截至2020年8月1日零时核定建档立卡。

资料来源：根据调研资料整理；江西渔民户数来自江西省农业农村厅网站；都昌县数据来自都昌县政府网站；2019年人均GDP根据江西省统计局数据整理。

3. 执法有效供给较紧

执法力量薄弱是禁渔过程中的难题。如江西长江干流岸线152公里，鄱阳湖丰水期3000多平方公里，湖岸线1200多公里。对照实现“四清四无”的目标，监管压力巨大。而执法船、持证的执法人员少，监控任务繁重，难以匹配现实需要。同时，受制于执法经费紧缺，执法车辆、执法记录仪、快速检验检测设备等执法装备严重不足，人力成本支出较大，渔政执法困难重重。

4. 关联影响程度较深

禁捕退捕影响的不仅仅是渔民生产生活和水产品供给，与此相关的运输、加工、冷冻、渔具等产业链也受影响。以涉及渔民人数最多的江西鄱阳县为例，该县渔业冷冻、运输等关联产业受挫严重，由于产业投资都在百万元以上，涉及从业人员多，一时难以转产，损失较大。往常年份，鄱阳湖退水后形成很多湖汊，按照传统习惯，相关乡镇会对湖汊进行发包，将租金作为村级集体收入，而禁捕退捕后的承租矛盾纠纷问题影响社会和谐稳定。如余干县滨湖乡镇场对渔业的依赖度比较高，禁捕退捕后，乡镇场经济发展受到较大影响。

第四节　长江“十年禁渔”与长效机制的内在机理

作为具有鲜明跨界流域特征的长江，要实施涉及庞大渔民群体的十年禁渔，是一项系统性的制度安排，尤需协同治理、前后衔接、多措并举的长效机制的保驾护航。

一　制度、机制与长效机制

制度往往是指比较根本性的规则[①]，位于社会体系的宏观层面和基础层面，侧重于社会结构。一项制度制定之后，要想使制度的效能真正地发挥出

① 孔伟艳：《制度、体制、机制辨析》，《重庆社会科学》2010年第2期。

来，就必须努力促使其形成相应的机制，机制形成过程中最关键的便是使人们趋向于制度目标的动力问题①。为此，机制位于社会的微观层面，侧重于社会的运行，在现实社会中，制度要发挥特定的功能和作用，往往需要建立许多个机制共同起作用，形成若干“机制丛”②。

隶属于并内含在制度中的机制一词，最早源于希腊文，原指机器的构造和动作原理，生物学和医学借用这个概念表示有机体内发生生理或病理变化时，各器官之间相互联系、作用和调节的方式，后来人们将机制一词引入社会科学领域，指社会有机体各部分的相互联系、相互作用的方式；《辞海》中的解释是：从系统的角度看，机制是指构成系统各要素之间相互联系和作用的制约关系及其内在机能的概况。作为制度化的方法③，要理解机制内涵需从系统论的视角，了解其构件、结构及其与环境的交互关系等。

文献资料中频见的“长效机制”一词，目前尚无一个公认的严格规范的界定，但可从“长效”与“机制”这两个关键词把握其基本要义，“长效”意味着机制不是一劳永逸、一成不变的，必须随着时间、条件的变化而不断丰富、发展和完善④；根据上述“机制”的阐述，长效机制是指能长期保证制度有效运行并发挥预期功能的制度体系⑤，换言之，长效机制是处于动态循环发展中的一个制度体系，是政策执行中长期实践、不断完善的各种制度⑥，其突出特点是具有长期性、持续性、稳定性和全效性。

长江“十年禁渔”作为一项重大制度安排，其效能的发挥需要由相互联系、相互作用并服务于各子系统的机制形成“机制丛”，并且共同作用的“机制丛”需在十年时间中根据内外部环境、条件等的变化而作相应的调整优化。

---

① 李景鹏：《论制度与机遇》，《天津社会科学》2010 年第 3 期。

② 赵理文：《制度、体制、机制的区分及其对改革开放的方法论意义》，《中共中央党校学报》2009 年第 5 期。

③ 刘佳丽：《自然垄断行业政府监管机制、体制、制度功能耦合研究》，吉林大学博士学位论文，2013。

④ 李志德：《中国产品质量发展的长效机制研究》，武汉大学博士学位论文，2012。

⑤ 任鑫蔚：《乡村振兴背景下产业扶贫长效机制构建研究——以南阳市 S 乡为例》，郑州大学硕士学位论文，2020。

⑥ 郝婷：《农民培训长效机制研究》，西北农林科技大学博士学位论文，2012。

二　长江“十年禁渔”与长效机制

根据系统论，系统是由若干要素以一定结构形式联结构成的具有某种功能的有机整体。保障系统长期有效运行，需要以保障系统各个要素有序运行的长效机制为基础，进而形成有助于系统功效整体发挥的长效机制，并且各个单元之间的长效机制不是割裂的，而是紧密关联和相互衔接的，是一个有机体。长江“十年禁渔”作为一项系统工程，不仅涉及生态，还牵涉经济、社会等方方面面，相应制度的调整及由此而来的长效机制优化再造，均需要树立系统观念。

实现十年禁渔目标，退捕是前提，禁捕是保障，转产、生计改善是根本，长效可持续是关键。为此，稳得住退捕、禁得了再捕、转得出致富、保得了长效，是长江“十年禁渔”这项系统工程的四个子系统，并且四个子系统是一个相互联系的有机体，各个子系统的功效发挥需要“机制丛”的运行有效。因此，长效机制是衔接贯通长江“十年禁渔”各子系统的重要线条，也是维系长江“十年禁渔”有效实施的重要方式。

稳得住，是长江“十年禁渔”的前提，只有稳住了渔民退捕和转产转业，在此基础上出台的禁渔制度才会有效，也才能减轻禁到位的压力，而要稳住渔民退捕和转产转业，就需要在摸底调查和跟踪调研的基础上，根据渔民的现实情况出台政策举措，并形成确保政策落实落地的运行机制，让渔民及渔村增强预期可致富的信念和信心，以防止反复出现的捕捞行为。转产就业是渔民最关心的现实问题，也是稳得住的核心问题。根据调研，捕捞渔民普遍存在年龄偏大、文化水平较低、专业技能单一、身体健康状况较差等特点，以鄱阳湖区为例，45 周岁以上渔民约占 80%，不少渔民有血吸虫病史，加之渔民捕鱼相对自由，退捕渔民比较难适应外出务工的约束与规制，有渔民在企业工作十几天就放弃的现象，这些因素导致渔民转产就业难与频繁换工作并存，真正实现转产、稳定就业亟须构建多元多维的长效机制。

禁到位，是长江“十年禁渔”的保障，只有禁到位，不给渔民捕捞的空间和可能，才能杜绝“破窗效应”的出现，并通过惩处的震慑作用，扎牢渔民不敢捕捞、不能捕捞的法治牢笼，继而一方面能强化稳得住的运转机制，另一方面又能激发转产增收致富的机制潜能。充足有效的执法效能，是禁到位的基础。根据调研，执法力量薄弱是各地禁渔过程中存在的共性短板，如江西长江干流岸线152公里，鄱阳湖丰水期3000多平方公里，湖岸线1200多公里，对照实现清船、清网、清江、清河与无渔船、无渔具、无渔网、无捕捞行为的目标，监管压力很大。而执法船、持证的执法人员少，监控任务繁重，难以匹配现实需要。同时，受制于执法经费紧缺，基层执法车辆、执法记录仪、快速检验检测设备等执法装备严重不足，大规模聘用执法人员的人力成本支出较大，渔政执法困难重重。因此，提升禁渔领域的执法效能需要有长效机制。

能致富，是长江“十年禁渔”的根本，只有退捕转产能致富，才能从根本上实现稳得住的目标、促成禁到位的目标，而致富不是一朝一夕能实现的、是一个长期过程，正如十年禁渔是长期任务一样，特别是重点禁渔地区往往是经济欠发达地区，带动渔民增收致富任重道远。根据调研，江西省是长江流域禁捕管护水域面积最大、涉及渔民人数最多、财政实力最弱的省份之一，退捕渔船数占整个长江流域的25%、退捕渔民占整个流域的37%，处于禁捕退捕核心区域的余干、鄱阳、都昌3个县退捕渔民数超过江西全省的50%，而这三个县虽实现了整体性脱贫，但筹集十年禁渔相关资金十分吃力，配套转产转业、社保补助的资金存在较大缺口。因此，围绕渔民群体的特殊性和禁渔地区经济发展的现实性，在致富机制的设计上需要有差异性和针对性，既要考虑到渔民就业创业、富裕富足，也要考虑到渔民村集体的增收变强、宜居宜业；既要激发渔民和渔村的内生发展动力，也要给予专项政策的倾斜支持，这些都需要在制度和机制上做好长远考量。

可持续，是长江“十年禁渔”的关键，只有经济、社会、生态等方面的整体可持续，才能让稳得住、禁到位、能致富的机制运行顺畅高效，继而在机制衔接上形成良性循环。根据调研，禁渔不仅涉及捕鱼单个环节，而且涉及与渔和鱼相关产业链条的整体，影响的不仅仅是渔民生产生活和水产品供给，与此相关的运输、加工、冷冻、渔具等产业链也受影响；不仅仅关系长江生态环境保护，也影响长江全流域乃至全国经济社会发展。为此，可持续既有现有机制运行的可持续，也有渔民转产转业后增收致富的可持续；既有生态质量提升的长效可持续，也有经济效益、社会效益的长效可持续。这些可持续成效的实现需要长效机制的护航。

因此，长江“十年禁渔”是由稳得住、禁到位、能致富、可持续构成的有机体，其功效的发挥需要各子系统长效机制形成的“机制丛”来支撑。

三　长江“十年禁渔”长效机制理论模型

围绕构成长江“十年禁渔”系统工程中稳得住、禁到位、能致富、可持续各个子系统之间的有机联系，可尝试构建长江“十年禁渔”长效机制的理论模型（见图 10-6）。

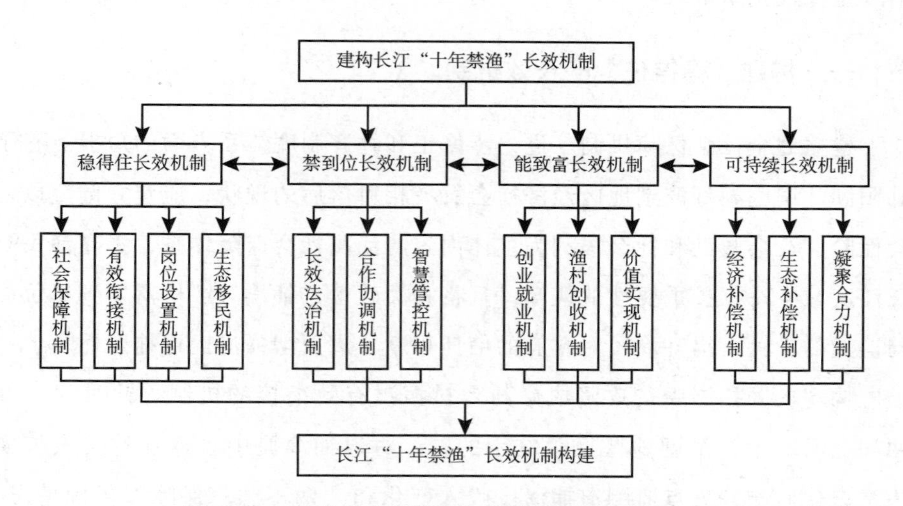

图 10-6　长江“十年禁渔”长效机制理论模型设想

根据理论模型，长江“十年禁渔”长效机制图 10-6 由稳得住、禁到位、能致富、可持续四个子系统的长效机制组成，这四个子系统不是割裂独立的，而是相互衔接、互相关联的，共同构成了多维立体的“机制丛”。其中稳得住是基础，稳住退捕禁捕为全面禁渔提供了前提和基础；禁到位是保障，为强有力推进全面禁渔提供支撑；能致富是根本，是全面禁渔长效可持续的根本所在；可持续是关键，是确保全面禁渔能够运行十年乃至更长时间的重要指向。并且，实现稳得住、禁到位、能致富、可持续，同样需要构建与此相适应的“机制丛”，通过畅通循环的链式机制体系，最终保障长江“十年禁渔”见实效。

第五节　构建长江渔业资源保护长效机制的建议思路

提升长江“十年禁渔”治理体系和治理能力现代化水平，需要构建保障制度效能发挥的长效机制。根据上述理论模型，提出构建“稳得住、禁到位、能致富、可持续”的长效机制路径，助力打造长江流域人与自然和谐共生现代化示范区。

一　构建“稳得住”的长效机制

建立健全社会保障机制。进一步修正和补齐制度体系方面的短板。鉴于鄱阳湖、洞庭湖等滨湖地区经济社会发展相对落后的现状，应建立健全以社会保险、社会救助和社会福利为主体内容的渔民社会保障体系，提高渔民对长江流域生态保护重要性的认知，且将相关政策、补偿等严格落实到每位参与退捕的渔民，提升渔民对政府的信任程度，进而增强渔民退捕意愿[1]。

构建巩固拓展脱贫攻坚成果与乡村振兴有效衔接的机制。针对“一江两湖七河”沿江滨湖地区摆脱贫困的县，对退捕渔民中易返贫致贫人口实施常态化监测，重点监测退捕渔民收入变化和“两不愁三保障”巩固情况，继续精准施策，对主要帮扶政策保持总体稳定并逐项分类优化调整。创新体制机制，推动渔民聚集区与所在自然保护区进行“社区”合一，实现退捕

① 尤鑫、戴年华、卢萍等：《鄱阳湖渔业转型发展分析及对策建议》，《江西水产科技》2016年第3期。

渔民能参与分享自然保护区成效。

构建根据渔民特点特长创设公益性岗位的机制，整合组建巡察巡江巡湖巡河工作队，按照长江流域各地禁捕水域岸线长短、面积大小确定配备管护员人数，按照“管护就近、渔民优先”原则，吸收退捕渔民担任“护鱼员”，重点帮扶就业困难，尤其是建档立卡贫困户和零就业家庭退捕渔民从事“协巡员”“护鱼员”“协管员”等公益性岗位。

构建生态移民机制，有序实施退捕生态移民工程。借鉴和参照并整合易地扶贫搬迁、库区移民、以工代赈或退耕还林等政策，推动将鄱阳湖、洞庭湖等长江全流域中的湖中岛、功能保护区等退捕生态移民工程纳入国家重点搬迁工程，通过分类指导实行“拔萝卜式”移民搬迁，将退捕生态移民工程打造成生态文明建设示范工程。建设若干个具有区域特色“转产转业渔民安居小区”示范区，以解除他们转产转业上岸后的后顾之忧。

二　构建“禁到位”的长效机制

建立健全禁捕退捕常态长效法治机制。严格落实《长江保护法》，突出法治硬约束。根据实际情况统筹增加基层执法人员编制，推动“一江两湖七河”退捕禁捕重点县加强执法机构队伍建设，提升执法装备水平，创新渔政执法模式，推动将渔政执法权赋予乡镇认领实施，探索在禁捕退捕重点水域较偏的乡镇设立渔政执法点，靠前执法，以扩大执法覆盖面和执法效果。

建立健全跨区域跨部门合作协调机制。加快形成全覆盖的群防群治网络体系，聚焦重点水域和时段，实现全流域、全流程、全天候、全链条打击，将渔业资源的修复性放流引入执法办案过程，以提高全社会保护生态环境、养护水生生物资源意识。强化日常执法监管，建立健全多部门、跨区域、跨水域联合执法的长效监管机制，加强对电商平台售卖“野生江鲜”等行为的监管，彻底斩断非法捕捞、运输、销售等利益链。

建立健全“封江控湖”工程的智慧管控机制。按照“五个一”即一览江湖、一呼百应、一图展示、一网过滤、一触即发的功能部署，大力推进平台和前端建设，推动智慧工程建设，并纳入国家“两新一重”重大项目库。构建了“人巡+船巡+车巡+视频巡查+无人机巡查”的水陆空立体化智能化水域治安防控体系。

三　构建“能致富”的长效机制

建立健全创业就业机制，拓宽退捕渔民创业就业渠道。在渔民集中区域推动实施长江大保护“渔民驿站”项目，提供具有较强针对性的职业培训和再就业辅导，引导退捕渔民创业就业。加强对退捕渔民转产就业动态情况的跟踪督导，鼓励和引导受教育程度较高、较年轻的渔民发展亲水型产业，支持经济情况较好的渔民开展特色水产养殖和深加工产业。

建立健全渔村创收机制，打造一批中国“最美渔村”。“十四五”时期实施的乡村建设行动项目，在退捕禁捕脱贫县中集中支持一批乡村振兴重点帮扶县，增强其巩固脱贫成果及内生发展能力①。通过突出渔村特色，新建或改造一批具有渔乡风情的民居，让湖区变成景区、让渔村成为休闲度假之地，留住江豚“微笑精灵”，发展观鸟经济，将传统渔村打造成为以休闲、观光、旅游、农家乐为主的渔文化村，打造一批中国“最美渔村”。

探索建立生态产品价值实现机制，增强发展动能。在重点流域开展长江流域上中下游生态产品价值交易试点，通过“生态账户”“生态银行”等各类生态产品的公共资源交易平台，建立有利于生态资产价值实现与流转的激励机制，通过区域合作与利益调整，以多种共赢形式在流域内打造生态利益与经济利益共同体。拓宽鄱阳湖、洞庭湖等流域退捕禁捕的资金来源渠道，实现生态修复与当地发展、百姓增收的统一。

四　构建“可持续”的长效机制

建立健全资金补偿机制，在国家层面推动设立长江流域渔业资源保护的经济补偿资金。补偿资金重点向实施禁捕退捕任务重的鄱阳湖、洞庭湖等沿

① 魏后凯：《“十四五”我国农业农村发展十大新方向》，《中国经济时报》2020年11月12日。

江和重要湖泊湿地倾斜。建立规范的监督管理机制，有效规范补贴资金的使用情况，促使资金利用最大化。

建立健全多元化市场化流域生态补偿机制。加快建立长江流域生态保护补偿制度，在洞庭湖、鄱阳湖等设立禁捕退捕生态补偿示范区，通过“护水、护鱼”、候鸟、湿地保护与旅游结合实现就业增收，将“输血”与“造血”结合，实现生态系统的持续健康发展，增强保护区生态产品的产出能力。同时，采取资源税、绿色产业带动等多种方式，促进生态功能重点区域经济社会的发展①，促成消除贫困和维护良好环境之间的良性循环。

建立健全社会共同参与机制，凝聚全社会强大合力。积极引导社会公众“舌尖自律”，拒绝食用非法捕捞渔获物，强化从源头到餐桌全链条监管，让公众充分认识到，“十年禁渔”是长江摆脱“无鱼”之困痛定思痛的“补救”。强化全社会力量的监督与支持，形成人人关心长江生态、人人保护长江的氛围。共同建设人与自然和谐共生的大美长江，重现昔日鸢飞鱼跃的美好景象，让母亲河长江永葆生机活力。

① 李志萌：《创新长江经济带生态补偿机制》，《中国社会科学报》2019 年 2 月 27 日。

第十一章
建立长江经济带生态产品价值实现机制

生态产品价值实现是绿水青山转化为金山银山的现实路径，内在逻辑是将“绿水青山”蕴含的生态系统服务“盈余”和“增量”转化为“金山银山”。长江经济带是我国重要的生态屏障，也是我国一个极为重要的经济区域。建立长江经济带生态产品价值实现机制，实现“绿水青山与金山银山”有机统一，有利于将长江经济带生态优势转化为经济优势，实现生态脱贫与乡村振兴有效衔接，促进人与自然和谐共生，满足人民对生态环境日益增长的需要，实现百姓富、生态美的有机统一。需要进一步探索完善生态产品价值实现的制度体系、核算体系、政府考核评估机制，完善基于生态价值的排污权、碳排放权、水权、林权等生态权益的市场化实践和政策支持，打造长江经济带生态利益和经济利益的共同体，为长江经济带生态环境保护一体化提供强大的动力支撑。

第一节　生态产品价值实现的理论基础与研究现状

一　生态产品价值实现的理论基础

建立健全生态产品价值实现机制，是贯彻落实习近平生态文明思想、践行绿水青山就是金山银山理念的重要举措和关键路径。[①] 2005 年 8 月 15 日，时任浙江省委书记习近平同志在安吉县余村提出“绿水青山就是金山银山”（以下简称“两山”理念）的科学论断。“两山”理念揭示了生态环境保护与经济社会发展辩证统一的关系，是习近平生态文明思想的核心内容与最终落脚点，要求在满足人民群众日益增长的优美生态环境需要的同时增加经济财富和社会福利，这既是世界观又是发展观，既是价值论又是方法论。[②]

生态产品价值论。这反映了人与自然之间物质变换和能量流动的客观规律和生态产品的价值来源。生态产品具有劳动价值和效用价值，人类对于自然资源的保护与合理利用，直接或间接凝聚着人类活动。同时，自然资源具稀缺性，能够给人类带来效用，使生态产品能够满足人类的多维需求。生态产品价值实现是生态产品价值的显性化，保护环境就是保护生产力、改善环境就是发展生产力，确立了生态文明建设的价值取向。

生态产品开发利用系统论。作为生命共同体，山、水、林、田、湖、草、沙构成的自然生态系统，与经济社会系统共生共存，形成人与生态要素紧密联系的“人—自然—社会”复合生态系统。资源要素之间彼此影响、相互依赖，按照生态系统的整体性、系统性，统筹人口分布、经济布局、国土利用和生态环境保护，实现资源要素之间协同平衡，科学合理布局生产、生活、生态空间，有效推进生态文明建设，实现人与自然的和谐共生。

生态产品供给外部性理论。按照竞争性与排他性来划分，可以将生态产品划分为公共物品、纯私人物品、俱乐部类物品和公共池塘类物品四大类。公共物品，需要通过生态补偿、加强监管等方式供给，比如清新的空气，具有非竞争性与非排他性；纯私人物品，需要通过产品贸易、产权交易等方式

---

① 《中共中央办公厅　国务院办公厅印发〈关于建立健全生态产品价值实现机制的意见〉》，新华社，2021 年 4 月 26 日，http：//www. gov. cn/zhengce/2021-04/26/content_ 5602763. htm。

② 陈光炬：《“两山”转化：生态产品价值实现的内在逻辑——来自全国首批试点地区的经验观察》，《中国社会科学报》2020 年 6 月 30 日。

供给，比如生态农业，具有竞争性与排他性；俱乐部类物品，需要通过国土空间管制、生态溢价等方式供给，虽然具有非竞争性但是很容易排他，如国家公园等区域；公共池塘类物品，需通过明晰产权、社区治理方式供给，如共同使用的草原，具有非排他性与竞争性，应避免“公地悲剧”产生。生态产品价值作为一种外部经济，往往不能通过市场交易直接体现，需要规制约束发挥其综合效益。民生论是“两山”理念的本质特征。步入新时代，人民对优美生态环境的需要日益增长，生态产品价值实现机制是利用制度建设，将丰富生态资源优势转化为经济优势，实现生态产品有效“活化”和利用，满足人民对良好生态环境的新需求。“良好的生态环境是最公平的公共产品，是最普惠的民生福祉”，政府是提供环境公共产品的责任主体，力求最大限度地提供惠及全体公民的生态福利。

二　生态产品价值实现研究综述

1. 生态产品概念研究

生态产品是一个具有中国特色的概念，国外的研究聚焦于生态系统服务或环境服务。Costanza 等把生态系统提供的产品和服务统称为生态系统服务。[①] Cairns 认为生态系统服务功能是指对人类生存和生活质量有贡献的生态系统产品和生态系统功能。[②] 这两种定义都蕴含着人类直接或间接从生态系统的获益。目前，较为普遍认可的是 Daily 将生态系统服务定义为“生态系统与生态过程所形成的，维持人类生存的自然环境条件及其效用”[③]。这一概念包括了主体、过程、服务三方面的含义。

---

① Costanza R., d'Arge R., De Groot R., Farber S., Grasso M., Hannon B., Limburg K., Naeem S., O'Neill R. V., Paruelo J., Raskin R. G., Sutton P., Van Den Belt M., The Value of the World's Ecosystem Services and Natural Capital. Ecological Economics, 1998, 25 (1): 3-15.

② Cairns J. J., Protecting the Delivery of Ecosystem Services [J]. *Ecosystem Health*, 1997, 3 (3): 185-194.

③ Daily G. C., Nature's Services: Societal Dependence on Natural Ecosystems. Washington, D. C.: Island Press, 1997: 220-221.

“生态产品”这一概念在我国20世纪80年代中期就出现了。任耀武和袁国宝研究指出，生态产品是指通过生态工（农）艺生产出来的没有生态滞竭的安全可靠无公害的高档产品①。以往，生态产品的概念主要集中在具体的工农产品上，随着生产力提升和科技进步，生态系统服务功能价值得到社会普遍认可，生态系统的内涵和外延也有较大的扩展。曾贤刚等认为生态产品是指维持生命支持系统、保障生态调节功能、提供环境舒适性的自然要素。② 张林波等认为，生态产品是生态系统通过生物生产与人类生产共同作用为人类福祉提供的最终产品或服务，是与农产品和工业产品并列的、满足人类美好生活需求的生活必需品③。刘尧飞和沈杰认为，生态产品的内涵结构包括生产制造领域的物质形态和精神文化领域的服务形态两个部分。④

2. 生态产品价值实现机制研究

生态产品价值实现机制是以绿色、低碳、循环、高质量为发展途径，以供给侧结构性改革为主线，发挥政府主导、市场配置作用，尊重自然、顺应自然、保护自然，构建可持续发展的产业链、生态链、价值链，不断满足人民群众日益增长的优美生态环境需要。⑤ 生态产品价值实现是破解生态保护与经济发展矛盾的重要议题，能够有效解决环境保护的外部性，保护生态系统功能的完整性，是推进生态环境治理体系与治理能力现代化的重要抓手和引领全社会绿色生活新风尚的重要途径⑥。

3. 生态产品价值实现路径的研究

生态产品价值的实现关键在于生态产品的有效供给，围绕生态产品价值

---

① 任耀武、袁国宝：《初论“生态产品”》，《生态学杂志》1992年第6期。

② 曾贤刚、虞慧怡、谢芳：《生态产品的概念、分类及其市场化供给机制》，《中国人口·资源与环境》2014年第7期。

③ 张林波、虞慧怡等：《生态产品内涵与其价值实现途径》，《农业机械学报》2019年第6期。

④ 刘尧飞、沈杰：《新时代生态产品的内涵、特征与价值》，《天中学刊》2019年第1期。

⑤ 刘伯恩：《生态产品价值实现机制的内涵、分类与制度框架》，《环境保护》2020年第13期。

⑥ 王金南、王夏晖：《推动生态产品价值实现是践行“两山”理念的时代任务与优先行动》，《环境保护》2020年第14期。

实现路径的研究逐渐成为学者们的研究热点。Banerjee 等①、Woodward 等②认为生态产品交易模式可分为直接交易、票据交易所交易、缓解银行交易和双边谈判。高晓龙等认为资金充足与否对于生态产品价值实现的长效性有较大影响③。通过总结国内外实践特点，虞慧怡等提出实现生态产品价值应充分依托生态资源实现生态产业化，找准自身特点定位促进产业生态化，建立政府主导下的市场化公共性生态产品补偿机制，通过优化国土空间带动土地溢价④。路文海等从各类生态产品出发，提出供给类和文化类生态产品可直接进行市场交易，地方行政管理者为其价值实现路径推进主体，调节类生态产品难以直接进行市场交易，必须由国家进行统筹管理⑤。比较全面的路径研究有李风等认为，生态产品价值实现主要包括生态保护补偿、生态权属交易、经营开发利用、绿色金融扶持、促进经济发展、政策制度激励等途径。综上所述，生态产品价值实现主要有市场路径、政府路径及政府与市场混合型路径，分别通过市场交易、财政转移支付、政府购买服务、政府行政管控支持等方式实现生态产品“增值”和“溢值”。⑥

第二节　长江经济带实现生态产品价值转化的探索

一　长江经济带各地典型经验与做法

作为重大国家战略发展区域，长江经济带 11 个省市人口密集，经济实

① Banerjee S., Secchi S., Fargione J., Polasky S., Kraft S., How to Sell Ecosystem Services: A Guide for Designing New Markets. *Frontiers in Ecology and the Environment*, 2013, 11 (6): 297-304.

② Woodward R. T., Kaiser R. A., Market Structures for U. S. Water Quality Trading. *Review of Agricultural Economics*, 2010, 24 (2): 366-383.

③ 高晓龙、林亦晴、徐卫华等：《生态产品价值实现研究进展》，《生态学报》2020 年第 1 期。

④ 虞慧怡、张林波、李岱青等：《生态产品价值实现的国内外实践经验与启示》，《环境科学研究》2020 年第 3 期。

⑤ 路文海、王晓莉、李潇等：《关于提升生态产品价值实现路径的思考》，《海洋经济》2019 年第 6 期。

⑥ 李风、胡盛东、张曼依：《浙江：探寻土地的生态增值路径》，《资源导刊》2020 年第 10 期。

力雄厚[1]。同时，拥有丰富的生态资源和优质环境，以及众多闻名遐迩的旅游资源和农业生物资源。党的十八大以来，浙江、江西、贵州、青海以及浙江丽水市、江西抚州市先后被列为国家生态产品价值实现机制试点和试验区。截至2020年底，生态环境部共命名87个“两山”实践创新基地，其中，长江经济带共有40个，占比达46%，生态产品机制实现基础良好。积极探索生态产品价值实现路径不仅是习近平总书记对长江经济带提出的要求，同时，对于从根本上改变传统生态环境保护模式、有效协调经济社会发展和生态环境保护、实现长江经济带高质量可持续发展具有重要意义。[2] 近年来，长江经济带各省市开展了系列生态产品价值实现探索，取得了积极进展和初步成效，推动了“资源—资产—资本—资金”的转化。

1. 顶层设计高位推动

长江经济带各省市开展了系列生态产品价值实现探索，如湖北省提出“既提升绿水青山‘颜值’又实现金山银山‘价值’，变生态要素为生产要素、生态优势为发展优势、生态财富为经济财富，把绿水青山打造成湖北最大财富、最大优势、最大品牌”，全面推进长江经济带绿色发展十大标志性战役、十大战略性举措，并指定湖北省长投集团承担长江经济带生态保护和绿色发展投融资主体责任，在顶层设计、政策落实、主体运作等方面扎实推进。江西提出以产业化利用、价值化补偿、市场化交易为重点，推动生态产品价值实现机制建设走在前列，以更高标准奋力打造美丽中国“江西样板”。

2. 探索建立“可量化”核算体系

浙江丽水市，作为全国首个生态产品价值实现机制试点城市，不断创新，发挥生态优势，开展了市、县、乡镇、村四级GEP核算评估工作，明确将GEP和GDP双向转化列入县（市、区）综合考核指标体系，建立“生态+”“品牌+”“互联网+”机制，拓宽价值转化路径。

---

① 长江经济带11个省市土地面积占全国的1/5、承载着全国四成左右的人口和GDP。

② 李忠：《长江经济带生态产品价值实现路径研究》，《宏观经济研究》2020年第1期。

江西省积极探索建立生态产品价值核算体系。自2018年开始，探索编制自然资源资产负债表，建立自然资源变化统计台账。积极做好生态资源确权登记工作。积极探索土地承包经营权、林权、传统村落确权颁证，抚州古村落确权和余江区宅基地制度改革走在全国前列。江西省与中国科学院生态环境研究中心联合研究制定生态产品与资产核算办法、生态产品价值核算地方标准，从自然生态系统提供的物质产品、调节服务产品、文化服务产品等3个方面12个科目进行核算，经过初步核算，江西省抚州市2019年生态产品价值为3907.35亿元，是其当年国内生产总值的2.59倍。[①]

重庆市设置森林覆盖率约束性考核指标，按森林覆盖率达标考核需求，搭建生态产品交易的平台。并基于地票制度，将地票的复垦类型从单一的耕地，拓宽到林地、草地等类型，拓展地票的生态功能，建立市场化的“退建还耕还林还草”机制。

湖北省鄂州市统一计量自然生态系统提供的各类服务和贡献，按照“谁受益、谁补偿，谁保护、谁受偿”的原则，将结果运用于各区之间的生态补偿，激发了保护区和受益区“生态优先、绿色发展”的内在动力。

3. 推动产权“可交易”

生态资源的“活化”最终要落脚到交易，将政府主导与市场力量相结合，引导和激励相关利益方进行交易，推动生态资源权益交易。

依托南方林业产权交易所，打造包含林产品网上交易、线下交割、林银融合等服务的林业要素交易平台。江西抚州市出台了全国首部市域统一的《生态资产交易管理办法（试行）》，建设了市县乡生态资产交易场所，开发了市县乡统一使用的抚州市生态资产交易系统，形成了确权颁证、价值评估、抵押贷款、交易处置闭环体系。东乡依托政府投资平台，将县域内土地、森林、矿产等自然资源整合打包，形成优质资源资产包，实现经营权抵押、产权交易和规模化交易。资溪县对重点生态功能区域实施“森林赎买”，集中进行融资贷款、专业运营管理。江西乐安县实施了全省首个国际

① 刘奇：《积极探索生态产品价值实现路径》，《人民日报》2021年6月3日。

核证碳减排标准碳汇项目，通过“国有林场+公司”模式交易森林面积 11.6 万亩。

排污权交易。2018 年底，浙江省排污权交易中心在全国率先启动“浙江省排污权交易指数”研究工作，创建了以排污权交易价格指数、交易量指数、交易活跃度指数为核心的排污权交易指数框架体系，排污权有偿使用、水权交易等制度，为全国生态环保和经济发展提供有价值的参考。2020 年安徽省《新安江流域水排污权有偿使用和交易管理办法（试点）》施行。排污权交易有助于优化资源配置，推动企业转型升级。

碳排放权交易。2011 年上海、重庆、湖北成为第一批开展碳排放权交易试点，随后四川、江西等地也启动建设本省碳排放权交易试点工作，积累了丰富的经验，一些企业逐渐建立了一套相对完善的碳交易体系，实现了森林、湿地等生态产品碳汇品种等摸索中的创新，作出了先行探索。历经十余年，国内碳市场从分割试点走向统一，2021 年 7 月 16 日，北京、上海和湖北三个会场连线，共同启动了全国碳排放权交易市场上线交易，为推动长江经济带区域绿色低碳循环发展和“双碳目标”的实现提供了更通畅的平台。

4. 生态产业“两化”经营

长江经济带沿江省市积极探索生态产业发展的路径，拓宽“两山转化”的渠道与路径。

浙江通过品牌打造让生态产品溢值，如浙江丽水打造“丽水山耕”品牌，成为全国首个覆盖全品类、全区域、全产业链的地市级绿色农业品牌。贵州省利用生态优势助推传统农业升级，从地方特点出发积极打造以食用菌、中药材为核心的特色生态产业，有效推动农产品品质提升。在工业化和城镇化背景下，坚持生态环保理念，加速落实大数据、大扶贫、大旅游战略。江西省赣州市寻乌县统筹推进山水林田湖草生态保护修复和生态产业的发展；利用修复后的土地建设工业园区，引入社会资本建设光伏发电站，发展油茶种植、生态旅游等产业，实现了生态效益和经济社会效益相统一。

江苏省苏州市通过发展“生态农文旅”促进生态产品价值实现，坚持生态优先、绿色发展的理念，按照“环太湖生态文旅带”的全域定位，依托丰富的自然资源资产和深厚的历史文化底蕴，积极实施生态环境综合整治，推动传统农业产业转型升级为绿色发展的生态产业，打造“生态农文旅”模式。

5. 建立健全“公平”补偿机制

按照“谁受益、谁补偿，谁保护、谁受偿”的原则，实现生态保护地区和受益地区的良性互动，推进生态保护补偿制度建设，充分体现了生态财富观。

新安江流域涉及皖浙两省。2012 年，安徽和浙江两省在新安江流域实施全国首个跨省流域生态补偿机制试点。目前，新安江流域生态保护补偿试点已经实施三轮，共安排补偿资金 52. 1 亿元，其中，中央出资 20. 5 亿元、浙江出资 15 亿元、安徽出资 16. 6 亿元。皖浙两省达成“成本共担、利益共享”共识，明确双方责任和义务，流域补偿标准结合治水需要不断完善。皖浙两省还通过对口协作、产业转移、人才培训等方式建立多元化补偿关系，激发生态保护动力，促进流域上下游共同保护和协同发展。生态补偿实施以来，黄山市将生态补偿项目和培育壮大新兴产业相结合，有效推进“生态补偿腾笼换鸟产业升级行动计划”，“关、停、并、转”高污染、高耗能企业近 200 家，新、扩、改建项目 2000 多个，大力发展绿色低碳产业，建设现代生态茶园基地近 100 家。

2016 年，江西省与广东签订《东江流域上下游横向生态补偿协议》，2019 年与湖南省签订《渌水流域横向生态保护补偿协议》，从高位推动，科学规划，以制度为保障，严格执法，助推保护区流域生态环保治理显成效。

赤水河是长江上游重要的生态屏障。2018 年 2 月，云南、贵州、四川三省正式签署赤水河流域横向生态补偿协议，建立首个长江经济带跨省生态补偿机制，三省按照 1：5：4 的比例，形成了规模为 2 亿元的赤水河流域生态补偿基金，有了资金保障，赤水河流域生态环境得到极大改变，流域出境段面的水质常年稳定达到国家地表水二类标准，赤水市森林覆盖率提高到了 82. 51%。

6. 创新“两山银行”金融赋能

该做法主要是通过为环保、节能、清洁能源、绿色产业等领域的项目投融资、项目运营、风险管理等提供金融服务，更好地发挥从“绿水青山”到“金山银山”的重要桥梁和转化器作用。

浙江省建立绿色金融激励约束政策体系。浙江省和湖州、衢州分别从省市级层面出台绿色金融财政政策清单，出台考核机制，制定绿色信贷工作指导意见；建立健全绿色金融组织体系，创新开发绿色金融产品，拓展绿色直接融资渠道，完善绿色金融基础设施体系。从绿色标准、统计监测、信用体系方面完善绿色金融基础建设。

江西以国家绿色金融改革创新试验区建设为契机，探索打造“两山银行”“湿地银行”“森林银行”等金融服务中心，促进资源转化；创新发展生态信贷产品。推出“生态资产权益抵押+项目贷”，如“古屋贷”“畜禽洁养贷”等产品，研发“林农快贷”“绿色家园贷”等纯信用贷款产品；设立贷款风险缓释机制。建立生态资产收储担保机构，对农村土地承包经营权、林权“两权”抵押及“古村贷”等实行风险补偿金制度，按 2∶8 比例放大撬动金融资金，政府与银行共同分担风险。

二　生态产品价值实现的主要模式

根据国家的要求和各地的创新实践，生态产品价值实现模式主要有六种类型，具体如表 11-1 所示。

表 11-1　当前生态产品价值实现模式

分类	模式	具体实践
产业生态型	主要体现在传统产业的绿色低碳循环	如绿色矿山、绿色工厂改造和建设，及相关生态系统修复和综合治理等，如云南省玉溪市，抚仙湖流域腾退工程和流域系统修复与综合治理等
生态产业型	生态农业、林业、畜牧业、旅游业的发展，实现生态环保与经济发展一体化	通过将生态修复治理与文化旅游、古村落规划相结合，实现生态景观与生态文化相融合等，如婺源县篁岭文旅融合

续表

分类	模式	具体实践
产权交易型	运用市场机制,实现排污权、碳排放权、水权交易等	排污权交易,水权交易,起到优化环境资源配置作用,促进环境质量改善和经济高质量发展等
生态溢价型	通过生态标签、生态治理、生态修复等方式,以优质的生态产品实现产品溢价	如农业品牌"丽水山耕",提高了经营性生态产品的溢价率,助推产业发展,助力农民增收等
生态补偿型	由生态系统服务的受益者向提供者给予以经济支持为主的补偿	当前主要是中央对地方专项补偿、省际补助等,需要形成多元化、市场化的补偿机制,促进流域发展权的公平和发展的平衡
绿色金融型	通过绿色信贷、绿色基金、绿色债券、生态银行等金融方式,实现金融服务创新	用以支持资源节约、环境友好和生态保护等生产、消费活动,如江西省抚州市推出的"生态资产权益抵押+项目贷""古屋贷""畜禽洁养贷"等

三　生态产品价值实现存在的问题和难点

1. 生态产品价值实现难确权

一是产权边界模糊问题突出，生态产品大多数是公共产品，很难清晰界定产权，受益主体也难以标识，影响生态产品的价值实现[①]。二是特定生态产品产权界定存在法律真空。以江西省抚州市传统村落古建筑确权试点为例，根据新修订的土地管理法，农村村民一户只能拥有一处宅基地，但古村落建筑因其特有的文物属性，在"拆与留"的问题上缺少专门的法律依凭，受规划方案不够健全、管理方法存在漏洞等因素影响，不同程度存在事实上"一户多宅""一宅超限""未批先建"等现象，无法给古村落建筑办理集体土地所有权登记，以致"确权—确价—交易"在第一步就被卡住。

2. 生态产品价值实现难度量

明确的市场定价是生态产品价值实现的重要条件，但当前长江经济带尚未建立科学完善的生态产品价值评估和核算机制。这一问题的成因在于两个

① 郑博福、朱锦奇：《"两山"理论在江西的转化通道与生态产品价值实现途径研究》，《老区建设》2020年第20期。

方面：一方面是技术手段不足。长江经济带是我国重要的生态宝库，生态产品种类繁多，不同区域生态产品价值核算数据来源渠道、衡量指标体系及核算方法模型多样、层次不一，导致流域内生态产品价值难以准确量化。从当前长江经济带部分地区的实践情况来看，不论是资溪县的“两山银行”，还是金溪县的“古村贷”，都是基于自身自然资源禀赋引入第三方机构对当地特色的生态产品价值进行评估核算，在价值来源、方法确定、价格体系、价值模型等方面并不能复制和推广，无法得到市场的普遍认可。另一方面是政策依据不足。国家层面在生态产品交易相关制度机制领域尚缺乏定量标准，导致在现行的金融政策、规则体系下相关工作难以有效推动。

3. 生态产品价值实现难交易

以浙江省东阳、义乌两市开展的我国首例水权交易，重庆市江北区和酉阳县之间开展的森林覆盖率交易和地票交易等为例，此类相关成功探索和实践经验已为生态产品的权益交易提供了有价值的参考借鉴，但这些本质上都是物质产品类的生态产品，对于衍生出的服务类、文化类生态产品，还没有成熟的交易平台和交易体系。同时，随着广大人民群众对优质生态产品的需求与日俱增，长江经济带省市在生态产品价值实现的市场设置、特许经营权许可、市场准入/退出机制及各利益主体分配方式等方面机制尚不完善，这都将增加生态产品交易的难度。

4. 生态产品价值实现难变现

通过对绿水青山经济价值的挖掘，让生态保护真正变得“有利可图”，才能有效推动经济社会实现可持续发展。当前，长江经济带省市较为成熟的生态产品包括以绿色有机农产品为主的生产和交易，以及以康养休闲为主的旅游资源开发。但前者大多处于初加工阶段，此类模式带动作用有限，大多数仅在村镇层面比较成功，甚至存在生态产品和资源优势很大的地区一直没有得到合理开发与利用的现象；后者则在生态产品的文化价值开发中有所不足，如在古村落较为集中的贵州、云南、湖南、浙江等地，都不同程度存在部分古村古建蕴含的历史、文化等价值难以被市场认可，实际估价与真实价值之间有偏差的情况。

5. 生态产品价值实现难持续

持续的“自我造血”是生态产品价值实现的发展动能，绿水青山本身蕴含无穷的经济价值，可以源源不断带来金山银山，但从现有试点情况来看，相关项目还未能摆脱对政府资金和政策的严重依赖，“自我造血”功能尚未完全激活，再加上错补、漏补时有发生，使得本就有限的财政资金使用效率更加低下；在金融支持方面，生态产品开发初期需要大量的资金投入，而相关贷款项目回收期长、管理成本高、风险大，因此金融机构特别是商业性金融机构在额度、期限、利率、担保等方面与项目经营主体的需求极不匹配，需要政府财政兜底分担金融风险，如资溪县政府就按照相关项目贷款的80%进行分担，造成了巨大的财政压力。

第三节　构建生态产品价值实现制度框架体系

一　有关生态产品价值实现制度安排

生态产品价值实现的过程，就是将生态产品所蕴含的内在价值转化为经济效益、社会效益和生态效益的过程[①]。2010 年 12 月，国务院印发的《全国主体功能区规划》首次提出“生态产品”概念并进行定义。随后，党中央对生态产品价值实现相关工作作出了一系列部署要求。2017 年 10 月，《中共中央国务院关于完善主体功能区战略和制度的若干意见》提出：“要建立健全生态产品价值实现机制，挖掘生态产品市场价值。”2018 年 4 月，习近平总书记在深入推动长江经济带发展座谈会上强调：“要积极探索推广绿水青山转化为金山银山的路径，选择具备条件的地区开展生态产品价值实现机制试点。”

2021 年 3 月中央全面深化改革委员会第十八次会议审议通过了《关于建立健全生态产品价值实现机制的意见》，提出要构建绿水青山转化为金山

① 孙安然：《赋值绿水青山　实现价值转换》，《中国自然资源报》2020 年 5 月 11 日。

银山的政策制度体系，明确指出到2035年完善的生态产品价值实现机制全面建立，进而为基本实现美丽中国建设目标提供有力支撑。

二　生态产品价值实现机制制度框架①

中共中央办公厅、国务院办公厅印发的《关于建立健全生态产品价值实现机制的意见》对生态产品价值实现机制进行总体布局，长江经济带各省市必须按照该意见的要求，稳步推进区域生态产品价值实现，加快构建区域生态产品价值实现制度框架体系。

1. 生态产品价值实施制度机制

长江经济带各省市要加快生态产品价值实现的相关立法工作，完善区域相关法律法规，尽快推动区域生态产品价值实现、生态补偿在全国走在前列。尽快对生态产品价值实现主体与客体、资金来源、生态环境监测和保护及生态资本的范畴内涵、生态价值评估方法、搭建生态价值实现平台具体路径等作出明确的规定。明确水流、山林、湿地、草原、荒地、滩涂等自然资源中构成生态资源的部分，在利用中进行价值评估，根据实际情况分别给予补偿，或进入生态产品价值市场进行交易。加快对环境税、生态补偿税、碳税的立法，完善水权、林权、排污权、碳排放权交易的政策法规，并将水权、林权、排污权、碳排放权交易等政策法规作为生态价值实现的重要参考依据。借鉴国内外先进经验，在长江经济带各地推进生态产品价值实现制度创新，完善相关利益主体责任，推动长江经济带生态产品价值实现制度创新取得进展。

2. 生态产品价值实现管理机制

建立健全生态产品价值实现协调管理体制。设立长江经济带生态产品价值实现管理的专业性机构。在省域跨界流域生态保护地区建立“流域生态产品价值实现管理委员会”，在市县跨界流域生态保护地区建立“区域生态产品价值实现管理委员会”。其中“生态产品价值实现管理委员会”由国家

① 刘伯恩：《生态产品价值实现机制的内涵、分类与制度框架》，《环境保护》2020年第13期。

统筹，委员会主要成员由流域交界地区省、市政府相关领导构成；“区域生态产品价值实现管理委员会”由当地省政府牵头统筹，相关设区市及县政府主要领导共同参与。对跨界地区生态保护要赋予强有力的生态保护管理权，根据生态功能区的划分确定生态产品价值实现管理标准，依据统一的生态产品价值实现政策统一规划、配置、调度和管理流域生态资源，统一协调、统一仲裁跨界污染事故和生态补偿纠纷。在长江经济带各省市设立生态产品价值管理分支机构，对省市生态资源进行统一管理，对生态资本运营机构的设立和运作进行规范，分别制定水权、林权、排污权、碳排放权交易的规则和条例。

3. 建立生态资源的价值核算体系

生态资源资产生态价值和社会价值的外部性决定了单纯依靠市场无法实行有效管理，缺少政府干预和宏观政策调控的市场行为会对资源和环境造成掠夺性消费和无节制破坏。可见，对于生态资源的可持续利用需要科学核算生态资源资产价值并建立对其非经济成分的评估机制。因此，明晰长江经济带生态资源资产产权，评估其生态资源资产价值，并根据价值评估结果建立生态资源的价值核算制度体系势在必行。核算生态资源要综合考虑流域经济发展过程中的资源消耗、环境损失和生态效益。

4. 生态产品价值市场化运作机制

充分发挥市场配置资源的决定性作用，建立生态产品价值使用统一公共资源交易平台，完善生态产品交易和管理办法，实现生态资源有偿使用，推动生态产品交易信息公开，推动服务规范化，确保生态产品价值能够得到充分实现。要提升生态产品价值，促进生态产品收益最大化。在政府宏观指导下，利用市场配置机制，加大资源开发利用的力度，通过招标、拍卖等方式，对森林、草地、河流、湖泊、湿地等生态产品进行开发、利用，力求资源开发利用收益最大化。

5. 生态产品价值实现政策支持机制

具有公共产品属性的生态环境是公共财政支出的重点。对于长江经济带生态环境保护和建设，中央和省级财政都应设立专项资金并将其列入同级财政预算给予保证支持，尤其对流域重要生态功能区、流域源头地区和自然保护区要予以重点倾斜。建立多元化融资体制，一方面，各级政府要拓展财政贴息、投资补助、排污收费等投入途径以吸引社会资本；另一方面，要充分发挥国债资金、开发性贷款，以及国际组织和外国政府的贷款或赠款等资金的投入作用。继续加大对生态补偿的财政投入力度，尤其要扩大对生态资源保护等重点区域的转移支付，增强生态保护地区的基础设施建设能力和生态建设能力；建立用于推进重点生态建设工程（如退耕还林还草重点工程等）的环境治理或生态补偿专项资金，加快推进区域生态环境补偿。

第四节　创新长江经济带生态产品价值实现的路径

由于生态产品多数属于公共产品，因此打通“绿水青山就是金山银山”双向转换通道、探索生态产品价值实现机制，尤为重要。长江经济带是国家重要的生态屏障，同时也是我国一个极为重要的经济区域，实现“绿水青山与金山银山”有机统一，对全国都有重大借鉴意义（见图 11-1）。

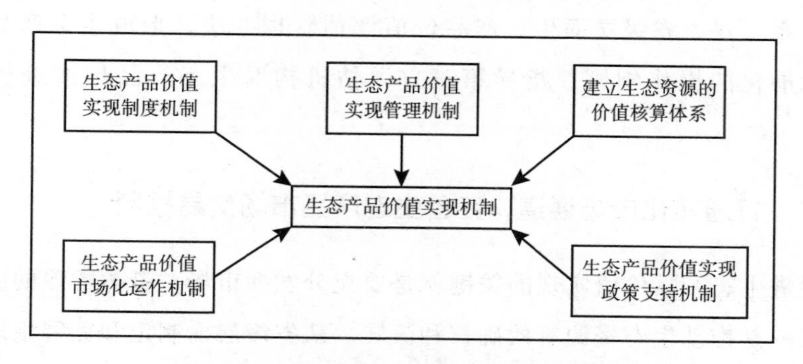

图 11-1　生态产品价值实现制度框架体系

一　厘清生态资源，构建生态产品价值核算体系

实现生态产品价值转化的前提是对其价值进行科学合理的评估，计量生态系统生产能力，评估生态产品价值，为其向生态产品转化创造基础条件。

一是全面系统调查，准确摸清长江经济带各省市生态产品资源。在前期开展自然资源资产负债表统计基础上，全面开展生态产品价值核算，全面了解当前长江经济带各省域自然资源资产基础数据。借鉴现代互联网技术，统一构建生态产品登记系统，对区域内生态资源进行核算梳理，完善长江经济带11个省市生态资产负债表，建立详细生态资源明细目录。二是着力开展长江经济带生态产品价值转化潜力评估。制定长江经济带生态资源、生态产品分类目录，对现有长江经济带水资源、林地、湿地等生态资源进行系统分析，厘清哪些资源具有转化优势、对哪些资源应加大培育、哪些生态资源可以开发“链条产品”，做大长江经济带绿水青山附加值。三是进一步完善生态产品价值核算评估指标体系，规范生态产品价值核算评估指标体系技术标准和流程，让绿水青山可定价、可交易、可融资有据可依。四是建立健全试点制度框架体系，重点完善生态价值基础上的排污权、碳排放权等政策并落实落细，积极开展排污权、碳排放权、水权、林权等生态权益的市场化实践。五是制定和完善生态产品价值标准体系。参考借鉴国内外价值核算标准体系，尽快制定长江经济带生态产品核算技术指南、评价指标体系。建立省级层面生态产品价值评估管理办法，形成生态产品价值评价标准化的操作细则，指导第三方评估机构对生态产品价值进行科学评估。

二　打通转化市场通道，完善生态产品市场交易机制

促进生态产品价值实现的关键就是要充分发挥市场对资源配置的决定性作用。一是推动生态资源有效确权和流转。从省级层面制定和完善生态资源保护利用的产权管理条例，推动生态资源要素确权以及相关产权流转。构建“山水林田湖草沙”生态资源统一确权登记系统，制定产权主体权利清单，尽快界定各类生态资源产权主体，形成多元化生态产品生产和供给主体。二是建立和完善生态产品交易平台。支持建立长江经济带生态产品交易平台和中转平台。完善生态文化产权交易中心，推动区域内古村落资源与国家相关文交所合作，为生态产品价值实现搭建“一站式”产权交易平台。逐步建

立健全长江经济带排污权、排放权、用能权、水权等交易市场。三是大力培育生态产品市场。充分吸收浙江省、福建省、贵州省等成功经验和做法，积极探索林权抵押贷款、水权交易以及排污权交易，积极培育生态产品市场，开展资源资产化、证券化、资本化改革，可以在森林、湿地等不同生态产品领域开展试点，建立完善生态变资本、变财富的市场交易新机制，打造生态资源交易平台。

三　健全参与机制，实现生态资源共建共享

政府主导、企业和社会各界参与、市场化运作是生态产品价值实现的可持续路径。一是政府要起到主导作用。生态资源保护和利用过程，长江经济带各级政府要起到引领作用，应调动企业、社会公众参与生态资源保护发展的积极性、主动性和创造性，积极构建多主体参与的生态产品价值转化合作机制。二是激发公众参与积极性。由于长江经济带许多重要生态资源都在农村，同时鼓励农村居民的参与热情，有效协调生态资源转化地区原住民、当地政府等多方的利益问题，为科学合理地保护和开发生态资源提供支持。进一步发展新乡贤作用。通过资金投入和政策引导，吸引外流的创业成功者、返乡创业者、退休还乡者及有乡村情怀、愿意回报乡村的技术人员和专家学者入驻或扎根农村；引领和带动村落民众进行“生态资源再生产”。三是建立市场化运作的生态资源运营服务体系。完善金融、税收等优惠政策，引进和吸纳社会资本和民间资本，构建政企合作开发股份制经营模式，如可以采取 PPP 等融资模式、多方参与管理的生态资源综合开发经营模式，实现共同经营。有条件的生态资源地区，可以鼓励村民以入股的方式参与生态资源保护和开发建设，共享生态开发利用成果，逐步建立起“企业专业管理、村民参与经营、政府监督管理”的多元化管理模式。

四　强化资金支持，创新生态金融产品

生态价值转化资金需求巨大，亟须探索以社会资本投入为主、财政引导为辅、市场化运作的绿色金融模式，积极为符合生态产品价值转化的市场主

体提供资金支持服务。一是成立生态产品价值转化基金。设立以财政引导为辅、社会资本投入为主，市场化运作的生态产品价值转化基金，重点支持生态产业培育和生态产品价值实现等重点项目。二是鼓励各地探索实施“两山银行”等制度。对山水林田湖草沙等自然资源开展集中收储试点，进行合理开发，通过多种形式引入外来资本进行开发运行，以实现生态产品价值有效转化。三是创新绿色金融产品。鼓励金融机构开发碳汇储蓄、碳汇期货期权、碳汇基金及债券等多层次碳金融创新产品，将生态产品保险与碳汇质押、碳汇融资进行有机融合。

五　发展生态产业，构建生态产品价值的产业支撑体系

通过生态资源化、生态产业化等方式，建立生态产品价值的产业支撑体系是实现生态产品价值转化的关键路径。一是设立生态产品价值示范区。结合长江经济带主体功能区的规划和国家对生态产品价值转化的要求，可选择生态资源潜力大、稳定性较好的丽水、抚州等地建立示范区，探索培育生态产品价值转化新模式，为在长江经济带范围内构建生态产品产业体系起到先行示范作用。二是因地制宜推广生态产品实现模式。对于农业产品优势地区，可打造优质生态农、林、牧、渔业生态产品；生态资源方面重点发展生态旅游、生态康养及生态扶贫。三是推动与数字经济的融合。生态资源要在保护与发展实践中普及互联网技术，利用互联网技术手段进行产业升级。如推广乡村旅游智能化、乡村生活智慧化，从而形成保护与发展的新态势。通过第三产业的“数字”叠加，将生态资源的生产场所由农业农村部门向非农部门拓展，提高生态资源附加价值。

第十二章 绿色长江经济带生态脱贫与共建共享机制

长江经济带贫困覆盖面广，分布着秦巴山区、乌蒙山区、武陵山区等8个集中连片特困地区，这些地区也是国家重要的生态功能区，面临一体化保护生态环境与加快经济社会发展的多重压力。完善长江经济带生态脱贫与共建共享政策机制，是破解长江经济带发展的不平衡不充分问题的关键。本章梳理生态脱贫与共建共享的基础理论，分析资源、环境与反贫困的关系，阐述长江经济带生态脱贫和共建共享的做法、问题与难点，研究建立健全公平的利益分配协调机制与共建共享机制，实现可持续的一体化，以促进区域协调共富的目标。

第一节 生态脱贫与共建共享相关理论

一 资源、环境与反贫困的关系

这方面的理论主要有可持续发展理论、绿色增长理论和“两山”双向转化理论等，这些理论都从不同角度阐述了资源、环境与发展之间的关系，强调要将经济社会发展与生态环境保护协同起来，如可持续发展理论强调人类发展与自然环境之间要实现和谐，需要通过适度的干预来实现，对经济欠发达地区而言尤为如此；绿色增长理论更是将绿色导向体现在发展的方方面面，强调经济增长应不以牺牲生态环境为代价，增长应是绿色的增长，贫困对资源与环境造成负面影响[①]，脱贫应是绿色的脱贫；长期以来，普遍认为经济增长与生态环境保护之间是矛盾对立的，“两山”双向转化理论则认为“绿水青山就是金山银山”，指出良好的生态环境与发展之间是一体的，问题关键是要通过创新举措探索生态资源优势转化为经济优势、发展优势的通道或路径，这为欠发达地区加快发展提供了新的理论指导和新的发展路径。

二　共建共享理念与生态脱贫

共建共享理念的提出是有效解决发展不平衡问题的历史必然[②]，共建共享理念是马克思主义共享理论在当代中国社会主义建设实践中的继承和发展[③]，社会主义价值共享理念与共建共享理念均要求社会多元主体在社会治理中的共同参与，但共建共享理念还提出要根据社会成员贡献大小分享收益的具体要求，以此实现经济和社会效益的最大化[④]。共建共享理念具有深厚的文化渊源，并且具有鲜明的中国特色，在中国特色社会主义的发展实践中得到深化和发展，中国特色社会主义道路、理论、制度和文化等，均蕴含着鲜明的共建共享理论，这种具有中国哲学的共建共享理论伴随人类命运共同体理念的提出而得到越来越多国家或地区的认同。

共建共享理念认为，社会是一个普遍联系的共同体，社会发展的好坏需要每个个体共同参与，同时也强调社会成果需要与每个个体共享，强调社会利益分配的公平性和公正性，以凝聚广泛个体为着共同的目标，携手努力；当然，发展过程中衍生的各类社会问题，也需要各类主体来参与治理，如此才能形成共建共享的良性局面。共建共享理论强调社会主体在共同的目标、

---

① 李周主编《中国反贫困与可持续发展》，科学出版社，2007。

② 孔凡斌、许正松、陈胜东：《建立中国生态扶贫共建共享机制：理论渊源与创新方向》，《现代经济探讨》2019 年第 4 期。

③ 龙丽婷、赵明龙：《论民族地区连片扶贫开发共建共享——以南盘江下游流域核心区为例》，《经济与社会发展》2016 年第 6 期。

④ 江国华、刘文君：《习近平“共建共治共享”治理理念的理论释读》，《求索》2018 年第 1 期。

行动、方向等作用下朝着相同的指向奋斗，其中共建的目的是共同享有，共享的实现需要共同的建设。为此，共享是共建的目标，共建是共享的路径。共建与共享是相辅相成的共同体，体现在生态环境保护领域同样如此[①]。生态扶贫是绿色发展和共享发展理念在扶贫开发领域的具体体现，是一种新型可持续的扶贫模式[②]。打赢脱贫攻坚战，必须贯穿共建共享的思想，以此理念引领和推进农村贫困治理[③]。乡村振兴应以增进农民福祉为导向，但从实现路径上不应只依靠农民，多元主体共建共治共享至关重要，要构建一套可操作的共建共治共享机制。[④]

三 生态扶贫脱贫与乡村振兴衔接研究

生态扶贫概念研究。“生态扶贫”一词最早出现在《人民日报》刊发的《生态扶贫（新词·新概念）》，将生态扶贫界定为：生态扶贫，是指从改变贫困地区的生态环境入手，加强基础设施建设，改变贫困地区的生产生活环境，使贫困地区实现可持续发展的一种新的扶贫方式。[⑤] 李广义认为生态扶贫是使贫困地区实现可持续发展的一种新的扶贫方式[⑥]。蔡典雄认为生态扶贫是利用生态系统各项服务功能与价值，在生态系统可持续发展的前提下追求扶贫效益的最大化。[⑦] 沈茂英、杨萍认为生态扶贫是在贯彻国家主体功能区制度基础上，实现贫困地区人口、经济、社会可持续发展的一种扶贫模式[⑧]。

---

① 孔凡斌、许正松、陈胜东：《建立中国生态扶贫共建共享机制：理论渊源与创新方向》，《现代经济探讨》2019 年第 4 期。

② 李仙娥、李倩、牛国欣：《构建集中连片特困区生态减贫的长效机制——以陕西省白河县为例》，《生态经济》2014 年第 4 期。

③ 李茂平、赵奇钊：《以共享理念推进农村脱贫攻坚》，《经济日报》2010 年 7 月 7 日。

④ 姚树荣、周诗雨：《乡村振兴的共建共治共享路径研究》，《中国农村经济》2020 年第 2 期。

⑤ 罗侠、杨波、庞革平：《生态扶贫（新词·新概念）》，《人民日报：华南新闻》2002 年 10 月 28 日，第 01 版。

⑥ 李广义：《基于生态文明建设背景下的天峨县域经济发展》，《经济与社会发展》2012 年第 8 期。

⑦ 蔡典雄：《中国生态扶贫战略研究（修订版）》，科学出版社，2015。

⑧ 沈茂英、杨萍：《生态扶贫内涵及其运行模式研究》，《农村经济》2016 年第 7 期。

生态扶贫模式研究。雷明将生态扶贫的模式划分为原地生态扶贫模式和易地生态模式两类。[①] 王伟认为贵州农村地区的主要生态扶贫模式包括：易地搬迁加产业安置、生态治理加生态产业、生态产业化、生态旅游扶贫。[②] 朱冬亮等人认为生态补偿扶贫、产业扶贫和生态搬迁综合扶贫开发是我国的林业生态扶贫主要模式[③]。胡振通、王亚华阐释了生态扶贫的理论创新和实践路径[④]。

生态扶贫评价研究。不同学者根据各自研究视角和专长领域，采取了各种方法进行了评价，如罗慧峰、黄燕玲运用熵权法、TOPSIS 模型对处于滇桂黔石漠化集中连片特困区的 3 个生态旅游景区进行评价[⑤]，李辉、王倩采用非期望 SBM-DEA 模型对云南 27 个县进行实例分析[⑥]，张家其结合三生共赢理论对湘西重点生态功能区贫困县的生产、生活和生态情况进行评价。[⑦]

生态脱贫与乡村振兴的衔接机制研究。郭福则结合山西省的具体情况提出了加强组织领导、创新政策机制、规范工程管理、创新资金投入机制、加强科技支撑、严格考核监督等建议。[⑧] 陶泽良认为西部贫困地区应构建交易机制、迁移机制和产业机制。随着小康社会全面建成，中国历史性地解决了绝对贫困问题，脱贫攻坚取得了重大历史性成就。[⑨] 郭晓鸣、廖海亚提出需要建立脱贫攻坚与乡村振兴的衔接机制，构建更具竞争力的生态产业体系，创新以森林植被碳储量为切入点的市场化生态保护补偿机制。[⑩] 全面脱贫与

---

① 雷明：《绿色发展下生态扶贫》，《中国农业大学学报》（社会科学版）2017 年第 5 期。

② 王伟：《贵州省农村地区生态扶贫的模式与存在问题研究》，《生态经济评论》2018 年第 1 期。

③ 朱冬亮、殷文梅：《贫困山区林业生态扶贫实践模式及比较评估》，《湖北民族学院学报》（哲学社会科学版）2019 年第 4 期。

④ 胡振通、王亚华：《中国生态扶贫的理论创新和实现机制》，《清华大学学报》（哲学社会科学版）2021 年第 1 期。

⑤ 罗盛锋、黄燕玲：《滇桂黔石漠化生态旅游景区扶贫绩效评价》，《社会科学家》2015 年第 9 期。

⑥ 李辉、王倩：《基于 SBM-DEA 模型的云南农村生态扶贫项目绩效评价研究》，《生态经济》2018 年第 8 期。

⑦ 张家其、钟倩等：《湖南省湘西州重点生态功能区贫困县生态脆弱性评价》，《水土保持通报》2020 年第 1 期。

⑧ 郭福则：《山西省生态退耕空间布局及生态扶贫实施机制研究》，《中国林业经济》2018 年第 6 期。

⑨ 陶泽良：《西部贫困地区生态扶贫机制研究》，《中国物价》2018 年第 12 期。

⑩ 郭晓鸣、廖海亚：《建立脱贫攻坚与乡村振兴的衔接机制》，《经济日报》2020 年 6 月 5 日。

乡村振兴的有效衔接是一个多层次、多领域、多视角的综合衔接概念，要科学设置接续和衔接的过渡期，把有效衔接与平稳转型有机结合起来，推动形成制度化、常态化的长效机制。①

第二节　长江经济带集中连片贫困地区分布与特点

一　长江经济带集中连片贫困地区分布

1. 长江经济带贫困覆盖面广

长江经济带分布着8个集中连片特困地区（见表12-1），集中连片特困情况突出，基于资料的可获得性，本文以长江经济带集中连片特困地区来分析长江经济带贫困地区分布及特点。

表12-1　长江经济带连片特困区概况

片区名称	涉及长江经济带的省市
大别山区	湖北省、安徽省
武陵山区	湖北省、湖南省、重庆市、贵州省
罗霄山区	江西省、湖南省
秦巴山区	重庆市、四川省、湖北省
乌蒙山区	四川省、云南省、贵州省
滇桂黔石漠化区	云南省、贵州省
滇西边境片区	云南省
四省涉藏地区	云南省、四川省

资料来源：国务院扶贫办。

2. 空间分布集中河流发源地、水源涵养区

长江经济带分布的8个集中连片特困地区，涉及11省市共314个县（见表12-2），行政区域面积达116.8万平方公里，占11个省市国土面积的

① 魏后凯：《如何实现全面脱贫与乡村振兴的“有效衔接”》，《光明日报》2020年4月3日。

57.3%，常住人口1.5亿人，占11个省市常住人口的27.1%。从空间分布来看，贫困县长江经济带上游222个，占70.7%，贫困县长江经济带中游92个，占29.3%。从长江经济带来看，中上游是我国最贫困地区之一，中上游分布着8个集中连片特困地区（见表12-2），呈现贫困区彼此毗邻、非贫困区插花状分布，并且贫困地区大多分布在河流的发源地和水源涵养区。

表12-2　长江经济带连片特困区分布概况

单位：个

省市	秦巴山区（县级单位）	武陵山区（县级单位）	乌蒙山区（县级单位）	滇桂黔石漠化区（县级单位）	滇西边境片区（县级单位）	大别山区（县级单位）	罗霄山区（县级单位）	四省涉藏地区（县级单位）	合计
云南			15	11	56			3	85
贵州		15	10	40					65
四川	15		13					32	60
重庆	5	7							12
湖北	7	11				8			26
湖南		31					6		37
安徽						12			12
江西							17		17
江苏									
浙江									
上海									
合计	27	64	38	51	56	20	23	35	314

资料来源：国务院扶贫办。

二　长江经济带集中连片贫困地区特点

1. 处于省际边界接壤，远离经济中心

长江经济带中上游分布着8个集中连片特困地区，从空间分布来看，连片特困地区大多处于省区边缘地带和跨行政交界地带，例如罗霄山区由湖南、江西两省边界山地接壤而成，远离区域政治经济中心，例如武陵山片区

内的铜仁市距离省会贵阳市有350公里，恩施市距离省会武汉市520公里，吉首市距离省会长沙市480公里，难以接受经济中心的辐射带动。

2. 集中分布在重要生态功能区，生态环境脆弱

长江经济带全域有43%的区域不适宜开发，其中70%的区域为连片特困区，除位于东部的大别山区和罗霄山区大部分区域较为适宜开发外，其他6个连片特困区的大部分区域均较不适宜或不适宜开发，尤其是四省涉藏地区和滇西边境山区不适宜开发，与国家重要生态功能保护区高度重叠，同时具备了生态功能的重要性和生态环境脆弱性（见表12-3）。

表12-3　长江经济带连片特困区区位要素特征

片区名称	区域要素特征
大别山区	水土流失严重、基础设施落后、产业基础薄弱
武陵山区	生境脆弱、基础设施落后、地质灾害频发、民族地区
罗霄山区	洪涝灾害频发、水土流失严重、生境保护、基础设施落后
秦巴山区	生态保护区、革命老区、灾害频发地区
乌蒙山区	生态保护区、民族地区、革命老区、基础设施落后、流行病盛行
滇桂黔石漠化区	地形复杂、土层瘠薄、生境脆弱、灾害频发、基础设施落后
滇西边境片区	生态保护区、灾害频发、少数民族聚集
四省涉藏地区	高山峡谷、基础设施落后、自然灾害频发

3. 片区间、片区内部发展水平参差不齐

从长江经济带连片特困地区人均GDP来看，片区间与片区内部呈分化态势，如表12-4所示，2018年四省涉藏地区人均GDP最高（3.76万元/人），其中乌蒙山区人均GDP最低（1.78万元/人），乌蒙山区人均GDP相当于四省涉藏地区人均GDP的47.34%，其次是大别山区人均GDP（1.97万元/人），大别山区人均GDP相当于四省涉藏地区人均GDP的52.39%，其余片区人均GDP相当于四省涉藏地区水平人均GDP的60%~71%。从长江经济带集中连片特困地区人均GDP增速来看，滇黔桂石漠化区年均增速最高，年均增速为12.42%，高出全国平均水平4.25个百分

点，高于全国14个集中连片特困地区平均水平3.85个百分点，其次是罗霄山区、武陵山区、秦巴山区，人均GDP增速分别为9.56%、9.49%、9.47%，分别高出全国平均水平1.39、1.32、1.3个百分点，分别高于全国14个集中连片特困地区平均水平0.99个、0.92个、0.9个百分点；四省涉藏地区年均增速最低，年均增速为4.59%，低于全国平均水平3.58个百分点，低于全国14个集中连片特困地区平均水平3.98个百分点，其次为大别山区，年均增速为8.01%，低于全国平均水平0.16个百分点，低于全国14个集中连片特困地区平均水平0.56个百分点。由此可见，长江经济带连片特困地区片区内部人均GDP之间的差距较大，长江经济带片区之间的经济社会发展水平均存在不同程度的差异。连片贫困区仍远低于全国的平均水平，且差距进一步拉大。

表12-4 长江经济带连片特困区人均GDP情况

片区名称	2013年（万元）	2014年（万元）	2015年（万元）	2016年（万元）	2017年（万元）	2018年（万元）	年均增长率（%）	片区年均增长率与全国14个集中连片特困地区平均水平比较值（个百分点）	片区年均增长率与全国年均增长率比较值（个百分点）
大别山区	1.34	1.46	1.54	1.67	1.82	1.97	8.01	-0.56	-0.16
武陵山区	1.42	1.59	1.74	1.92	2.11	2.24	9.49	0.92	1.32
罗霄山区	1.69	1.86	2.01	2.22	2.44	2.67	9.56	0.99	1.39
秦巴山区	1.65	1.82	1.94	2.12	2.38	2.60	9.47	0.90	1.3
乌蒙山区	1.16	1.28	1.39	1.52	1.69	1.78	9.00	0.43	0.83
滇桂黔石漠化区	1.3	1.49	1.67	1.89	2.15	2.33	12.42	3.85	4.25
滇西边境片区	1.61	1.74	1.91	2.10	2.33	2.46	8.91	0.34	0.74
四省涉藏地区	3.01	2.94	2.99	3.24	3.37	3.76	4.59	-3.98	-3.58

续表

片区名称	2013年（万元）	2014年（万元）	2015年（万元）	2016年（万元）	2017年（万元）	2018年（万元）	年均增长率（%）	片区年均增长率与全国14个集中连片特困地区平均水平比较值（个百分点）	片区年均增长率与全国年均增长率比较值（个百分点）
14个集中连片特困地区平均水平	1.49	1.64	1.75	1.91	2.10	2.25	8.57		0.41
全国平均水平	4.36	4.69	4.99	5.35	5.90	6.47	8.17		—

资料来源：《2019年中国农村贫困监测报告》。

4. 贫困状况好转，贫困发生率下降

长江经济带连片特困地区贫困状况有了根本性的好转。在贫困人口减少的同时，贫困发生率显著下降，如表12-5所示，我国14个集中连片特困地区片区贫困发生率都有下降，长江经济带连片特困地区四省涉藏地区下降幅度最大，从2013年27.6%下降到2019年的1.9%，下降25.7个百分点，其次是乌蒙山区，从2013年25.2%下降到2019年的2%，下降23.2个百分点，长江经济带连片特困地区片区贫困发生率下降幅度大于15.5个百分点的还有滇黔桂石漠化区（20.5个百分点）和滇西边境片区（18.2个百分点）、秦巴山区（18.5个百分点）、武陵山区（16.3个百分点）。

表12-5 长江经济带连片特困区贫困发生率

单位：%

片区名称	2013年	2014年	2015年	2016年	2017年	2018年	2019年	片区2013~2019年贫困发生率下降幅度
大别山区	15.2	12.0	10.4	7.6	5.3	3.0	1.0	14.2
武陵山区	18.0	16.9	12.9	9.7	6.4	3.8	1.7	16.3
罗霄山区	15.6	14.3	10.4	7.6	5.3	3.0	1.0	14.6

续表

片区名称	2013年	2014年	2015年	2016年	2017年	2018年	2019年	片区2013~2019年贫困发生率下降幅度
秦巴山区	19.5	16.4	12.3	9.1	6.1	3.6	1.0	18.5
乌蒙山区	25.2	21.5	18.5	13.5	9.9	6.2	2.0	23.2
滇桂黔石漠化区	21.9	18.5	15.1	11.9	8.4	5.3	1.4	20.5
滇西边境片区	20.5	19.1	15.5	12.2	9.3	5.8	2.3	18.2
四省涉藏地区	27.6	24.2	16.5	12.7	9.1	5.9	1.9	25.7
14个集中连片特困地区	20.0	17.1	13.9	10.5	7.4	4.5	1.5	18.5

资料来源：《2019年中国农村贫困监测报告》，《2020年中国农村贫困监测报告》。

第三节　长江经济带生态脱贫和共建共享的做法、问题与难点

一　绿色长江经济带生态脱贫做法

长江经济带在生态脱贫实践中探索形成了生态搬迁、产业发展、生态补偿等形式多样的生态扶贫方式。

1. 生态移民扶贫，从“搬得出”到“富得起”

一是易地搬迁与生态保护有机结合，实现生态与经济效益的最大化。对于一方水土养不了一方人的贫困地区，采取生态移民的方式，这样既有利于保护生态环境，同时也有助于改善当地居民的生产生活条件，当地居民生产生活条件的改善反过来又有助于生态环境的保护。二是搬得出更要稳得住。因为各地资源禀赋、发展条件等千差万别，为此，长江经济带沿江省市在贯彻落实国家统一政策过程中，紧密结合当地实际，因地制宜探索切合实际的举措，如江西扎实推进生态移民管理工作，对搬迁移民采取“普惠制”与“特惠制”相结合的差别化扶持，移民建房补助由人均3500元，提高到人

均4000元。对新搬迁贫困户坚持集中安置与分散安置相结合、集中安置与小城镇建设相结合，积极发展特色产业，完善基础配套设施，增强了易地扶贫搬迁户脱贫致富能力，江西是全国四个易地扶贫搬迁先进省份之一，形成了独特的“江西版本”。

2. 生态产业扶贫，创新生态扶贫模式

发展生态产业是使贫困对象摆脱贫困、贫困地区农业供给侧结构性改革的重要途径，是增加贫困户收入的一项长期根本性举措，是“从短期效益到长期效益”“从输血到造血”的主要抓手和平台。生态产业扶贫是生态扶贫的重要形式，例如江西积极培育壮大生态产业，截至2018年底，江西生态产业已带动130万人脱贫，这主要得益于生态产业的发展。一是林业产业成为生态扶贫主力军。结合森林资源特色，全省重点抓好油茶、竹类、香精香料、森林药材、苗木花卉、森林景观利用六大林下经济产业，注重新型经营主体与贫困人口建立紧密型利益链接机制，累计带动70万贫困人口增收，林下经济产业已逐渐发展成为林农增收的“绿色银行”，为全省精准扶贫工作做出了积极贡献。把林下经济与脱贫攻坚紧密结合，通过租山、入股、劳务、自主经营等形式参与林下经济的农民达318.16万人，其中贫困群众40.45万人、建档立卡贫困人口35.67万人，实现了“不砍树、能致富”。二是乡村旅游和休闲农业不断壮大。例如江西省在保持乡村旅游资源特色的基础上，凸显本地元素，充分整合资源、文化、产业及生活等各方面潜力，积极促进旅游产品及扶贫模式的创新，探索创新了“景区（公司）+旅游合作社（协会）+贫困户”“旅游公司+贫困户”“旅游协会+贫困户”“景区（公司）+基地+合作社+贫困户”“基地+贫困户”等一系列旅游扶贫模式，一大批土特产变为游客的“抢手货”，涌现出大余丫山、婺源篁岭、龙南虔心小镇、井冈山神山村等25家乡村旅游扶贫先进典型。其中，大余丫山和婺源篁岭被世界旅游联盟分别评为2018年度、2019年度世界旅游减贫案例，极大地助推了全省脱贫攻坚。

3. 生态补偿扶贫，扩大生态补偿覆盖面

精准定位贫困地区生态建设的巨大贡献，通过财政转移支付和生态补偿让贫困人口脱贫致富，是生态保护扶贫的重要途径。例如江西省一是加大了流域生态补偿力度。落实修改后的《江西省流域生态补偿办法》，启动新一轮东江流域生态保护补偿，推进省内市县流域上下游生态保护补偿。2018年，江西省人民政府印发了《江西省流域生态补偿办法》，全省100个县（市、区）全面推开流域生态补偿，鄱阳湖和赣江、抚河、信江、饶河、修河等五大河流以及长江九江段和东江流域等全部被纳入补偿范围。2016年首期筹集流域生态补偿资金20.91亿元，2020年筹集资金规模达31.25亿元，五年累计筹集流域生态补偿资金141.49亿元，流域生态补偿资金在欠发达地区规模最大。同时，启动新一轮东江流域生态保护补偿，推进省内市县流域上下游生态保护补偿。二是实施了湿地生态补偿。江西湿地面积91万公顷，占全省土地面积的21.9%，其中天然湿地面积71万公顷。据统计，江西试点湿地生态补偿以来，共争取中央财政补助资金1.87亿元，其中社区生态修复与环境整治项目利用的资金近1亿元，形成322个道路提升、改水改厕、环境绿化等社区生态修复和环境整治项目，通过运用“项目支持”的形式，将补偿资金转化为技术项目，与扶贫和地方发展紧密结合，形成造血机能，使外部补偿转化为自我发展能力，带动湖区群众围绕湿地资源加快产业转型，助推脱贫。三是建立生态公益林补偿补助标准动态调整机制。绿色长江经济带各地根据区域发展实际，逐步提高生态效益补助标准，生态补偿助贫效果持续巩固提升。以绿色长江经济带江西为例，江西自2001年被纳入国家生态公益林首批补偿试点范围以来，江西对公益林补偿标准进行了3次调整，公益林补偿标准由每年每亩5元逐步提升至2019年的21.5元，截至2020年底一直执行该补偿标准，居中部首位和全国前列；与此同时，2019年首次对268.9万亩位于国家级自然保护区内的生态公益林实行差异化补偿，补助标准每亩再提高5元，达到26.5元/亩，25个贫困县与全省实施统一的生态公益补偿标准。截至2020年底，全省累计发放该项补偿资金90.46亿元，有效促进贫困地区林农增收缓解贫困。

4. 坚定精准扶贫步伐，创新生态扶贫途径

长江经济带沿江地区用足用好国家关于退耕还林、国家公园建设、湿地

保护等政策措施，并将这些政策实施同当地居民生产生活紧密结合起来，注重增加生态公益性岗位，以便吸纳更多建档立卡贫困户转变为生态保护的"卫士"。例如按照中央统一部署，江西省从2016年开始在农村建档立卡贫困人口中选聘生态护林员，让贫困人口实现了家门口就业，截至2020年底中央已累计投入资金7.68亿元，全省共选聘生态护林员2万余名，分布在全省符合条件的40个县（市、区），直接带动全省7万余名贫困人口实现脱贫，助力江西25个贫困县实现了"脱贫摘帽"。全省生态护林员管护森林面积达3600万亩，成为江西绿水青山的守护者。增加生态公益岗位，大力推动生态护林员选聘助力精准脱贫。

5. 创新金融产品，健全绿色金融扶贫

向生态优势要经济优势和发展优势，最终还是要通过产业发展来支撑。生态产业发展往往前期投资大、回报周期长，对本就缺乏资金的贫困地区来说，面临内生动力提升的发展难题。针对这些实践中的现实难题，长江经济带沿江地区积极探索实践，通过创新绿色金融产品或服务来满足当地需求，如大别山片区安徽省金寨县推行的"油茶产业贷""扶贫劝耕贷""皖林邮贷通"等，滇桂黔石漠化区龙州县采用"保险公司免一点、政府补一点、农民出一点"的方式，比较好地解决了贫困地区初始资金缺乏而难以发展的现实问题。

二　长江经济带生态脱贫和共建共享存在的问题

1. 生态脱贫理念滞后，忽视生态资本的作用

贫困地区之所以落后，原因有多方面，其中发展理念滞后是一个重要方面，受传统发展惯性的驱使，各地容易陷入"重发展、轻保护""先发展、后治理"的传统发展模式，体现在产业引进上则是"捡到篮里都是菜"，缺乏以绿色为导向的发展思维和发展定力。

2. 生态脱贫政策短缺，多元补偿机制尚未形成

长江经济带沿线集中的贫困地区，往往是重点生态功能区，在发展过程中确实面临发展与生态之间的协调问题，在缺乏强有力的外部政策助力的情

况下，良好的生态资源价值难以挖掘和发现，并且受生态红线等制约，发展的空间和途径比较贫乏，在缺乏公允合理的生态补偿机制的硬约束下，难有启动提升内生发展动力的“气血”。

3. 贫困人口参与生态贫脱程度不深，脱贫动力有待增强

参与生态脱贫不积极、参与程度不深，这些都是当地居民的理性选择，背后的根源在于当地居民未能得到看得见的经济收益，继而陷入观望等待的被动状态，因此激发贫困人群的积极主动作为，需要更多的形式和渠道。同时，实施的脱贫政策举措往往以物质为主，缺乏有根植性的产业项目来带动当地居民增收致富。

4. 脱贫资金分散，难以产生有效合力

在打赢脱贫攻坚战的过程中，我国投入的资金、项目等不可谓不多，然而因各项目、资金等归属于不同部门，各部门在扶贫项目安排、资金区域投向上常常相互独立，没有协调，造成资金投入在区域布局上的分散化，且单独部门的资金投入有限，影响了扶贫效果。并且，在分配使用的过程中，往往需要地方配套，这在很大程度上不利于项目的有效落地和运转，进而加大地方的财政压力，难以真正发挥各项优惠政策资金的功效。

三　集中连片地区巩固脱贫成果与乡村振兴衔接难点

1. 经济发展滞后，人均水平低

长江经济带连片贫困地区除大别山区、乌蒙山区、武陵山区人均 GDP 低于全国 14 个集中连片特困地区平均水平（2.25 万元/人）（2018 年，见表 12-4）。以外，其余片区人均 GDP 均高于全国 14 个集中连片特困地区平均水平，但是长江经济带连片贫困地区人均 GDP 均低于全国人均 GDP（6.47 万元/人），长江经济带连片贫困地区四省涉藏地区人均 GDP 最高（3.76 万元/人），仅相当于全国人均 GDP（6.47 万元/人）的 58.11%，其次是罗霄山区（2.67 万元/人）、秦巴山区（2.6 万元/人），分别相当于全国人均 GDP 的 41.27%、40.19%；乌蒙山区人均 GDP 最低（1.78 万元/人），相当于全国人均 GDP 的 27.51%，其次是大别山区（1.97 万元/人），

相当于全国人均 GDP 的 30.45%，由此可见，长江经济带连片贫困地区除四省涉藏地区以外，其余片区人均 GDP 均不及全国人均 GDP 的 1/2。

2. 农村贫困面广量大，贫困程度较深

从增长速度看，如表 12-6 所示，2013~2019 年，长江经济带连片特困地区农村人均可支配收入年均增速均超过 10%，平均增长速度高于全国平均增长速度。但是长江经济带连片特困地区农村人均可支配收入普遍偏低，与全国 14 个集中连片特困地区平均水平、全国平均水平比较还是存在一定的差距，2019 年，长江经济带连片贫困地区中四省涉藏地区、滇西边境片区、乌蒙山区、滇桂黔石漠化区 4 个片区的农村人均可支配收入低于全国 14 个集中连片特困地区平均水平，其余 4 个片区农村人均可支配收入也仅仅高出全国 14 个集中连片特困地区平均水平 10.9%~17%，其中四省涉藏地区农村人均可支配收入最低为（10458 万元/人），相当于全国农村人均可支配收入（16021 万元/人）的 64.55%，其次是滇西边境片区（10931 万元/人）、乌蒙山区（10684 万元/人），分别相当于全国农村人均可支配收入的 68.23%、66.69%；2019 年大别山区农村人均可支配收入最高（13341 万元/人），相当于全国农村人均可支配收入的 83.27%，其次是秦巴山区（11934 万元/人）、罗霄山区（11746 万元/人）、武陵山区（11544），分别相当于全国农村人均可支配收入的 74.49%、73.32%、72.06%，秦巴山区、武陵山区、罗霄山区农村人均收入相当于全国平均水平的 70%以上。由此可见，长江经济带连片贫困地区除大别山区以外，其余片区农村人均可支配收入为全国平均水平的 64%~75%。

表 12-6　长江经济带集片特困地区农村人均可支配收入情况

单位：元，%

片区名称	2013 年	2014 年	2015 年	2016 年	2017 年	2018 年	2019 年	2013~2019 年年平均增长率
大别山区	7201	8241	9029	9804	10776	11919	13341	10.84
武陵山区	6084	6743	7579	8504	9384	10397	11544	11.27
罗霄山区	5987	6776	7700	8579	9598	10637	11746	11.89
秦巴山区	6219	7055	7967	8769	9721	10751	11934	11.48

续表

片区名称	2013 年	2014 年	2015 年	2016 年	2017 年	2018 年	2019 年	2013～2019 年年平均增长率
乌蒙山区	5238	6114	6992	7994	8776	9560	10684	12.65
滇桂黔石漠化区	5907	6640	7485	8212	9109	10073	11262	11.36
滇西边境片区	5775	6471	6943	7754	8629	9560	10931	11.24
四省涉藏地区	4962	5726	6457	7288	8018	9160	10458	13.24
14 个集中连片特困地区平均水平	5956	6724	7525	8348	9264	10260	11443	11.50
全国农村人均可支配收入	9430	10489	11422	12363	13432	14617	16021	9.24

3. 生态环境脆弱，环境承载能力有限

长江经济带贫困地区灾害频发、水土流失严重。水土流失，大量山上的泥沙下泄，淤塞山塘、水圳、河流，造成山地土壤贫瘠，山体支离破碎，环境恶化，水质变坏、水涝、旱灾经常发生。片区内有相当多贫困群众生活在深山区、库区、地质灾害频发地区，因灾致贫、因病返贫等现象较为突出。

4. 社会事业发展滞后，基本公共服务保障不足

由于经济发展滞后，长江经济带贫困地区各县（市）的地方政府可用财力不足，教育、文化、卫生、体育等方面软硬件建设严重滞后，滞后的公共服务水平又阻碍了长江经济带欠发达地区的发展。

5. 产业结构单一，未形成生态产业体系

长江经济带贫困地区农业一直处于绝对主导地位，并且往往以传统农业生产方式为主导，农业产业链和价值链的深度挖掘不够，继而导致农业生产的综合效益偏低，不利于带动当地居民收入水平的提高。居民收入水平难以提高，会阻碍当地服务业的良性发展。

第四节　共建共享理念下健全巩固脱贫成果与乡村振兴衔接机制

要坚持新发展理念，以共建共享维护公平正义，为实现共同富裕提供政策机制保障。2021年，国家林业和草原局等部门印发的《关于实现巩固拓展生态脱贫成果同乡村振兴有效衔接的意见》，强调巩固拓展生态脱贫成果，促进乡村振兴，明确了2025年和2035年的目标要求，提出统筹推进生态建设、产业发展和生态补偿，建立政府正确引导、企业有效运作、农民积极参与的新型合作关系，以促进脱贫人口稳定就业、支持脱贫地区产业兴旺、加快脱贫地区生态宜居和加强脱贫地区科技支撑与人才帮扶，通过建立共建共享长效机制促进长江经济带脱贫地区走上可持续发展的道路。

一　构建区域合作机制

一是建立跨省联席会议制度，定期研究解决脱贫开发进程中的相关问题，为常态性跨域脱贫协作搭建良好的制度平台。二是构建政府内部上下级之间、部门之间的协调机制。三是建立各级地方政府间的协商机制，实现地方政府间自主性协同互助。四是创新跨域合作机制，以实现中央政府、地方政府规划合作，实现资源优化配置。

二　完善区域间生态补偿机制

根据党的十九大报告“建立市场化、多元化的生态补偿机制”要求，一是积极探索市场化的生态补偿模式，长江经济带各级地方政府应积极培育市场资源，健全生态产权制度，按照“谁投资、谁受益”的原则，积极探索污染权交易制度和自然资源产权制度。二是建立区域内污染物排放指标体系，推进排污权市场发展、推进排污许可证交易以控制排污量。三是生态补偿制度化、法制化。强化生态保护立法，明确生态补偿的责任，形成各级政府各行业齐抓共管、社会广泛参与的体系，增强环保工作合力。四是创新生态补偿方式。通过谈判协商平台的建立，完善扶持政策，引导和鼓励开发区、效益区和生态保护区建立横向补偿关系。

三 建立健全生态产品价值实现机制

通过生态资源资产化、生态资产资本化和生态补偿多元化、生态产品“标签化”，让生态产品在市场机制的作用下有更大价值，探索更多可行的路径来体现生态产品的价值实现，特别是要发挥政府与市场的双向作用，避免过去政府单一主体的作用，要更多以财政撬动的方式激发市场主体的积极参与，以市场机制的构建完善来架起生态产品与市场需求之间的良性渠道。

四 建立健全生态脱贫利益联结机制

生态产品价值的实现，最终的落脚点都是提高当地居民的生产生活水平，因此，需要在利益联结机制上切实兼顾当地居民和市场主体、基层政府之间的关系，采取“龙头企业+农户”“新型经营主体+农户”“致富示范户+农户”“旅游+农业+农户”等模式，构建多元主体利益共同体机制，进而激发当地居民的积极主动参与，实现生态保护与区域发展的协同共进。

五 创新生态产业发展造血机制

提升欠发达地区的内生发展能力，需要因地制宜发展壮大特色优势产业，引进培育发展龙头企业，大力发展新型农业经营主体，通过延伸产业链、提升价值链，提高农业产业的综合效益和价值。同时，注重现代要素的注入，如新型基础设施建设、电子商务、金融保险等，以构建有助于欠发达地区发展的生产要素市场。健全城乡协同发展机制，立足“互联网+”新型业态，支持服务站点、物流配送中心设置与建设，建立健全互联网、现代物流等绿色、低碳、循环产业体系，打通乡村原生态产品与消费大市场的“最后一百米”。注重打造“绿色生态”品牌，打造一批具有较高知名度、美誉度和较强市场竞争力的绿色生态品牌。

六　推进公共服务一体化

通过体制机制创新，突破长期以来行政区划所形成的条块分割局面，以公共服务一体化构建“系统发展、利益共享、整体脱贫与乡村振兴”格局，推动资源要素的自由流动和有效配置，带动区域内特色产业、文化发展、生态保护等方面的一体化，实现资源优化配置，形成政策的优势聚合和功能叠加。

典型案例篇

案例一
生态脱贫与推进生态产品价值实现的启示

——以贵州省为例

贵州省共有66个贫困县，其中深度贫困县有14个，占比较高。生态脆弱区和贫困区往往高度重合，贫穷和生态破坏之间因果关系密切。生态扶贫作为我国精准扶贫"五个一批"中的重要内容，是推动贫困地区绿水青山变成金山银山、实现脱贫攻坚与生态文明建设双赢的重要战略安排。作为西部后发省份和全国生态文明先行示范区，贵州省充分挖掘现有生态资源禀赋优势和把握生态资源恢复建设重要机遇期，以地方资源比较优势为基础，围绕推动贫困地区形成"内生发展能力"这一核心目标，加快推进生态产业化和产业生态化，从根本上阻断返贫①。

一　贵州生态脱贫的实践探索

（一）先行先试制度创新

贵州省以建设国家试点为突破口，充分用好先行先试权，着力推动生态法治体系建设和绿色发展制度创新。早在2014年，贵州省就在全国率先出台了《贵州省生态文明建设促进条例》，这是我国首部省级层面生态文明地

① 王有志、宋阳：《贵州省生态扶贫及阻断返贫长效机制构建研究》，《经济研究导刊》2020年第35期。

方性法规。被评为国家生态文明试验区后，贵州省进一步打造环保法庭升级版，将全省范围内的绿水青山、非物质文化遗产保护、传统村落保护等全部纳入司法管辖，有效助力脱贫攻坚。2018 年，贵州省出台《贵州省生态扶贫实施方案（2017—2020 年）》（以下简称《实施方案》），这也是我国首个生态扶贫专项制度，全力落实生态扶贫十大工程，以生态扶贫方式帮助贫困人口脱贫，以不断健全的生态保护制度，促进贫困人口在生态建设和完善中得到实惠①（见表 1）。

表 1　贵州省生态扶贫十大工程

序号	生态扶贫工程	工程具体实践
1	退耕还林建设扶贫工程	将退耕与脱贫、还林与培植后续产业持续增收相结合。2014 年新一轮退耕还林工程实施以来，集中在重点贫困区域实施退耕还林 707 万亩，工程总投资达 110 亿元，直接和间接补偿给贫困群众资金达 85 亿元以上
2	碳汇交易扶贫工程	采用“互联网+碳汇林业+精准扶贫”的模式，搭建“贵州省单株碳汇精准服务平台”，参与贫困户每户每年可增收 1350 元
3	生态护林员精准扶贫工程	争取到生态护林员岗位 6 万个，直接带动 25 万贫困人口增收脱贫
4	森林资源利用扶贫工程	开展珍贵林木单株活立木交易，罗甸县建立珍贵林木示范基地 3 万余亩，帮助贫困群众通过土地入股获得 20% 收益
5	森林生态效益补偿扶贫工程	中央财政累计下达森林生态效益补偿资金 57.84 亿元，每年兑现给农户补助资金 10.98 亿元，带动林区贫困群众增收
6	重点生态区位人工商品林赎买改革试点工程	2018 年共完成赎买改革试点面积 6 万亩，受益群众达 2 万余户，户均增收 3000 元
7	自然保护区生态移民工程	对省级及以上自然保护区核心区、缓冲区和实验区内贫困人口进行易地扶贫搬迁
8	以工代赈资产收益扶贫试点工程	探索“以工代赈资产变股权、贫困户变股民”的资产收益扶贫新模式，2018 年省级财政下达以工代赈资金共计 1800 万元，着力提升贫困群众生活水平

① 张琳杰：《贵州生态产品价值实现机制与路径探析》，《长江技术经济》2020 年第 S2 期。

续表

序号	生态扶贫工程	工程具体实践
9	农村小水电建设扶贫工程	对贫困县新建或在建小型水电站按每千瓦4000元给予中央资金补助，资金存入县级政府账户，收益全部用于扶持贫困户脱贫
10	光伏发电项目扶贫工程	在威宁、盘州、普安等光照资源相对丰富、电网接入条件允许的贫困地区大力发展农光互补、林光互补等项目，带动建档立卡贫困户增收

资料来源：根据公开资料整理。

（二）因地制宜产业培育

良好生态环境是最普惠的民生福祉。贵州环境优美、独具特色，该省在精准识别贫困户、贫困县的基础上，根据不同地区生态环境条件，因地制宜发展生态产业。如在自然风光保存完好的黎平县，大力推动“全域旅游”，大范围带动景区经济发展和贫困户增收；在少数民族聚集地铜仁市，以其独特的生态与佛教文化相融合，成功打造“中国土家第一村”[①]。贵州省充分发挥自身资源禀赋优势，在保护生态环境的同时，有效促进了山区产业的发展，让当地老百姓切实体会到“绿水青山就是金山银山”。

（三）大数据为载体市场化发展

贵州省充分依托打造国家大数据中心机遇，积极构建商务大数据平台，通过“大数据+平台+产销渠道”的模式，推动当地生态农产品进城、出山和下乡，真正打通了农产品产销渠道，带动贫困户脱贫增收。如在素有“黔东门户”之称的玉屏县，通过淘宝、微商等网络平台构建“互联网+冷链物流”的“线上”平台，配合对口帮扶的“线下”渠道，采用“线上+线下”的销售模式有效拓宽了当地生态农产品的销售渠道，不断做精当地产业。

① 杨爱君、刘玄玄：《精准扶贫理念下贵州省生态脱贫的实践》，《经营与管理》2019年第5期。

二 贵州生态脱贫的实施成效

（一）生态文明建设和脱贫攻坚双赢局面初步显现

贵州省坚持在保护中发展、在发展中保护，充分认识到优质的生态环境才是经济可持续发展的持久动力，是摘掉贫困“帽子”的最有效途径，多年来践行着“绿水青山就是金山银山”的发展理念，生态环境优势不断提升。截至2019年底，全省森林覆盖率达到58.5%；地表水水质总体良好，79条主要河流、151个监测断面中，优良率为94.7%，比2012年上升12.3个百分点；珠江流域干流2015年起优良率保持在100%。同时，贵州省得益于扶贫攻坚政策，仅2019年，全省就完成石漠化治理1006平方公里、水土流失治理2720平方公里，年生态效益价值约840亿元，绿色经济占地区生产总值比重超过40%[①]。2018年，贵州省积极争取中央财政生态护林员资金3.95亿元，全省生态护林员规模达6万名；到2020年底，全省生态护林员森林资源管护队伍总规模达9.67万人；带动建档立卡贫困户5.2万户、20万人，人均增收2300元左右。

（二）产业发展内生性动力初步形成

贵州省深入实施生态扶贫十大工程，以生态扶贫政策为依托，以高新技术产业为载体，打造十大千亿级产业，产业高端化、绿色化、集约化发展程度不断提升。截至2018年底，贵州地区生产总值增长9.1%，增速连续8年居全国前三位，贵州省大力推进“千企帮千村”精准扶贫，自2015年启动到2020年上半年，全省本地参与帮扶企业数达5721家，帮扶6534个村，帮扶贫困人口总数达1482223人，投入资金达224.27亿元。

（三）特色生态农业产业品牌初步打响

贵州利用生态的独特优势，打响生态产品品牌，在符合精准扶贫标准的贫困地区，坚持差异化生态特色产业，在全省形成“东油西薯、南药北茶、

---

① 王有志、宋阳：《贵州省生态扶贫及阻断返贫长效机制构建研究》，《经济研究导刊》2020年第35期。

中部蔬菜、面上干果牛羊”的产业扶贫格局，逐渐将资源优势转为经济优势。如望谟县依据其土壤、气候条件，大力发展菊花种植，覆盖15个乡镇、62个贫困村，使4060户1.6万人受益。截至2018年底，望谟县农民累计获得土地流转费和劳务费4674.3万元，户均收入10405元。

三　贵州生态脱贫的经验启示

贵州省紧抓政策机遇，坚持生态优先、绿色发展，充分发挥生态优势、生态特色引领产业扶贫方向，创造和积累了重要的生态脱贫经验。

（一）坚持顶层设计与实际需要相协调

生态脱贫是一项系统而复杂的浩大工程，离不开政策机制的保障。贵州省为有效推动生态脱贫，统筹了林业、发改、财政、民政、法院等十几个职能部门，并出台相应配套政策，明确各部门的职责和任务，以具体工程为抓手，推动生态产品价值实现以保障生态脱贫的成效。这种自上而下形成的强大政策支持、供给体系，为贵州实现生态脱贫提供了有力的支撑。

（二）坚持经济发展与生态保护相协调

马克思在社会生产中指出，“人和自然，是同时起作用的”“生产力是自然生产力和社会生产力的总和”。自然生产力即生态环境，社会生产力即经济发展，没有良好的生态环境基础，就没有高质量的经济发展水平，也就没有生产力的总体提高。贵州多年来坚持在保护中发展、在发展中保护，久久为功，一以贯之地护绿、植绿，顺应自然规律推动经济发展，通过全力保护好自然生态本底，不断夯实经济发展的坚实基础，为生态价值实现提供优质的“生产资料”，实现了生态保护与经济发展的统一，打造生意盎然生态系统的同时，有效推进了脱贫攻坚。

（三）坚持产业生态化与生态产业化相协调

产业生态化、生态产业化，二者联系紧密、和而不同。前者侧重于在传统产业发展中运用现代科学技术，尤其是生态技术的运用；后者则将生态保护作为一项产业来发展，并形成生态产业的市场化。贵州省多年来，一方面根据区域生态环境特点，大力发展生态友好型产业；另一方面将大数据等高新技术引入传统产业，推动全省产业结构升级、新旧动能转换。贵州省新能源、清洁能源和可再生能源比重不断提升，占全省电力装机比重45.6%；贵阳大数据产业发展势头强劲，产业比重已达45%；打造了脱贫致富“核武器”——赫章核桃、全国绿茶知名品牌——贵州“绿宝石”，以及竹产业、油茶产业等特色产业，全省基本实现了产业生态化与生态产业化的协同推进。

四　促进长江经济带生态产品价值实现的机制与路径

（一）坚持可持续的价值实现路径

坚持在生态产品价值实现过程中，实现生态产品的可持续利用。保持良好生态环境是生态产品生产的必要基础，牢固树立绿水青山就是金山银山的理念，打通“两山”双向转化通道，开展科学合理绿化行动，推进退耕还林、石漠化治理等生态工程，打好污染防治攻坚战。

（二）建立多元化的价值实现机制

构建以政府为主导、以市场为主体的生态产品价值实现市场化机制。发挥政府资金支持、转移支付的主导作用，在生态产品交易机制和政策设置方面，做好制度安排及市场监督。同时要发挥市场在优化资源配置中的决定性作用，合理界定产权、合理分配与经营生态资源，引导社会资本进入生态产品市场，形成合力共同推进实现生态产品增值。

（三）提高生态产品供给运营能力

提高生态产品生产供给能力。要因地制宜，多渠道、深度拓展生态产品内涵与外延的开发，顺应人们对良好生态环境的消费和消费升级的需要，实现优质农产品、民族特色文化、生态旅游的生态服务产品多样化，挖掘延伸生态产品的价值链，多方提高生态产品附加值。

案例二
“山水林田湖草”保护修复的先行探索与建议

——以江西赣州生态保护修复试点为例

江西赣州是我国南方地区重要的生态安全屏障，2017年入选全国首批山水林田湖草生态保护修复试点（以下简称“试点”），江西以此为契机，重点推进流域水环境保护与整治、矿山环境修复、水土治理、生态系统与生物多样性保护等生态建设工程，经过多年的探索与实践，在山水林田湖草综合治理过程中取得了阶段性成效，为江西以更高标准打造美丽中国“江西样板”提供了现实参考。

一 赣州市“山水林田湖草”保护修复的主要做法

（一）统筹推进，谋规划

深入践行“山水林田湖草是一个生命共同体”发展理念，将生态修复治理进行“一盘棋”统筹推进，通过建立山水林田湖生态保护中心，对全市生态资源进行整体勘测及设计。同时，聘请中国环科院专家，依托卫星遥感、远程化数据分析等前沿技术，甄别全市生态脆弱区、敏感区、地质灾害隐患点等，因地制宜、因害设防、因势利导，统筹规划全市生态环境保护修复实施方案。

（二）“七上七下”，筛项目

充分尊重生态系统自我运行规律，形成了以改善生态系统为核心的“七上七下”项目评价标准。从“小生境的功能与结构”“小生境与外部大生境的相互依赖程度”“小生境与人类的依赖和利用程度”“生态经济社会效应”“前瞻性和可操作性”“可预见性和整体性”等七个方面设置权重与最低阈值，并对申请项目进行综合量化评估，筛选出操作性强、预期效果显著的项目，最大化保障了试点工程的经济社会生态效益。

（三）生态治理，谋高效

采用生态环境污染防治的新理念、技术和方法，让试点项目事半功倍。一是摒弃混凝土结构，选择全新“亲近自然河流”理念，采取传统石砌技术，尽可能恢复原有生态。二是选择椰丝毯覆盖裸露山体，减少水土流失，根据四季气候种植草籽，保持山体常年绿化。三是采取“生物治理+工程治理”的综合性治理技术，稳定重金属形态的同时，植入吸附能力强的生物炭，达到稀土废弃矿土壤“以废治废”的修复效果。

（四）成果资产化，促融资

通过试点成果资产化，有效缓解融资难问题及提高资金配置效率。一是建立了灵活的自然资源管理模式，鼓励村民、村集体与其他社会资本，以入股、PPP 模式等形式，协助参与或自发组织生态保护修复工程。二是充分发挥区位优势、生态优势、市场优势等，将试点实施成果与新农村建设、建设用地置换等相结合，形成了经济林、工业园区等新型投资渠道，拓展了资金投入载体。

（五）监管体制创新，保长效

积极探索共抓共管综合执法模式、建立配套工作制度，巩固提升生态治理成效。为有效破解生态执法领域职能交叉、责任不清、多头执法、推诿扯皮等问题，赣州市整合环保、公安、林业等相关部门执法力量，采取“集中办公、统一指挥、统一行政、统一管理、综合执法”的运行机制，率先在全省成立生态综合执法局，形成以水上公安、森林公安为主体，环保、林业、矿管等为辅助的生态综合执法制度。为推动山水林田湖草保护修复常态化、长效化，赣州市研究制定了《赣州市山水林田湖生态保护修复专项资金管理暂行办法》《赣州市山水林田湖生态保护修复项目管理办法》等系列制度，确保推动有方、协调有序。

二　赣州市“山水林田湖草”保护修复的主要成效与问题

（一）主要成效

1. 章贡水系及东江源头明显改善

赣州市生态环境局监测结果显示，2018年，上犹江、桃江等章贡上游水系Ⅱ类水占比达97%，较2017年提升了4个百分点；梅江、琴江等章贡中游水系Ⅱ类水占比为95%，较2017年提升了5个百分点；贡水峡山断面、章水大余城郊等章贡下游水系Ⅱ类水占比为80%，较2017年提升了10个百分点。东江源头2018年水质Ⅱ类水占比约为80%，较2017年提升了近10个百分点。

2. 废弃稀土矿山重现“绿水青山”

一是稀土开采核心产区连片整治成效明显。主要包括“三南”地区，截至2018年底共治理矿山面积7.51平方公里，形成矿区森林0.9万亩、果园0.4万亩、湿地公园0.1万亩，改造废矿中间塌陷地形成的水体湖泊1.2万亩，河道整治2.3万米。二是稀土开采非核心产区点状治理效果突出。主要包括赣县区、寻乌县等地，截至2018年底共治理矿山面积20平方公里，植被恢复1.5万亩，高标准农田0.8万亩，经济林、果园0.7万亩。

3. 千年崩岗长青树治理水土流失

赣州市崩岗已经存在数千年，自明清以来一直是当地生态“顽疾”。试点后，赣州市崩岗植被覆盖度得到有效提升。截至2018年底，全市共治理崩岗3000座，治理面积15平方公里；新建谷坊2500座，截流沟300公里，拦沙坝550座；营造水保林1.2万亩，水保生态治理经果林0.8万亩；全年减少水土流失面积13平方公里、减少水土流失量近20万吨。逐步实现六十多年前周恩来总理“让崩岗长青树”的历史期望。

4. 区域生态环境趋好促进农民增收

一是亚热带温润森林系统逐渐成型。持续推动低质低效林改造，自试点以来，赣州市累计完成低质低效林改造 181.51 万亩，林相结构更趋合理；有效治理土地沙化，截至 2018 年底赣州市完成沙化治理面积 2.43 万亩，将全市可治理沙化土地治理率由原来的 85.8%提高到 98.6%，居全省绿色发展指标考核第 3 位。二是有效带动农民增收。截至 2018 年底，试点项目累计带动 5 万余户、近 20 万农民增收，其中贫困户 1.5 万余户、贫困人口 5 万余人，人均增收 1100 多元。

（二）主要问题

1. 生态治理的整体性和系统性不足

一是环境污染历史欠账多。过去几十年来，赣南钨和稀土的大量出口为世界工业作出了重要贡献，但由于无序过度地开采，加上工艺落后等原因，赣州部分稀土矿区的水土流失、环境污染等现象严重，至今仍承担着巨大的环保压力。二是修复技术存在瓶颈。赣南地区土壤修复产业刚起步，相关修复技术还处于探索阶段，而且个别项目在布局和设计上缺乏长远考虑，技术模式缺乏创新、理念陈旧，针对性不强，修复效果不尽如人意。三是统筹考虑不足。归属清晰、权责明确、监管有效的自然资源资产产权和用途管制制度还需进一步健全，区域之间、部门之间联防联控、协同共建机制有待创新；缺乏生态监管体制，工程实施动态和效果监测制度、生态修复后的长效管护制度尚未建立。四是生态修复资金整合力度不足。生态修复资金归属多个部门管理，整合工作难度较大，尚未形成合力。

2. 市场化的资金筹措机制尚未建立

一是社会资本参与度低，项目主要靠政府财政资金支持，尽管少量治理项目探索采用了 EPC、PPP 和购买公共服务等模式，但是相对于整个项目预算资金缺口，社会筹集资金依然杯水车薪。二是社会资本市场化参与生态保护修复的平台、窗口或者媒介缺失，特别是政府生态资源管理权缺乏灵活性，使得生态保护修复工程基本为封闭式运行。

3. 试点项目的社会影响效应不足

一是社会资本吸引力不够。试点工程资金投入以政府为主，对社会资本，尤其是有信誉、有实力、有意愿的民营资本吸引不足。二是社会参与度不高。从投保、选择建设单位、验收到移交等环节均由政府完全主导，非政府环境保护组织、项目实施地居民等社会力量鲜有介入项目实施。三是社会认同感较低。由于缺少相关宣传，试点项目认知度较低，未能激活生态资源权益人个体自发组织生态保护修复工程。

4. 生态修复产业化的产业链作用有限

一是没有形成科学的产业体系。部分试点工程没有充分考虑所在区域生态系统各要素之间的内在联系，生态产业布局及修复工程实施缺乏针对性。二是后续“造血”能力不足。当前试点工程产业链条过短，后续资金来源不足，投资回报低，影响生态修复的可持续性和农民就业的长期稳定性。

三　江西“山水林田湖草”保护修复经验的启示与建议

生态保护修复应体现生态优先的原则，综合考虑生态系统的敏感性与适应性，科学筛选项目，依托生态学、经济学等科学规律，在保持自然资源资产和生态系统服务稳步提升的同时，增强生态资源的价值转化功能和区域经济发展职能，将生态修复与居民福利紧密结合，走生态经济社会相协调的包容性增长路径。

（一）统一工作机制，铸就山水林田湖草统筹治理的制度根基

山水林田湖草统筹治理成功实施，核心在于创造性地提出统一工作机制。需要从项目规划、评价体系、治理进程等方面建立统一工作机制。一是统一规划，从时间上、空间上和功能上，将赣州市视为一个有机整体进行统一规划设计。二是统一项目申报标准，建立可量化的评价体系，科学筛选项目。三是综合考虑生态系统的脆弱性与区域经济发展的紧迫性，确保项目获得最大经济社会生态效益。

（二）重视前沿科技，形成山水林田湖草统筹治理的技术支撑

重视前沿科技，解决生态修复久治无功的问题。尊重生态系统自我

修复规律，依托前沿科技，形成山水林田湖草统筹治理的技术支撑。一是聘请国内外生态环境治理权威机构如中国环境科学院，依托江西高校化学工程等特色学科及资源与环境国家重点实验室，对全域生态资源进行整体评估，确定生态脆弱区、敏感区及其相关治理方案。二是积极吸收国内外污染防治、生态保护方面的重要成果和实践经验并加以创新，解决生态“顽疾”。

（三）治理成果资产化，构成山水林田湖草统筹治理的重要动力

探索生态治理成果资产化，引导村民参与（或入股）项目，将“旁观者”转为“实践者”，形成山水林田湖草统筹治理的重要动力。一是推动治理区土地、水域等自然资源所有权、承包权和经营权的“三权分置”，奉行“谁治理、谁受益”原则。二是治理成果应与当地政府经济发展规划、土地权益人生产经营行为等相一致，以形成规模经济、增加生态修复成果对土地权益人的收入贡献率，提高土地权益人参与统筹治理的积极性。三是通过以奖代补的形式，实施激励性的财政补贴制度，筹措项目后期维护资金。

（四）建立生态综合执法机制，确保山水林田湖草统筹治理长效化

建立生态综合执法机制，解决重建设、轻管理问题。一是积极探索、践行下移执法重心，赋予基层更多执法权。二是将污染防治、资源保护、生态监管等生态执法权，特别是处于边远山区的森林执法权，集中于单一部门，同时建议部门内设立单一执法队伍，确保生态执法的职责独立、机构独立、程序独立。三是强化企业环境保护责任，设立生态环境保护检察处，负责环境公益性诉讼，鼓励集体、个人、环境公益组织等参与生态环境保护。

（五）激活绿色产业发展潜能，推动区域生态链与产业链统一

创新生态资源经营模式，缓解生态资源区域经济发展职能弱化问题。一是加快生态修复地区生态链与产业链相依相生。在东江源区等生态功能区重点培育和发展绿色有机农业、生态旅游、健康养老产业，力争生态产业成为生态保护修复地区的支柱产业。二是构建多元化生态资源经营模式。对潜在盈利能力较强、产权属于政府的生态资源如湖泊、水库、河道等，下放承包权、经营权，引导生态绿色产业发展；对潜在盈利能力较差、产权属于村集体或农户的生态资源如低质低效林、崩岗、废弃稀土矿山等，置换为城市建设用地，或发展为经果林用地，最大化实现闲置资源的经济价值。三是提升自然资源对资源地低收入群体的涓滴效应。以自然保护区为载体，通过产权制度改革，提高自然资源对低收入群体增收的贡献率。

案例三
以河长制护航长江“一江清水”的实践与启示

——以浙江湖州市为例

长江是中华民族的母亲河，也是中华民族发展的重要依托。作为影响全国的生态基因库，长江经济带建设是美丽中国建设的重要载体。党的十九大报告提出“加快生态文明体制改革，建设美丽中国”的战略部署为长江大保护提供了根本遵循和行动指南。河长制正是长江沿江地区在严峻水环境问题倒逼下破解“多龙治水水不治”的一项生态环境监管体制改革探索，有效克服了过去多头监管和“碎片化”监管难题，契合了山水林田湖草“生命共同体”系统保护的需要。浙江省湖州市作为长江下游地区，是全国率先推行河长制的地区之一，在实践探索中形成的“小微水体”河长、智慧治水、协调联动等系列典型做法，对长江沿江地区做好河长制工作进而护航长江“一江清水”具有借鉴意义。

一　浙江省湖州市实施河长制的主要做法

2008 年为深入开展太湖流域水环境综合治理，湖州市长兴县推行“河长制”，2013 年湖州市在浙江省率先实现整市域推进，采取系列举措。

（一）以制度体系建设作为科学治水的“奠基石”

湖州市自 2013 年全面推开河长制以来，先后制定并颁发了《湖州市建立“河长制”实施方案》《关于全面深化落实“河长制”工作的十条实施意见》《湖州市全面深化河长制工作方案（2017-2020 年）》等文件，探索建立了立法、标准、制度、智慧管理和公众参与“五位一体”的具有湖州特色的河长制工作体系，明确了“水污染防治、水环境治理、水资源保护、水域岸线管理、水生态修复、强化河道立法和执法监督”等六大主要任务。专门制定出台《湖州市“河长制”工作制度》，明确定期巡查制、投诉举报受理制、重点项目协调推进制、督查指导制、例会报告制、联动治水制等六大工作机制，建立“一河一档”的身份档案信息和“一河一策”的治理计划，确保河长知责明责。同时，因地制宜探索建立了纳入美丽乡村管理为主、“以养代管”等特色保洁为辅的河道长效保洁机制。

（二）以统筹协调联动作为有效治水的“衣领子”

构建“统分结合、实体运作”的河长制协调推进机构，是确保河长制工作有力有效开展的“衣领子”。湖州市于 2013 年成立湖州市河长制工作办公室，由市生态环境局为主任单位、市水利局为副主任单位，农办、建设等单位为成员。为进一步加大河长制工作推进力度，湖州市会适时对河长制办公室进行调整，与湖州市治水办合署办公，由市政府分管副市长担任主任，市水利、环保、建设、农办、农业等部门作为副主任单位。为推动跨区域联动治水，湖州市与毗邻地区签订环境友好区域协作意见，主动打破行政区域限制，创设“跨界河长”“联合河长”，合理划分两地“河长”的责任区域，实行“属地负责、分段包干”管理，并建立“联合河长制”的联动工作机制，彻底解决跨界河道污染长效管护问题。

（三）以小微水体防治作为消灭劣Ⅴ类水的“发力点”

湖州市在打造河长制“升级版”的过程中，将小微水体专项整治作为全面消除劣Ⅴ类水体的“发力点”，推动河长制向沟、渠、塘等小微水体延伸，设立各类“塘长”“渠长”等“微河长”，实现河长制全覆盖。参照“河长制”要求，对河道及不属河道的沟、渠、池塘、小溪等小微水体都进行了标注，绘制区域“毛细血管”水系图，由渠长们来履行小微水体“管、治、保”三位一体的职责；以网格化联动管理机制为载体，建立小微水体整治“一张网”，实行镇街、村、村民小组三级网格联动管理，努力做到“池池有人管，渠渠有人看”，开启小微水体长效管理模式。专门出台文件，将原先未纳入补助范围的湖漾内港等小微水体的保洁补助标准予以提升并明确，为河道的常态长效保洁提供资金保障。

（四）以信息技术运用打造智慧治水的“云平台”

湖州市将“互联网+”技术用于河长管理，开展“河长制”信息化系统建设，建成融信息查询、河长巡河、信访举报、政务公开、公众参与等功能为一体的智慧治水大平台，将平台微信二维码标注在河长牌上，公众可以随时查询、举报投诉、发随手拍信息。除了微信二维码、智慧河道 App 这些软件系统外，湖州市还借助北斗环境监测系统，为河长履职提供强大硬件支撑，形成立体化的治水网格。借助这些科技手段，让科学技术的“有形之手”真正转化为治水工作的“得力助手”，大大提高了治水工作效能。

（五）以全民治水作为激活长效护水的“动力源”

近年来，为尽可能发动全民参与、自发管理，营造社会各界参与河道管理的良好氛围，湖州市创新性探索形成了“责任河长”和“民间河长”并行的河道管理制度，由党政主要负责人担任“河长”的“责任河长”，负责辖区内河流污染治理；居民群众担任“民间河长”，协助“责任河长”开展“治水”工作的监督检查；护河志愿者以及广大市民群众积极参与响应的社会治理模式，营造了“人人护河、净河、爱河”的良好氛围，推动湖州河道水质的有效改善。目前，湖州市共有各类民间河长、河道志愿者 6000 余名，群策群力推动治水不断深入。

二　浙江省湖州市实施河长制的主要成效

全国领先的制度探索与强有力的制度实施，为湖州市水生态环境的改善发挥了重要作用，也为太熟水质的提升做出了积极贡献，主要体现如下。

一是变全国试点为全国示范。作为“全国首批河湖管护体制机制创新试点市”，湖州市不断建立健全河长制相关制度体系，创新探索的多项制度成果在全国推广，湖州市长兴县成为全国第一个“河长制”展示馆，成为全国各地学习湖州市河长制经验做法的重要窗口。

二是在全国率先消灭劣Ⅴ类水。湖州市将消灭劣Ⅴ类水作为河长制工作的重要内容，采取系列措施从源头管控，确保水质明显好转，2016 年在浙江全省率先消灭Ⅴ类和劣Ⅴ类水质断面，太湖水质已连续 13 年保持在Ⅲ类以上，真正实现了“一泓清水入太湖”。

三是连续七次获得全省治水最高荣誉。“大禹鼎”是浙江“五水共治”工作的最高奖，是为推动水治理成效显著的地区颁发的荣誉称号，自 2014 年实施以来，湖州市到 2020 年已经七次获得浙江“五水共治”考核优秀市——“大禹鼎”，充分体现了湖州市河长制实施的显著成效。

三　对长江经济带沿线省市的主要启示

对长江经济带大保护而言，流动不居的水是大保护的核心内容，也是难点内容。浙江省湖州市探索实施的河长制对长江沿江地区具有启示借鉴意义。

启示之一：长江经济带沿江省市应注重制度创新升级。

实践发展永无止境，基于实践的制度创新也必然要根据形势发展变化不断创新升级。对长江经济带 11 个省市而言，创新实施河长制尤为如此。河流环境治理工作是个系统工程，涉及众多部门和领域，有效的治理需要强有力的统筹协调机制。长江经济带沿江 11 个省市深入推进打造河长制，一要从经费、人员等方面不断增强河长制办公室的统筹协调能力，推动其工作职责与协调能力相匹配，真正发挥其统筹联动的功效；二要为加强跨流域、跨区域河道的协调管理，建立健全“联合河长制”，以实施联合监管，实现联动治水、合力护水；三要针对当前资金、项目分散的现状，应以河道全流域为单元，整合流域内原本分属于水利、环保、农业、林业等各个归口的项目与资金，打捆形成流域生态保护与综合治理工程；四是可借鉴浙江省设立“大禹鼎”的做法，创设各省区市河长制建设的最高荣誉称号，评选“河长制”先进集体，并以制度形式确立下来。

启示之二：长江经济带沿江省市应注重制度执行刚性。

制度的生命力在于执行，否则就如同“稻草人”，发挥不了实质性的作用。长江经济带沿江省市在打造河长制“升级版”的过程中，确保制度执行真落地是关键。为推进河长制建设，增强制度执行刚性，确保不折不扣落到实处，一要建立健全河长制督察检查制度，以巡查检查发现问题、以督查督办解决问题，进一步增强制度执行的刚性；二要完善工作述考机制，建立健全定期述职机制，按照“一级抓一级”的原则，由下级河长定期向上级河长进行述职，并将河长制落实情况纳入地方综合考评，既考核显绩，更考核潜绩，突出打基础利长远的责任划定和目标考核，考核结果作为领导干部综合考评的重要依据；三要在试点探索的基础上推动编制自然资源资产负债表，对水资源和水质进行科学评估，不断强化对领导干部实行自然资源资产和环境责任考核及离任审计。

启示之三：长江经济带沿江省市应注重“微河长”全覆盖。

由千万细流汇集而成的长江，在大保护中不仅要治理大江大河，也要治理汇入大江大河的小溪小流，以便从源头上防控小微水体。小微水体量大面广，是水环境的“毛细血管”，与群众生产生活关系最密切。近年来，长江沿江大江大河的水质因河长制的实施而明显改观，但一些池塘、沟渠等小微水体环境仍待改善，而若沟渠、小溪、河湖库塘等毛细血管出了问题，会影响河道，最终影响长江水质。沿江各省市要确保长江“一江清水”，一要按照“纵向到底、横向到边”的要求，推动河长制向沟、渠、塘等小微水体延伸，设立各类“塘长”“渠长”等小微水体的“微河长”，实现“微河长”全覆盖；二要借助目前比较成熟的网格化管理工作机制，将小微水体治理和保洁工作纳入各网格责任中，明确网格长担任主体，落实专门保洁人员实行长效管理机制，实现“人进户，户进格，格进网”，通过制定考核、督查、问责机制等加强小微水体长效管理，杜绝小微水体污染进入河道，从源头提升水环境质量，进而实现长江水质的改善提升。

启示之四：长江经济带沿江省市应注重运用现代信息技术。

长江流域覆盖范围广，单纯依靠人防很难实现，需借助现代信息技术进行补充，通过综合运用视频监控、GPS 定位等信息技术“武装”长江沿线各级河长，通过“人防+技防”智慧化管理，提高河长的工作效率和科学化水平。一要注重运用现代信息技术，建立信息化管理平台，建成集水质查询、污染源分布、巡查日志、信访举报处理、应急指挥、统计报表等功能于一体的大数据库，并据此开发运用“河长工作站”手机 App，建立各级河长工作信息的“电子档案”，以实现河长履职可视化、动态化管理；二要健全河道智能管护模式，提升并推广“河长工作站”、河道视频健康系统、无人机巡航等现代化手段，动态掌控河道保洁、河长巡查等情况，以有效克服传统监管的时空限制，实现人技双网监管。

启示之五：长江经济带沿江省市应注重营造全民治水护水氛围。

长江大保护需要社会每个人的关注、参与和支持，应坚持典型引路、示范带动、全民参与，最大限度地凝聚社会参与力量，在深入推进河长制的进程中，应突出政府主导、社会参与，大力推动全民治水，构建群策群力、共建共享的行动体系。因此，一要树立一批先进典型，沿江各省市可开展“十佳‘河长’”“最美河道”等形式多样的评先评优活动，深入挖掘各级河长工作中的好做法、好经验，树立一批河长先进典型，以营造比学赶超的浓厚氛围；二要设计一批参与载体，推行“企业河长”“民间河长”等做法，积极利用微信、微博等现代传媒，设计一批范围广泛、便捷有效的群众参与载体，不断激发群众护水内生力，营造“人人都是河长”、全民参与治水的良好格局；三要创新投融资机制，拓宽河湖管理保护资金筹措渠道，形成公共财政投入、社会融资等多元化投资格局，推进河湖管理保护政府购买服务；四要加大宣传发动力度，充分利用报纸、网络、广播电视等新闻媒体，抓住“世界水日”“世界湿地日”等时间节点，广泛宣传落实河长制工作成效，强化舆情收集应对，推动全民共享的水生态、水经济、水文化建设，营造“共治共管共享”的浓厚氛围。

案例四
打造长江经济带“江湖联动”保护治理生态链

——以鄱阳湖流域为例

长江流域江湖纵横，鄱阳湖为全国最大的淡水湖，是长江流域最大的通江湖泊，被誉为长江“双肾”之一，湖水入江的水量水质直接关系长江中下游的水安全。开展鄱阳湖全流域系统保护治理，高质量建设国家长江经济带绿色发展示范区，“江湖”联动协同是关键。目前，长江大保护要打赢“攻坚战”更要打好“持久战”，意味着推进长江大保护需要包括观念、制度、技术等各方面的全面创新，打造制度链、产业链、创新链、资金链、保障链深度融合的保护治理生态链，是提升共抓“大保护”能力现代化，形成集成高效和协同增效的重要路径。

一 主要做法及成效

（一）“五河一湖”全流域治理，力保长江“一江清水”

一是建设最美长江岸线。江西以百里长江岸线为龙头，铁腕治污，把生态修复保护作为压倒性任务，统筹长江主要支流赣江等五河，开展生态鄱阳湖全流域保护与治理，树立“一盘棋”思想，坚持治理“系统化”，推进全域治理、全域保护。以入河排污口排查整治为突破口，形成高压态势倒逼形成工业、农业及生活污水联动治理，初步形成比较完整治水生态链。二是山水林田湖草系统修复治理试点探索。江西加大长江岸线、赣江、信江沿岸废弃矿山的综合整治，开展德兴铜重金属矿、赣南稀土废弃矿山恢复工作，赣州作为国家首批山水林田湖草系统保护修复试点，创新形成“三同治”[①]的稀土废弃矿山修复模式，有效改善了水土流失、水源污染等问题。

（二）创新法规制度体系，构筑长江经济带“防护网”

一是颁布《江西生态文明建设促进条例》等地方立法、法规，创新“五级”河湖林长制度，实现了河湖林长制“有章可循”到“有法可依”。二是率先实施全流域生态补偿等制度。在全国率先将污染防治攻坚战体系纳入全面考核，建立和实施森林生态补偿、湖泊湿地生态补偿、“五河一湖”水资源保护。全流域生态补偿制度，近5年来补偿资金超过100亿元，为全国最多。三是打好保护与监管“组合拳”。江西105个基层法院实现了环资审判机构全覆盖、试点成立生态检察室、完善“河长+警长”等组织体系。四是完善追责制度。率先开展干部环境责任考核、扩大试点探索编制自然资源资产负债表、离任审计等约束机制。

（三）科技助力公众参与，推进长江经济带“多元共治”

一是推进河湖、森林保护科技交流与合作。江西与中国科学院、中国社科院及高等院校，以科技助力长江保护。联合开展地理信息系统平台建设、生态系统修复研究，实现河湖基础数据、涉河工程、水质监测等信息化和系统化，与科技环保企业合作，开展产学研有效结合。二是企业和社会群众参与力度增强。多地创新性探索“河湖长认领制”“乡村垃圾兑换银行”等接地气的模式，开展鄱阳湖保护河豚“留住长江的微笑”“候鸟保护神”公益项目，保护长江生物资源宝库。形成了企业、民间“河长”“湖长”“林长”等河湖森林系统管护及“净化+美化”等乡村环境治理模式，江西已将生态文明相关知识纳入国家教育体系，进学校进课堂，提高生态文明意识，

---

① 赣州纵深推进国家山水林田湖草生态保护修复试点，探索出山上山下、地上地下、流域上下“三同治”等废弃矿山治理模式。

逐步构建起政府主导、企业和社会群众参与的共建共治体系。

（四）保护与发展并行，促进长江经济带“绿色共享”

一是实现生态保护与产业升级双赢。促进生态健康产业兴起，把长江岸线治理前移到产业的优化布局上；通过截污纳管、工业整治、化肥农药治理、生态修复等“重点工程”，推进清洁化、节约化生产，倒逼产业转型和新型产业布局与发展。二是把生态资源转化为富民资源。做旺乡村旅游、做活山水文章等。构建沿岸绿色产业与生态旅游的融合。做好长江岸线“庐山—鄱阳湖—长江”“山江湖”精品旅游线、鄱阳湖国际候鸟节等，构建绿色开放的产城乡特色空间体系，提升生态产品供给与服务，全省生态文明试点县区根据各自资源优势，探索出多种形式点“绿”成金的新产业、新业态、新模式。三是推进长江岸线、鄱阳湖滨湖地区居民洗脚上岸转移、转产、转业。加大鄱阳、余干、万年、都昌等县脱贫小康攻坚与“生态+”滨湖保护的有效结合。江西于 2020 年 1 月 1 日起，以湖口县等地为试点，在所属鄱阳湖全面禁捕，实现“鱼跃，鸟飞，人退”万千鱼类的休养生息。鼓励农户以生态资源产权入股实现生态资源向生态资本和脱贫攻坚的协同转化。

二　需要突破的主要难点

（一）水岸治理的“同”

一是水里岸边治理资金与项目协同管理。“问题在水里，根子在岸上”。关键是如何实现水里、岸边两手抓。水岸保护治理涉及上下游、左右岸、不同行政区域和行业的众多部门，产业转型升级、工业污染防治、农业面源污染治理、城乡黑臭水体治理、垃圾综合整治等与水岸联动相关的资金与项目归属不同的部门，急需水岸协同管理。二是河湖林长制的硬约束作用有待增强。调研中发现，一些河湖长牌子竖起来了，但河湖长“管发展”往往忽视“管环保”，出现履职矛盾冲突，出现河湖长“兼职难兼心”或出现“环保一刀切”问题；尽管河湖长制明确了离任审计、自下而上负责等考核问责内容，但震慑力远不及 GDP 政绩考核约束力。三是“工程式治污”与水岸和谐的内在机理。长江沿线还存在一些地方注重采用"工程式治污"，忽视了河岸与河流生态系统性的互动和统一，破坏了河岸带的自然属性和栖息地功能、缓冲带属性和自净功能。

（二）"五河一湖一江"的"统"

一是如何明确流域属地管理责任，形成多部门协同联动机制。"五河一湖一江"管理涉及众多县（市、区）责权，应科学合理勘定河湖流域边界和监测断面，进一步明确相应河湖长的责权利，落实好属地管理责任等问题。目前流域管理因涉及不同区域的公安、环保、水利、林业等不同部门，环境执法仍面临执法环境复杂、边界模糊、执法主体冲突等一系列问题。二是长江岸线生态修复与治理需要大量的投入不匹配。长江岸线生态修复与治理需投入大量的人力物力，资金需求量大而地方财政供给有限已经成为制约长江岸线环境治理的突出矛盾。重点生态功能区县往往是财政穷县，生态修复治理以项目为主，需要地方财政配套，但配套资金难落实，以至中央及省级政策难落地。同时，仍然存在投资渠道单一、数量有限，企业和第三方参与长江大保护的程度较低等问题。

（三）新旧动能的"转"和"优"

一是产业结构调整优化任务艰巨。长江岸线江西段是全国重要的老工业基地，其重化工业是长期历史阶段形成的，这些传统工业部门也是地方国民经济的支柱产业，在就业和税收等多重压力下，要在短期内实现产业结构的有序进退并实现转型升级困难较大。二是转型的阵痛与经济新动能尚未有效形成的困难交织。长江岸线地区是省、市沿江开放开发的主战场。随着岸线环境门槛的提高，许多经济效益好但对生态环境有负面影响的项目被拒之门外，区内原有产业面临转型的阵痛，而新兴产业处在发展的初期，体量较小，尚未进入快速生长的阶段，对结构调整优化和经济增长贡献有限。三是生态移民转产转业和民生保障问题。江河源头生态功能区、生态脆弱敏感区，涉及深度贫困地区移民搬迁的安置就业；2020 年开始，鄱阳湖将全面实行十年禁捕，这意味着中国最大淡水湖周边 10 万渔民将逐步退捕转型、洗脚上岸，这些渔民面临着转产、转业及保障当地居民社会公共服务均等化等问题。

（四）千里长江岸线“共”发展

一是受制于行政区划的条块分割，共抓长江大保护，关键是抓好“共”字。长江流域是我国区域发展不平衡不充分的集中“缩影”，长江经济带11个省市虽成立了高级别的推进长江经济带发展领导小组，先后也达成了集体倡议，但仍“谋一域”居多，“被动地”重点突破多；“谋全局”不足，“主动地”整体推进少。发展分力、资源分散、同质化竞争、目标分化等状况尚未根本扭转。二是长江经济带上中下游之间的利益分配协调机制不健全，致使沿江地区产业布局缺乏全局性、层次性和关联度，各自为政。各地在发展产业项目时主要是对单个项目或园区局部影响的评估，难以统筹考虑整个长江水系的生态环境承载力。三是受全球气候变化及流域水利工程的影响，鄱阳湖与长江关系变化影响大。鄱阳湖枯期水域大幅度减小、磷氮超标水质下降、生态系统功能退化等问题较为突出，制约了“江湖”联动的良性运转。

三　对策建议

（一）完善系统保护治理“制度链”

一是探索建立大湖流域综合管理机制，形成区域“统一指挥、整体联动”的一体网格化治理联动协调新机制。二是探索流域公平发展和生态产品价值增值机制。先行做好江西国家生态综合补偿试点、长江经济带生态产品价值实现机制试点等，探索全国可复制、可推广的经验。三是创新“山水林田湖草”修复机制。形成技术集成与推广应用创新平台，解决系统治理中的关键技术问题，支持将鄱阳湖流域全境纳入国家统筹山水林田湖草系统治理支持范围，开展全流域生态保护修复工程国家试点，为全国提供示范和样板。四是完善目标责任考核追究制度。健全考核办法、完善考核机制，除强化自上而下、平行监督考核外，应进一步突出自下而上监督考评作用。积极探索通过第三方考核等途径，明确目标导向、效果导向。

（二）形成高质量发展“产业链”

一是以技术进步为主导优化产业布局，严格按照《长江经济带发展负面清单指南》明确产业方向。以新动能塑造新优势，实施新兴产业倍增工程。优化江西长江岸线布局，以重点企业为核心，开展产业链、供应链和价值链招商，形成以技术进步为主导的产业转型发展新动能。二是完善产业发展制度体系。推进工业园区生态化转型，提升其“聚宝盆”功能。以量定额完善“生态环境损耗量”配额制度，以补扶弱健全生态产业补偿机制，培育和推动绿色低碳循环产业发展。三是对长江沿线地区存量项目强化“亩产论英雄”导向，加大单位面积投入强度和产出水平等指标考核权重；对增量项目借鉴浙江“标准地+”改革，突出质量导向，更加注重项目的科技含量、环境标准等。四是着力构建绿色发展产业体系。支持生态产品供给与服务产业，聚焦高端、高质、高新，培育“新经济”“数字经济”“美丽经济”等。

（三）形成科技智慧治水“创新链”

一是启动实施“长江智慧治水”工程。利用长江沿线河湖长制已有数据资源等，加强江西鄱阳湖国家重点实验室与长江沿线国家“江湖”重点研究基地协作，率先在长江经济带绿色发展示范区启动实施“长江智慧治水”工程，实现长江生态数据和应用管理规范化、长江生态治理透明化、长江管理智慧化等。二是建立“长江经济带与生态鄱阳湖流域生态环境数据库”。充分运用物联网、大数据、云计算等新技术，支持国家层面建立长江岸线系统全数据采集和全流程数据传输体系，并以此为基础，构建集信息和知识、流域管控和社会公共服务等功能于一体的数据库，为江湖联动治水，为长江经济带协同治污、协同发展提供科学依据和智慧服务。三是成立“长江科技治水特派团”工程。开展科技治水专项行动计划，组织治水专家到长江沿江县市区挂职，为长江大保护提供精准技术服务，提升“生态化治污”“科技化治污”的能力和水平，真正实现既“治已病”更“治未病”。

（四）强化绿色金融支持“资金链”

一是创设长江经济带绿色金融改革示范区。在九江、赣江新区等地探索构建绿色金融体系建设，参与设立国家长江经济带绿色基金，支持长江经济带产业绿色发展和生态环境保护治理。二是健全绿色金融服务体系。鼓励符合条件的企业发行绿色债券，鼓励大型保险公司开发森林、湿地、林地等特色绿色险种以及绿色发展基金参股 PPP 项目。三是加强长江经济带绿色金融制度建设。制定长江经济带绿色发展融资规划，完善绿色融资项目库，对绿色企业和绿色项目投资给予财政补贴和税收优惠。四是发展长江经济带多层次绿色金融体系。创新和探索以排污权、环保项目特许经营权为抵押，绿色信贷加股权投资新融资模式，实施环境污染强制责任险和长江水质安全险。

（五）营造共建共享的民生“保障链”

一是提高基本公共服务水平，推动长江经济带地区平衡协调发展。着力解决生态功能区贫困问题，改善农村特别是集中连片山区、湖区农（渔、牧）民的生产生活条件，探索建立江河源头及生态敏感区农民增收的长效机制。二是努力提高人口素质，实施农民知识化工程。对农（渔、牧）民进行就业培训，增强农民的生产、务工和创业技能，消除贫困落后对生态的压力。三是统筹城乡协调发展，优化市场资源配置。完善农村人居环境治理体系，建设宜居、宜业的生态乡镇。统筹城乡产业发展、基础设施建设，推进长江经济带城乡生态环境保护与经济社会和谐共生，实现百姓富和生态美的有机统一。

参考文献

彭纪生：《中国技术协同创新论》，中国经济出版社，2000。

陆大道：《区域发展及其空间结构》，科学出版社，1995。

虞孝感：《长江流域可持续发展研究》，科学出版社，2003。

孙鸿烈：《长江上游地区生态与环境问题》，中国环境科学出版社，2008。

杨桂山、朱春全、蒋志刚：《长江保护与发展报告》，长江出版社，2011。

王松霈：《生态经济建设大辞典（上册）》，江西科学技术出版社，2013。

吕忠梅：《长江流域水资源保护立法研究》，武汉大学出版社，2006。

中国人民大学长江经济带研究院：《长江经济带高质量发展面临的挑战及应对》，中国财富出版社，2020。

中国宏观经济研究院：《长江经济带高质量发展研究报告（2020-2021）》，社会科学文献出版社，2021。

吕志奎：《区域治理中政府间协作的法律制度》，中国社会科学出版社，2015。

吴传清：《长江经济带产业蓝皮书：长江经济带产业发展报告（2020）》，社会科学文献出版社，2021。

王振等：《长江经济带创新驱动发展的协同战略研究》，上海人民出版社，2018。

成长春、杨凤华：《协调性均衡发展：长江经济带发展新战略与江苏探索》，人民出版社，2016。

曾刚：《长江经济带协同发展的基础与谋略》，经济科学出版社，2014。

齐子翔：《京津冀协同发展机制设计》，社会科学文献出版社，2015。

李群、于法稳：《中国生态治理发展报告（2020-2021）》，社会科学文献出版社，2021。

潘家华、庄贵阳：《中国生态建设与环境保护（1978-2018）》，社会科学文献出版社，2019。

靖学青：《长江经济带产业协同与发展研究》，上海交通大学出版社，2016。

李周：《中国反贫困与可持续发展》，科学出版社，2007。

蔡典雄：《中国生态扶贫战略研究（修订版）》，科学出版社，2015。

黄新建：《环鄱阳湖城市群发展战略研究》，社会科学文献出版社，2009。

周冯琦、程进、陈宁等：《长江经济带环境绩效评估报告》，上海社会科学出版社，2016。

张幼文、薛安伟：《要素流动对世界经济增长的影响机理》，《世界经济研究》2013年第2期。

郭金龙、王宏伟：《中国区域间资本流动与区域经济差距研究》，《管理世界》2003年第7期。

何建奎、江通、王稳利：《“绿色金融”与经济的可持续发展》，《生态经济》2006年第7期。

黄剑辉、李岩玉、徐继峰、樊慧远：《金融供给新模式助力长江经济带新发展》，《中国经济报告》2017年第7期。

陈经伟、姜能鹏、李欣：《“绿色金融”的基本逻辑、最优边界与取向选择》，《改革》2019年第7期。

谷书堂、唐杰：《我国的区域经济差异和区域政策选择》，《南开经济研究》1994年第2期。

严成樑、崔小勇：《资本投入、经济增长与地区差距》，《经济科学》2012年第2期。

刘冠春、张晓云等:《要素重置、经济增长与区域非平衡发展》,《数量经济技术经济研究》2017 年第 7 期。

黄志钢:《构建“经济带”:区域经济协调发展的新格局》,《江西社会科学》2016 年第 4 期。

杜宾、郑光辉、刘玉凤:《长江经济带经济与环境的协调发展研究》,《华东经济管理》2016 年第 6 期。

温彦平、李纪鹏:《长江经济带城镇化与生态环境承载力协调关系研究》,《国土资源科技管理》2017 年第 6 期。

张雅杰、刘辉智:《长江经济带城镇化与生态环境耦合协调关系的时空分析》,《水土保持通报》2017 年第 12 期。

周正柱、王俊龙:《长江经济带生态环境压力、状态及响应耦合协调发展研究》,《科技管理研究》2019 年第 17 期。

王宾、于法稳:《长江经济带城镇化与生态环境的耦合协调及时空格局研究》,《华东经济管理》2019 年第 3 期。

沈茂英、许金华:《生态产品概念、内涵与生态扶贫理论探究》,《四川林勘设计》2017 年第 1 期。

刘尧飞、沈杰:《新时代生态产品的内涵、特征与价值》,《天中学刊》2019 年第 1 期。

杜艳春、程翠云、何理等:《推动“两山”建设的环境经济政策着力点与建议》,《环境科学研究》2018 年第 9 期。

卢志朋、洪舒迪:《生态价值向经济价值转化的内在逻辑及实现机制》,《社会治理》2021 年 2 月 15 日。

王波、郑联盛:《新常态下我国绿色金融发展的长效机制研究》,《技术经济与管理研究》2018 年 8 月 26 日。

何建奎、江通、王稳利:《“绿色金融”与经济的可持续发展》,《生态经济》2006 年第 7 期。

陈林心、舒长江、吴强:《长江经济带生态效率的金融集聚与经济增长门槛效应检验》,《浙江金融》2019 年第 11 期。

冯玥、成春林：《长江经济带产业转型升级的绿色金融支持研究》，《金融发展评论》2017年第6期。

冯俊：《绿色金融助力长江经济带国家战略的对策思考》，《金融与经济》2017年第6期。

黄剑辉、李岩玉、徐继峰、樊慧远：《金融供给新模式助力长江经济带新发展》，《中国经济报告》2017年第7期。

杜莉、郑立纯：《我国绿色金融政策体系的效应评价——基于试点运行数据的分析》，《清华大学学报》（哲学社会科学版）2019年第1期。

瞿佳慧、王露、江红莉、吴佳慧：《绿色信贷促进绿色经济发展的实证研究——基于长江经济带》，《现代商贸工业》2019年第33期。

傅京燕、原宗琳：《商业银行的绿色金融发展路径研究——基于“供给—需求”改革对接的新视角》，《暨南学报》（哲学社会科学版）2018年第1期。

周五七、朱亚男：《金融发展对绿色全要素生产率增长的影响研究——以长江经济带11省（市）为例》，《宏观质量研究》2018年第3期。

任辉：《环境保护、可持续发展与绿色金融体系构建》，《财政金融》2009年第10期。

陈凯：《绿色金融政策的变迁分析与对策建议》，《中国特色社会主义研究》2017年第5期。

姜再勇、魏长江：《政府在绿色金融发展中的作用、方式与效率》，《兰州大学学报》（社会科学版）2017年第6期。

沈满洪、谢慧明：《跨界流域生态补偿的“新安江模式”及可持续制度安排》，《中国人口·资源与环境》2020年第9期。

李广义：《基于生态文明建设背景下的天峨县域经济发展》，《经济与社会发展》2012年第8期。

李立辉、万露、付冰婵：《长江经济带环境保护投资现状分析》，《区域金融研究》2017年第7期。

孙元元、张建清：《中国制造业省际间资源配置效率演化：二元边际的视角》,《经济研究》2015 年第 10 期。

何喜军、魏国丹、张婷婷:《区域要素禀赋与制造业协同发展度评价与实证研究》,《中国软科学》2016 年第 12 期。

章屹祯、曹卫东、张宇、朱鹏程、袁婷:《协同视角下长江经济带制造业转移及区域合作研究》,《长江流域资源与环境》2020 年第 1 期。

唐承丽、陈伟杨、吴佳敏、周国华、王美霞、郭夏爽:《长江经济带开发区空间分布与产业集聚特征研究》,《地理科学》2020 年第 4 期。

聂辉华、贾瑞雪:《中国制造业企业生产率与资源配置》,《世界级经济》2011 年第 7 期。

邵宜航、步晓宁、张天华:《资源配置扭曲与中国工业全要素生产率——基于工业企业数据库再测算》,《中国工业经济》2013 年第 12 期。

李强、王琰:《城市蔓延与长江经济带产业升级》,《重庆大学学报》(社会科学版)2020 年第 3 期。

章屹祯、曹卫东、张宇、朱鹏程、袁婷:《协同视角下长江经济带制造业转移及区域合作研究》,《长江流域资源与环境》2020 年第 1 期。

杨桂山、徐昔保:《长江经济带“共抓大保护、不搞大开发”的基础与策略》,《中国科学院院刊》2020 年第 8 期。

唐承丽、陈伟杨、吴佳敏、周国华、王美霞、郭夏爽:《长江经济带开发区空间分布与产业集聚特征研究》,《地理科学》2020 年第 4 期。

李恩平:《“十四五”时期长江经济带城镇化与产业集聚协调、优化》,《企业经济》2020 年第 8 期。

秦尊文:《推动长江经济带全流域协调发展》,《长江流域资源与环境》2016 年第 3 期。

赵树迪、周显信:《区域环境协同治理中的府际竞合机制研究》,《江苏社会科学》2017 年第 6 期。

岑晓喻、周寅康、单薇、滕芸、李锋:《长江经济带资源环境格局与可持续发展》,《中国发展》2015 年第 3 期。

周婷:《长江上游经济带与生态屏障共建机制研究》,《经济纵横》2007

年第5期。

朱喜群：《生态治理的多元协同：太湖流域个案》，《改革》2017年第2期。

黄贤金：《基于资源环境承载力的长江经济带战略空间构建》，《环境保护》2017年第8期。

童坤、孙伟、陈雯：《长江经济带水环境保护及治理政策比较研究》，《区域与全球发展》2019年2月15日。

吕忠梅：《建立“绿色发展”的法律机制：长江大保护的“中医”方案》，《中国人口·资源与环境》2019年第10期。

温彦平、李纪鹏：《长江经济带城镇化与生态环境承载力协调关系研究》，《国土资源科技管理》2017年第6期。

周正柱、王俊龙：《长江经济带生态环境压力、状态及响应耦合协调发展研究》，《科技管理研究》2019年第17期。

吕志奎：《加快建立协同推进全流域大治理的长效机制》，《国家治理》2019年第40期。

彭迪云、张旋、刘帅：《长江经济带生态经济效率评价及时空演变研究》，《生态经济》2020年第6期。

刘尧飞、沈杰：《新时代生态产品的内涵、特征与价值》，《天中学刊》2019年第1期。

孔令桥、王雅晴、郑华等：《流域生态空间与生态保护红线规划方法——以长江流域为例》，《生态学报》2019年第3期。

王雅竹、段学军：《生态红线划定方法及其在长江岸线中的应用》，《长江流域资源与环境》2019年第11期。

卢志朋、洪舒迪：《生态价值向经济价值转化的内在逻辑及实现机制》，《社会治理》2021年2月15日。

王金南、孙宏亮、续衍雪、王东、赵越、魏明海：《关于“十四五”长江流域水生态环境保护的思考》，《环境科学研究》2020年第5期。

方世南：《区域生态合作治理是生态文明建设的重要途径》，《学习论坛》2009年第4期。

刘伯恩:《生态产品价值实现机制的内涵、分类与制度框架》,《环境保护》2020年第13期。

孔凡斌、许正松、陈胜东:《建立中国生态扶贫共建共享机制:理论渊源与创新方向》,《贵州农业科学》2017年第7期。

江国华、刘文君等:《习近平"共建共治共享"治理理念的理论释读》,《求索》2018年第1期。

胡振通、王亚华:《中国生态扶贫的理论创新和实现机制》,《清华大学学报》(哲学社会科学版)2021年第1期。

曾坤生:《论区域经济动态协调发展》,《中国软科学》2000年第4期。

义旭东:《要素流动与区域非均衡发展》,《河北大学学报》(哲学社会科学版)2004年第5期。

燕继荣:《协同治理:公共事务治理的新趋向》,《人民论坛》2012年第2期。

易志斌:《中国区域环境保护合作问题研究——基于主体、领域和机制的分析》,《理论学刊》2013年第2期。

司林波等:《跨域生态环境协同治理困境成因及路径选择》,《生态经济》2018年第1期。

张振波:《多元协同:区域生态文明建设的路径选择》,《山东行政学院学报》2013年第5期。

余敏江:《论区域生态环境协同治理的制度基础——基于社会学制度主义的分析视角》,《理论探讨》2013年第2期。

杨立华、刘宏福:《绿色治理:建设美丽中国的必由之路》,《中国行政管理》2014年第11期。

杨溪等:《我国西部生态环境治理主体的相关问题分析》,《理论导刊》2006年第5期。

金太军、唐玉青:《区域生态府际合作治理困境及其消解》,《南京师大学报》(社会科学版)2011年第5期。

张江海：《整体性治理理论视域下海洋生态环境治理体制优化研究》，《中共福建省委党校学报》2016年第2期。

徐红：《长江经济带生态环境修复的瓶颈制约与治理对策》，《学习月刊》2019年第5期。

路洪卫：《完善长江经济带健康发展的区域协调体制机制》，《决策与信息》2016年第3期。

肖金成、刘通：《长江经济带：实现生态优先绿色发展的战略对策》，《西部论坛》2017年第1期。

肖庆文：《长江经济带生态补偿机制深化研究》，《科学发展》2019年第5期。

叶云、郑军：《长江经济带长江大保护指数研究：指标体系与评价方法》，《财政监督》2019年第11期。

汪克亮、孟祥瑞、程云鹤：《环境压力视角下区域生态效率测度及收敛性——以长江经济带为例》，《系统工程》2016年第4期。

赵鑫、胡映雪、孙欣：《长江经济带生态效率及收敛性分析》，《产业经济评论》2017年11月25日。

邹辉、段学军：《长江经济带经济——环境协调发展格局及演变》，《地理科学》2016年第9期。

马骏、李亚芳：《长江经济带环境库兹涅茨曲线的实证研究》，《南京工业大学学报》（社会科学版）2017年第1期。

郭庆宾、刘琪、张冰倩：《不同类型环境规制对国际R&D溢出效应的影响比较研究——以长江经济带为例》，《长江流域资源与环境》2017年第11期。

王维、张涛等：《长江经济带城市生态承载力时空格局研究》，《长江流域资源与环境》2017年第12期。

张昆、马静洲：《长江经济带11省市水资源利用效率评价》，《人民长江》2015年第18期。

郑德凤、张雨、臧正、孙才志：《长江经济带经济增长与资源环境的协同效应及其驱动力分析（英文）》，Journal of Resources and Ecology，2014年第3期。

岑晓喻、周寅康、单薇、滕芸、李锋：《长江经济带资源环境格局与可持续发展》，《中国发展》2015年第3期。

周婷：《长江上游经济带与生态屏障共建机制研究》，《经济纵横》2007年第5期。

冯秀萍：《构建长江经济带横向生态补偿机制的进展与建议》，《河北环境工程学院学报》2020年10月16日。

李志萌：《创新长江经济带生态补偿机制》，《中国社会科学报》2019年2月27日。

李志萌、盛方富等：《长江经济带一体化保护与治理的政策机制研究》，《生态经济》2017年第11期。

罗琼：《“绿水青山”转化为“金山银山”的实践探索、制约瓶颈与突破路径研究》，《理论学刊》2021年3月15日。

王振华、汤显强、李青云、龙萌、胡艳平：《长江经济带河长制推行进展及思考》，《水利发展研究》2018年11月10日。

张兵、田贵良：《坚持协同治理　推进长江水环境保护》，《群众》2020年12月20日。

易志斌、马晓明：《论流域跨界水污染的府际合作治理机制》，《社会科学》2009年第3期。

张永勋、闵庆文等：《生态合作的概念、内涵和合作机制框架构建》，《自然资源学报》2015年第7期。

王磊、段学军、杨清可：《长江经济带区域合作的格局与演变》，《地理科学》2017年第12期。

路洪卫：《完善长江经济带健康发展的区域协调体制机制》，《决策与信息》2016年第3期。

严晓萍、戎福刚：《“公地悲剧”理论视角下的环境污染治理》，《经济论坛》2014年第7期。

李志青、刘瀚斌：《长三角绿色发展区域合作：理论与实践》，《企业经济》2020 年第 8 期。

黄润秋：《划定生态保护红线　守住国家生态安全的底线和生命线》，《时事报告》（党委中心组学习）2017 年第 5 期。

苏相琴、于嵘、何雅孜、何超超：《县域生态保护红线划定技术研究》，《环境科学与管理》2015 年第 7 期。

陈安、余向勇、万军等：《宜昌市生态保护红线的框架体系》，《中国人口·资源与环境》2016 年第 S1 期。

李维佳、马琳、臧振华等：《基于生态红线的洱海流域生态安全格局构建》，《北京林业大学学报》2018 年第 7 期。

温煜华、王乃昂、严欣荣：《黄河重要水源补给区生态红线划定研究》，《干旱区地理》2019 年第 6 期。

高吉喜、邹长新、陈圣宾：《论生态红线的概念、内涵与类型划分》，《中国生态文明》2013 年第 1 期。

刘桂环、文一惠：《关于生态保护红线生态补偿的思考》，《环境保护》2017 年第 23 期。

陈洪波：《协同推进长江经济带生态优先与绿色发展——基于生物多样性视角》，《中国特色社会主义研究》2020 年第 3 期。

方一平、朱冉：《推进长江经济带上游地区高质量发展的战略思考》，《中国科学院院刊》2020 年第 8 期。

蒋玉芳、石自堂、韩超：《长江流域水污染及其防治》，《科学》2008 年第 3 期。

刘飞、林鹏程、黎明政等：《长江流域鱼类资源现状与保护对策》，《水生生物学报》2019。

刘录三、黄国鲜、王播、储昭升、李海生：《长江流域水生态环境安全主要问题、形势与对策》，《环境科学研究》2020 年第 5 期。

秋缬滢：《关于对长江经济带生态环境保护的哲学思考》，《环境保护》2016 年第 16 期。

杨谦、许继军：《控源头　强监管　努力开创长江流域水资源管理新局面》，《中国水利》2019年第17期。

朱建华、彭士涛、魏燕杰等：《加强长江航运生态保护与污染防治　助力长江保护修复攻坚战》，中国环境科学研究院，2019。

杨荣金、孙美莹、张乐等：《长江经济带生态环境保护的若干战略问题》，《环境科学研究》2020年第8期。

许继军、吴志广：《新时代长江水资源开发保护思路与对策探讨》，《人民长江》2020年第1期。

万成炎、陈小娟：《全面加强长江水生态保护修复工作的研究》，《生态环境》2018年第4期。

羊向东等：《长江经济带湖泊环境演变与保护、治理建议》，《中国科学院院刊》2020年第7期。

吴舜泽等：《统筹推进长江水资源环境水生态保护治理》，《环境保护》2016年第15期。

肖庆文：《长江经济带生态补偿机制深化研究》，《科学发展》2019年第5期。

刘伯恩：《生态产品价值实现机制的内涵、分类与制度框架》，《环境保护》2020年第13期。

郭宇冈、胡振鹏等：《鄱阳湖渔业资源保护与天然捕捞渔民转产行为研究》，《求实》2014年第2期。

邓景耀：《海洋渔业资源保护与可持续利用》，《中国渔业经济》2000年第6期。

陈新军、周应祺：《论渔业资源的可持续利用》，《资源科学》2001年第2期。

曹文宣：《如果长江能休息：长江鱼类保护纵横谈》，《中国三峡》2008年第12期。

曹文宣：《长江鱼类资源的现状与保护对策》，《江西水产科技》2011年第2期。

曹文宣：《长江已到“无鱼”等级，全面禁渔迫在眉睫》，《光明日报》2019年10月15日。

黄园钧：《十年禁渔：推动长江经济带发展的重大举措》，《学习时报》2020年2月26日。

樊良树：《十年禁捕是涵养长江生机的德政》，《光明日报》2020年8月6日。

杨理：《中国草原治理的困境：从“公地的悲剧”到“围栏的陷阱”》，《中国软科学》2020年第1期。

严晓萍、戎福刚：《“公地悲剧”理论视角下的环境污染治理》，《经济论坛》2014年第7期。

高翔：《跨行政区水污染治理中“公地的悲剧”——基于我国主要湖泊和水库的研究》，《中国经济问题》2014年第4期。

陈廷榔：《环境治理攻坚需借力制度改革》，《中国环境报》2014年3月21日。

江国华、刘文君：《习近平“共建共治共享”治理理念的理论释读》，《求索》2018年第1期。

杨朝飞、邹辉、段学军：《基于新环保法解读的长江经济带开发环保法制探析》，《长江流域资源与环境》2015年第10期。

余富基、刘振胜、萧木华：《〈长江法〉立法问题的提出及立法思考》，《人民长江》2005年第8期。

郭庆宾、刘琪、张冰倩：《不同类型环境规制对国际R&D溢出效应的影响比较研究——以长江经济带为例》，《长江流域资源与环境》2017年第11期。

周宏伟、孙志、李敏等：《淀山湖跨省管理体制设计与建议》，《水资源保护》2011年第6期。

王金南、吴文俊、蒋洪强等：《构建国家环境红线管理制度框架体系》，《环境保护》2014年第Z1期。

陈海嵩：《“生态红线”制度体系建设的路线图》，《中国人口·资源与环境》2015 年第 9 期。

高吉喜、鞠昌华、邹长新：《构建严格的生态保护红线管控制度体系》，《中国环境管理》2017 年第 1 期。

李双建、杨潇、王金坑：《海洋生态保护红线制度框架设计研究》，《海洋环境科学》2016 年第 2 期。

俞仙炯、崔旺来、邓云成等：《海岛生态保护红线制度建构初探》，《海洋湖沼通报》2017 年第 6 期。

周宏伟、孙志、李敏等：《淀山湖跨省管理体制设计与建议》，《水资源保护》2011 年第 6 期。

邓伟、张勇、李春燕、周渝、安冬：《构建长江经济带生态保护红线监管体系的设想》，《环境影响评价》2018 年第 6 期。

王梅：《生态红线制度实施中的公众参与》，《中南林业科技大学学报》（社会科学版）2015 年第 6 期。

潘澎、李卫东：《我国伏季休渔制度的现状与发展研究》，《中国水产》2016 年第 10 期。

崔建远：《水权与民法理论及物权法典的制定》，《法学研究》2002 年第 3 期。

周珂、史一舒：《论〈长江法〉立法的必要性、可行性及基本原则》，《中国环境监察》2016 年第 6 期。

徐本鑫、陈沁瑶：《长江经济带生态司法协作机制研究》，《重庆理工大学学报》（社会科学）2019 年第 7 期。

魏圣香、王慧：《长江保护立法中的利益冲突及其协调》，《南京工业大学学报》（社会科学版）2019 年第 6 期。

江必新：《关于制定长江保护法的几点思考——以司法审判及法律责任为视角》，《中国人大》2019 年 10 月 20 日。

孔伟艳：《制度、体制、机制辨析》，《重庆社会科学》2010 年第 2 期。

赵理文：《制度、体制、机制的区分及其对改革开放的方法论意义》，《中共中央党校学报》2009 年第 5 期。

沈满洪、杨永亮：《排污权交易制度的污染减排效果研究——基于浙江省重点排污企业数据的检验》，《浙江社会科学》2017年第7期。

江必新、王红霞等：《社会治理的法治依赖及法治的回应》，《法制与社会发展》2014年第4期。

陈劲：《协同创新与国家科研能力建设》，《科学研究》2011年第12期。

傅春、王娟、莫寓琪：《生态效率与科技创新的时空耦合研究》，《山东工商学院学报》2021年第5期。

张翼飞等：《全球跨境水事件与解决方案研究》，上海人民出版社，2021。

汪良兵、洪进等：《中国技术转移体系的演化状态及协同机制研究》，《科研管理》2014年第5期。

毛汉英：《京津冀协同发展的机制创新与区域政策研究》，《地理科学进展》2017年第1期。

白龙、石远华：《波渡河矿区开采岸坡稳定性分析》，《企业技术开发》2014年第22期。

环境保护部：《长江经济带生态环境保护规划》，2017。

《第一次全国水利普查丛书》编委会：《全国水利普查综合报告》，中国水利水电出版社，2017。

魏后凯：《“十四五”我国农业农村发展十大新方向》，《中国经济时报》2020年11月12日。

魏后凯：《如何实现全面脱贫与乡村振兴的“有效衔接”》，《光明日报》2020年4月3日。

郭晓鸣、廖海亚：《建立脱贫攻坚与乡村振兴的衔接机制》，《经济日报》2020年6月5日。

余敏江：《区域生态环境协同治理要有新视野》，《中国环境报》2014年1月23日。

欧阳志云：《生态保护红线制度创新研究》，《中国环境报》2014年12

月 3 日。

赵晶晶、葛颜祥：《生态补偿式扶贫：问题分析与政策优化》，《福建农林大学学报》（哲学社会科学版）2019 年第 1 期。

刘耀彬、卓冲：《绿色发展对减贫的影响研究——基于中国集中连片特困区与非集中连片特困区的对比分析》，《财经研究》2021 年第 4 期。

张璇、向净云、郝建明、刘寅等：《长江经济带连片特困区的发展现状：基于地理国情普查成果分析》，《贵州农业科学》2017 年第 7 期。

龙丽婷、赵明龙：《论民族地区连片扶贫开发共建共享——以南盘江下游流域核心区为例》，《经济与社会发展》2016 年第 6 期。

李仙娥、李倩、牛国欣：《构建集中连片特困区生态减贫的长效机制——以陕西省白河县为例》，《生态经济》2014 年第 4 期。

姚树荣、周诗雨：《乡村振兴的共建共治共享路径研究》，《中国农村经济》2020 年第 2 期。

雷明：《绿色发展下生态扶贫》，《中国农业大学学报》（社会科学版）2017 年第 5 期。

王伟：《贵州省农村地区生态扶贫的模式与存在问题研究》，《生态经济评论》2018 年第 1 期。

朱冬亮、殷文梅：《贫困山区林业生态扶贫实践模式及比较评估》，《湖北民族学院学报》（哲学社会科学版）2019 年第 4 期。

罗盛锋、黄燕玲：《滇桂黔石漠化生态旅游景区扶贫绩效评价》，《社会科学家》2015 年 9 月 5 日。

李辉、王倩：《基于 SBM-DEA 模型的云南农村生态扶贫项目绩效评价研究》，《生态经济》2018 年第 8 期。

郑鹏、熊玮、关怡婕：《产业扶贫的生态风险及化解路径——来自江西的实践经验》，《生态经济》2019 年第 12 期。

张璇、向净云、郝建明、刘寅等：《长江经济带连片特困区的发展现状：基于地理国情普查成果分析》，《贵州农业科学》2017 年第 7 期。

罗健：《习近平共建共享思想探析》，《长白学刊》2017 年第 2 期。

高玫：《罗霄山集中连片特困地区扶贫开发路径与政策研究——以江西片区为对象》，《中外企业家》2013 年 7 月 5 日。

Haken H. , Synergetics [J] . Physics Bulletin, 1977, 28 (9): 412.

Hofer, Schendel. , Corporation Strategy [M] . Prentice Press, 1987.

Ansoff H. I. , The Emerging Paradigm of Strategic Behavior [J] . Strategic Management Journal, 1987, 8 (6): 501-515.

Solmes L. A. , 2009. Energy Efficiency: Real Time Energy Infrastructure Investment and Risk Management. Springer Science, Business Media B. V. : 121-143.

Hussain, Letey J. , Hoffman G. J. , et al. 2017. Evaluation of Soil Salinity Learching Requirement. Guidelines. Agricultural Water Management, 98 (4): 502-506.

Pinter N. , Huthoff F. , Dierauer J. , et al. Modeling Residual Flood Risk behind Levees, Upper Mississippi River, USA [J] . Environmental Science & Policy, 2016, 58: 131-140.

Marshall A. , Principles of Economics [M] . London: Macmillan, 1920.

Arrow, K. J. , Economic Welfare and the Allocation of Resources for Invention [A], in R. R. Nelson, ed. , The Rate and Direction of Inventive Activity [C], Princeton: Princeton University Press, 1962, 609-626.

Romer, P. , Increasing Returns and Long Run Growth [J] . Journal of Political Economy 94: 1986, 1002-1037.

Jacobs, J. , The Economy of Cities [M] . New York: Vintage, 1969.

Desmet K. and M. Fafchamps, Employment Concentration Across U. S. Counties [J]. Regional Sci. Urban Econ. Vol. 36, 2006, 482-509.

Desmet K. and E. Rossi-Hansberg, Spatial Growth and Industry Age [J]. Journal Economic Theory Vol. 144, 2009, 2477-2502.

Duranton, G. and D. Puga, From Sectoral to Functional Urban Specialisation [J]. Journal Urban Economics. Vol. 57, 2005, 343-370.

Desmet K. and V. Henderson, The Geography of Development within Countries [A], in J. Duranton et. All ed. Handbook of Regional and Urban Economics Vol 5B [C], Elsevier, 2015, 1457-1518.

Davis, J., J. V. Henderson, Agglomeration of Headquarters [J]. Regional Science and Urban Economics, Vol. 63, 2008, 431-450.

Jose Salazar. Environmental Finance: Linking Two World [R]. Bratislava, Slovakia, 1998.

Cowan E. Topical Issues In Environmental Finance [Z]. Research Paper was Commissioned by the Asia Branch of the Canadian International Development Agency (CIDA), 1999, (1): 1-20.

Labatt S., White R. Environmental Finance: A Guide to Environmental Risk Assessment and Financial Products [M]. Canada: John Wiley &Sons. Inc, 2002. pp. 15-31.

Olivier David Zerbib. The Effect of Pro-environmental Preferences on Bond Prices: Evidence from Green Bonds [J]. Journal of Banking and Finance, 2019, vol. 98: 39-60.

Bert Scholtens, Lammertjan Dam. Banking on the Equator. Are Banks that Adopted the Equator Principles Different from Non-Adopters [J]. World Development, 2007, 35 (8): 1307-1328.

Jeucken, M. Sustainable Finance and Banking: The Financial Sector and the Future of the Planet [M]. The Earthscan Publication Ltd., 2001.

Jeucken, M. Sustainable Finance and Banking [M]. USA: The Earthscan Publication, 2006.

Christopher Wright, 2012. "Global Banks, the Environment, and Human Rights: The Impact of the Equator Principles on Lending Policies and Practices," Global Environmental Politics, MIT Press, vol. 12 (1), pp: 56-77.

Grzegorz Peszko & Tomasz Żylicz, 1998. "Environmental Financing in European Economies in Transition," Environmental & Resource Economics, Springer;

European Association of Environmental and Resource Economists, Vol. 11 (3), pp. 521-538.

Jose Salazar. Environmental Finance: Linking Two World [R] . Bratislava, Slovakia, 1998. Vasile & Alina Georgiana Holt, 2014. "The Strategy of Financing the Environmental Projects Through the National Action Plan for Environment in Romania," Annals-Economy Series, Constantin Brancusi University, Faculty of Economics, Vol. 3, pp. 70-73.

Mc Connel, K. E. and Norton, V. J. , 1978: An Evaluation of Limited Entry and Alternative Fishery Management Schemes, in Linited Entey as a Fishery Management Tool, Washington Sea Grant Publication, 188-201.

Anderson, L. G, 1986: The Economics of Fisheries Management, London: Johns Hopkis, 195.

Tierenberg, H. Thomas, 1992: Envioronmental and Nature Recource Economics, New York, Haiper Collins, 319-325.

Spagnolo, Massirno, 2004: The Decommissioning Scheme for the Italian Clam Fishery: A Case of Success, International Workshop on Fishing Vessel and License Buy-Back Programs, March 22-24, La Jolla, CA.

Hannesson, Ronvaldur, 2004: Buy-back Programs for Fishing Vessels in Norway, International Workshop on Fishing Vessel and License Buy-Back Programs, March22-24, La Jolla, CA.

Cueff, Jean-Claude, 2004: Fishing Vessel Capacity Management Public Buy-out Schemes: Community Experience through the Multi-Annual Guidance Programmes and Ways Forward, International Workshop on Fishing Vessel and License Buy-Back Programs. March 22-24, La Jolla, CA.

Hardin, G, 1968: The Tragedy of the Commons [J] . Science, 162 (5364) .

Olson M, 1966: The Logic of Collective Action [M] . Cambridge, Mass: Cambridge University Press.

后　记

本书为国家社会科学基金项目“绿色长江经济带生态环保一体化与政策机制研究”（批准号：16BJL072）的最终成果。课题于2021年11月通过鉴定结项，获得“优秀”等级。本书在此基础上充分吸收了评审专家的意见进行修改和完善，获得江西省社会科学院学术文库基金资助出版。

长江是中华文明的发祥地，是中华民族生息繁衍的母亲河，建设绿色长江经济带是我国推进绿色协调发展的重要抓手和战略平台。长江经济带已成为我国生态优先绿色发展主战场、引领经济高质量发展主力军。鉴于长江生态系统的整体性、流动性，流域上中下游资源禀赋差异性和发展的不平衡性，以及流域综合治理复杂性、艰巨性，研究探索绿色长江经济带建设中的生态环保一体化与政策协调机制，是长江经济带生态文明建设的重大课题，对实现流域协调与生态共建共享、永葆长江生机活力和经济社会绿色协调发展具有重大意义。

本书以生态环境保护一体化和政策协调机制为研究视角，系统梳理流域生态环境保护一体化的理论基础，总结了长江经济带生态环境保护、绿色发展的历程。通过实证分析方法评估了长江经济带绿色发展现状，从国家、省际和省域三个层面总结了关于长江经济带生态环境保护一体化方面的政策探索，基于导向作用、激励作用、约束作用、规制作用等政策机制构建了促进长江经济带生态环境保护一体化的政策机制理论框架体系。从生态红线管控、生态保护修复、生物多样性保护、绿色城镇化与产业协调发展、绿色金融支持、生态产品价值实现等方面阐述了长江经济带生态环境保护一体化过程中相关政策机制建设的基本情况、存在的问题与瓶颈及对策建议，为绿色长江经济带流域协调与共建共享提出立体化、系统化的政策建议。

本书以生态环境保护一体化和政策协调机制为研究视角，由理论综合篇、政策机制创新篇、典型案例篇三部分构成。参与撰写的人员如下：

导言，李志萌；第一章，盛方富；第二章，马回；第三章，马回、李志萌；第四章，盛方富、李志萌；第五章，何雄伟；第六章，李志萌、高玉冰；第七章，马回、李志萌；第八章，李恩平；第九章，龙晓柏；第十章，李志萌、盛方富；第十一章，李志萌、何雄伟；第十二章，李志萌、杨锦琦；典型案例篇，李志萌、盛方富、马回。

本书得到著名生态经济学家、中国生态经济学会理事长李周研究员、中国社会科学院农村发展研究所于法稳研究员、南昌大学彭迪云教授、南昌大学黄新建教授、江西财经大学谢花林教授、湖南师范大学陈文胜教授、浙江工业大学张翼飞教授、社会科学文献出版社陈颖、陈雪和桂芳老师、江西省社科院陈宁副处长的指导和支持。在本书的撰写过程中，除已列举的主要参考文献外，作者还吸收了专家、媒体、网站的一些观点和数据资料，因限于篇幅，不能一一列举，在此表示诚挚的谢意。由于本人学识有限，不妥之处在所难免，希望学界同人给予诚恳的批评指正。

李志萌　于南昌青山湖畔

2022 年 12 月

图书在版编目（CIP）数据

绿色长江经济带：流域协调与共建共享 / 李志萌等著. -- 北京：社会科学文献出版社，2022.12
ISBN 978-7-5228-1342-4

Ⅰ.①绿… Ⅱ.①李… Ⅲ.①长江经济带-生态环境保护-研究②长江经济带-区域经济发展-研究 Ⅳ.①X321.25②F127.5

中国版本图书馆 CIP 数据核字（2022）第 254275 号

绿色长江经济带：流域协调与共建共享

著　　者 / 李志萌 等

出 版 人 / 王利民
组稿编辑 / 邓泳红
责任编辑 / 桂　芳
责任印制 / 王京美

出　　版 / 社会科学文献出版社 · 皮书出版分社（010）59367127
地址：北京市北三环中路甲 29 号院华龙大厦　邮编：100029
网址：www.ssap.com.cn
发　　行 / 社会科学文献出版社（010）59367028
印　　装 / 三河市龙林印务有限公司

规　　格 / 开　本：787mm×1092mm　1/16
印　张：21　字　数：316 千字
版　　次 / 2022 年 12 月第 1 版　2022 年 12 月第 1 次印刷
书　　号 / ISBN 978-7-5228-1342-4
定　　价 / 128.00 元

读者服务电话：4008918866